都市蔬菜产业与经济发展研究

2014

上海蔬菜经济研究会　编著

中国农业科学技术出版社

图书在版编目（CIP）数据

都市蔬菜产业与经济发展研究——2014 / 上海蔬菜经济研究会编著. —北京：中国农业科学技术出版社，2015. 4

ISBN 978 - 7 - 5116 - 1997 - 6

Ⅰ. ①都… Ⅱ. ①上… Ⅲ. 城市 - 蔬菜产业 - 关系 - 经济发展 - 研究 - 中国 Ⅳ. ①F326. 13

中国版本图书馆 CIP 数据核字（2015）第 031407 号

责任编辑 徐 毅
责任校对 贾海霞

出 版 者 中国农业科学技术出版社
北京市中关村南大街 12 号 邮编：100081
电　　话 (010)82106631(编辑室) (010)82109702(发行部)
(010)82109709(读者服务部)
传　　真 (010)82106631
网　　址 http://www. castp. cn
经 销 者 各地新华书店
印 刷 者 北京华忠兴业印刷有限公司
开　　本 880mm ×1 230mm 1/32
印　　张 10. 75
字　　数 240 千字
版　　次 2015 年 4 月第 1 版 2015 年 4 月第 1 次印刷
定　　价 25. 00 元

《都市蔬菜产业与经济发展研究——2014》编委会

编　　著　上海蔬菜经济研究会

编 委 会　衣开端　顾晓君　陈德明　朱为民
　　　　　王丹枫　赵京音　魏　华　张瑞明
　　　　　俞菊生

编校人员　俞菊生　贝和芬　陈建林　鲁　博
　　　　　谈　平　董家田　鲁珊珊

序

都市农业是指地处都市及其延伸地带，紧密依托并服务于都市的农业。它是大都市中、都市郊区和大都市经济圈以内，以适应现代化都市生存与发展需要而形成的现代农业。上海作为率先提出并实践都市农业的特大城市，其都市农业的发展具有典型的特殊意义，蔬菜是大都市居民生活必不可少的重要农产品，蔬菜产业在都市农业中的地位不可小觑。

上海市民与蔬菜的渊源更可从一句“三天不食青，两眼冒金星”中可见一斑。上海首推的“菜篮子”从市长负责制延伸为各级行政首长负责制已被写入全国蔬菜发展规划总纲，上海的蔬菜种植面积连年保持稳定且产值连续增长，上海的蔬菜机械装备研发与应用全国领先……在取得些许成绩的同时，未敢忘却诸如蔬菜价格波动剧烈，绿叶菜保鲜、存储和运输等问题的亟待解决。此际由上海蔬菜经济研究会负责编辑出版本书，意在与本市乃至全国蔬菜行业的同仁们相互沟通交流，这既是对取得的经验与成就的智慧汇集，也是虚心向能人志士求教指正的邀请。

上海蔬菜经济研究会成立于 1987 年 5 月 5 日，首届理事会名誉会长是当时的上海市人民政府副市长裴先白，会长是当时的上海市农委主任逢树春，迄今为止已走过了28个年头。自建会以来，由于历届市委市政府对上海市“菜篮子”工程的关心和重视，各级领导的关心和支持，研究会经历了从计划经济到市场经济的过程，也分享了改革开放的成果。在开展蔬菜经济理论研究，学术交流，咨询决策，发展商品经济，组织交流信息等方面做了突出、大量有目共睹的工作。2013年9月选举产生了第六届理事会领导班子以来研究会出现了新的生机和活力，通过走基地、访政府、访会员、进菜场、进社区、办活动……在做好服务会员单位的工作基础上，时刻不忘研究会开展研究之根本，瞄准当前上海蔬菜发展趋势与问题，开展学术沙龙，并邀请有关专家就行业从业人员共同关心的问题撰文探讨。欣逢研究会换届一年之际，将这些成果集册出版，既是对研究会多年工作积累下来的能力与实力的最好呈现，亦是为今后更好地履行职责、承担社会责任，开斧打道。

本书主要由三部分组成：一是针对会员提出的共性需求和困惑，向多年从事蔬菜工作、研究蔬菜发展的政府官员、专家学者的命题约稿；二是对蔬菜青年学术论坛中涌现出的优秀成果予以发表；三是汇集了自2012年以来研究会会刊《上海蔬菜》杂志上的精选论文。

其中，衣开端从宏观角度描述了上海蔬菜产业取得的成就进展与典型的发展模式，在此基础上纵观世界发达国家和地区的蔬菜发展经验，提出了上海蔬菜未来的发展趋势与方向；陈德明从政府角度出发，总结了2014年上海蔬菜生产供应、价格稳定、质量安全、组织保障等方面的情况，并对2015年的蔬菜工作于发展趋势提出设想与预测；王永芳对上海市蔬菜批发市场进行了调研与评价，指出当前存在的主要问题，并就如何升级完善批发市场的服务提出了详细且具有操作性的建议；黄丹枫在分析都市郊区特定生态区域蔬菜生产结构调整的基础上，阐述了都市菜园的主要生产模式，并针对都市蔬菜发展所面临的诸多挑战提出了所需要的政策扶持、知识创新和技术要素；赵京音针对蔬菜产销环节结构合理性欠缺、信息化程度不高等问题，试图构建蔬菜产销对接信息平台，并对信息平台所应包含的内容进行了探讨；朱为民介绍了上海市绿叶蔬菜产业技术体系当前的建设情况以及初步形成的产业链支撑技术方案等进展，并就产业技术体系建设过程中遇到的问题和解决方案进行了思考；张瑞明在列出蔬菜补贴政策基本内容、总结当前取得成效的基础上，进一步深入分析相关政策存在的漏洞和问题，并提出相应的完善建议；魏华采用文案调研、问卷调研、访谈及讨论等方式对上海 9 个郊区 45 家合作社以及光明集团进行了细致调查研究，真实分析了当前上海蔬菜用工现状，指出了当前蔬菜用工存在的问题，提出发展思路和建议；俞菊生对上海蔬菜供应链现状开展调研，着重分析蔬菜供应链的结构特征和存在问题，分析供应链协作定价的全过程，尝试探索并建立蔬菜供应链的整体收益及各主体收益的合理增长机制，以为政府、企业及菜农的决策参考。上海蔬菜经济研究会专家委员会就上海市绿叶菜 2012—2013 年价格波动作出了分析报告，报告以青菜、鸡毛菜、卷心菜为上海绿叶蔬菜的代表，对预警体系数据库中的历史数据进行提取、整合、分析，并基于有效的预测模型对未来绿叶菜价格走势进行分析、预测，为会员单位的生产计划制定、生产过程调控、上市时间把握提供支持。其他青年学者也分别从自身的研究专长出发，对上海市蔬菜产业的发展进行了思考与讨论，此处不再赘述。

从立题、撰写、编辑到付梓印刷，本书凝聚了上海蔬菜经济研究会全体会员与工作人员、各位专家学者以及许多默默无闻同志的心血与汗水。本书的出版是对他们的褒奖与肯定，更是鞭策研究会向着“新常态”更进一步发展的里程碑。

在此特别感谢上海灿虹企业投资管理有限公司对书籍出版的大力支持，对每一个付出辛勤劳动与汗水的人一并表达深深的敬意。

上海市农业委员会

2015 年 2 月 10 日

目　录

第一部分　上海蔬菜经济研究会专家论文

上海市蔬菜产业经济发展的趋势和方向
…………………… 上海市蔬菜经济研究会会长　衣开端（3）
抓好市郊蔬菜生产　稳定市场均衡供应
——上海市农委蔬菜办公室2014年工作回顾与2015年工作设想 ………………………………… 陈德明（24）
都市菜园生产结构与模式的实践探索
…………………………………… 黄丹枫　郭斗斗　奥岩松（32）
上海市绿叶蔬菜产业技术体系建设进展 ………… 朱为民（48）
构建蔬菜产销对接信息平台初探 ……… 赵京音　陈建林（59）
上海蔬菜补贴政策分析与建议
…………………………………… 张瑞明　李珍珍　李恒松（71）
上海市蔬菜批发市场服务的调研与完善 ………… 王永芳（79）
上海市蔬菜生产用工现状及对策研究
…………………… 魏　华　徐　菲　朱明德　俞平高（90）
上海市蔬菜供应链定价机制研究 …… 俞菊生　钱　华（106）
上海市绿叶菜2012—2013年价格波动分析报告
…………………… 朱为民　杨　娟　钱婷婷　陈建林（122）

第二部分　青年学者论文

浅谈阳台蔬菜和家庭园艺
……… 许　爽　朱为民　王　虹　王　颖　陆世钧（141）
蔬菜质量安全管理的经济学分析 …… 张莉侠　马　莹（154）
光调控在蔬菜生产上的应用及展望 …………… 张　琴（171）
以重点品种目录制度促进蔬菜产业健康发展 … 李　强（181）

第三部分　上海蔬菜经济研究会会刊精选论文（2012—2014 年）

关于保障上海市绿叶菜生产和供应的几点思考
………………………………………………………… 张四荣（199）
积极开展规模化建设　推动蔬菜产业化发展
……………………………… 王志良　陶燕华　李雅珍（206）
农业物联网技术在设施蔬菜建设中的应用初探
………………… 胡英强　徐逸寒　樊继刚　张金亮（212）
提升“农社对接”蔬菜直销平台彰显“农居”利益共享
……………………………………… 卜顺法　郭火会　张访群
顾春锋　余进安（219）
推进无公害整体认证工作　提升蔬菜质量安全水平
……………………………… 吴寒冰　潘龙金　汪　洁（225）
推行多项举措　确保菜农收益和市场供应
……………………………… 丁惠华　吴寒冰　汪　洁（231）
扎实推进标准园创建工作　巩固提升标准园创建成果
………………… 韩小双　孙连飞　高　宇　江　涛（237）

抓好夏淡蔬菜价格保险保障绿叶菜市场供应
……………………………………… 吴寒冰　陈　杰（243）
以蔬菜标准园为抓手　确保蔬菜生产安全
——上海新君宴蔬果专业合作社创建蔬菜标准园的实践
………………………………… 沈立新　周安尼（247）
加强产销管理　保障有序供应 ……… 丁惠华　吴寒冰（254）
借鉴荷兰经验　发展金山蔬菜产业 …………… 冯春欢（260）
学习借鉴荷兰经验　培育金山高素质新型职业农民
……………………………………… 冯春欢　李岳忠（269）
崇明花椰菜生产发展现状分析研究
……… 黄南山　苑建军　祝松蔚　朱爱萍　覃　祥（276）
崇明特色蔬菜产业的现状及其发展对策
……………………………………… 陈志忠　陈泉生（282）
闵行区规模蔬菜园艺场（合作社）的现状及发展对策
…………………… 张　维　余伟兴　余进安　陆国歧（287）
强基础　重销售　亮品牌　全力推进崇明绿叶蔬菜产业发展
……………………………………… 陈德章　陈　磊（294）
青浦区绿叶菜发展的建议与设想 ……………… 戴平平（300）
开展地产蔬菜安全监管之拙见 ………………… 庄卫红（306）
如何应对 200 万人口蔬菜消费压力
——松江区地产蔬菜今后发展方向的思考
………………………………… 李向军　孙连飞（310）

第四部分　附　　件

附件 1　上海蔬菜经济研究会获得省部（市）级以上奖励的先进单位或个人名单（2012—2013 年）　…（319）

附件 2　上海蔬菜经济研究会获“2014 年上海名牌产品”榜单 …………………………………… (320)
附件 3　企业介绍 …………………………………………… (322)
上海灿虹企业投资管理有限公司 ……………………… (322)
长风破浪会有时
——九星市场转型发展迎接新的腾飞 ……………… (325)

第一部分

上海蔬菜经济研究会专家论文

上海市蔬菜产业经济发展的趋势和方向

衣开端
（上海市蔬菜经济研究会会长）

农业作为国民经济的基础，不仅提供了人们赖以生存的最基本的生活必需品，而且是一个社会从事其他一切活动的前提和基础。蔬菜作为农业部门中最主要的保障性农作物之一，是人们食品结构中除了粮食之外的刚性需求型农产品。蔬菜产业是我国农业产业中的重要组成部分，具有经济效益高、需求量大、发展速度快等特点，对于促进我国农业快速发展，提高农民收入，丰富居民饮食结构有重要的影响，已成为仅次于粮食作物的第二大产业。改革开放以来，我国的蔬菜产业取得了迅猛发展，无论是种植面积、生产产量，还是出口数量均保持了快速增长的势头，蔬菜品种不断更新换代，产业结构不断升级，生产水平获得了极大的提高。

上海是中国最大的城市，也是我国城市化水平最高的城市，蔬菜的消费不仅集中而且数量庞大。蔬菜是市郊农业中最主要的保障性农作物之一，上海市郊区蔬菜种植历史久远。改革开放，特别是 1988 年国务院批准组织实施“菜篮子工程”以来，随着上海市人口数量的增加，人们生活质量的提升，市民对蔬菜的需求不断增加，上海市蔬菜产业发生了巨大变化。1980—2013 年，上海市郊蔬菜的产量由 112. 5 万吨增加到 336 万吨，播种面积由 5. 2 万公顷次增加到 12. 4 万公顷次，产值由 4. 86 亿元增加到 60. 2 亿元。1991 年 11 月，上海市蔬菜市场摒弃了原有的计划经济模式，施行全面放开，原有的产业格局被打破，蔬菜品种的生产、交易、价格和产销进入了大市场时代，发展至今，上海市蔬菜生产为全国范围的大市场、大流通的格局已经形成。目前，上海市蔬菜年消费量在 600 万吨左右，其中，客菜供应近 300 万吨，地产蔬菜供应数量稳定在 320 万吨左右，自给率由改革开放前的 70% 下降至 55%，而上海城市蔬菜市场供应却保持相对稳定，品种数量由改革开放前的 88 种增加至 120 余种。虽然，上海市蔬菜市场开放对周边地区以及一些以上海为主要市场目标地区的蔬菜产业的发展发挥重大的推动作用，但是上海本地区的蔬菜产业也承受了相当大的冲击，蔬菜生产成本高涨、劳动力老化、产品质量安全等问题凸显，严重制约了上海市蔬菜产业的发展。面对新情况、新问题，如何做好应对工作成为当前亟待解决的问题。

上海市的蔬菜产业化程度无论是品种、生产技术、人才队伍还是设备配套方面在全国均处于领先水平，但是，上海市应着眼于世界，瞄准国际化大都市蔬菜产业发展前沿，开辟出适用于自己的产业发展途径和战略，才能保障上海蔬菜产业健康、稳定、可持续发展。因此，在认清上海蔬菜产业发展现状基础上，借鉴国外世界级大都市在蔬菜产业发展中地价高涨、从业人员紧张、受专业性大产地冲击大等方面的经验教训，归纳出对上海蔬菜产业发展的启示，探讨上海蔬菜产业发展的趋势和方向，对指导上海地区蔬菜生产、保障本市蔬菜产业可持续发展具有积极意义。

1　上海蔬菜产业发展现状

1.1　上海蔬菜产业发展的主要成就

1.1.1　绿叶菜生产供应保障有力

开埠以后，上海逐步成为国际性大都市，城市人口规模增加迅猛，城市对蔬菜需求不仅数量增加，而且品种要求也多样化，上海蔬菜市场的全面放开顺应了时代发展的需求，越来越多蔬菜从全国各地运往上海，保障了城市蔬菜市场的稳定供应，丰富了市民的餐桌，与此同时促进了地产蔬菜品种结构的调整，绿叶菜比重显著提高，一些易保存运输的大宗产品的生产，如土豆、胡萝卜等已逐渐退出了上海地区。2011 年调查显示，沪郊种植蔬菜共十大类（不包括食用菌）61 种，1 203个品种，主要有青菜、花菜、鲜食大豆、结球甘蓝、生菜（散叶、结球）、大白菜、黄瓜、芹菜、茭白、番茄等。绿叶菜是上海市民不可或缺的蔬菜品种。上海地区绿叶菜种类繁多，主要涉及绿叶菜类、白菜类和葱蒜类 3 个大类 20 余种。绿叶菜不耐储运的特性决定了城市绿叶菜供给主要依靠本地生产。目前，地产蔬菜中供应上海市场的数量稳定在 320 万吨左右，其中，绿叶菜 160 万吨左右，约占地产菜的 50%，绿叶菜自给率稳定在 90% 左右。

1.1.2　蔬菜产量与生产面积保持稳定

为了保障城市绿叶菜供应，政府采取了一系列措施力保绿叶菜的生产。首先，市政府通过落实“菜篮子”区县长负责制，将蔬菜种植计划面积落实到实处，保证市郊常年菜田面积稳定在 50 万亩（1 公顷 = 15 亩，1 亩 ≈ 666.7 平方米，全书同）以上，其中，“夏淡”期间绿叶菜种植面积稳定在 21 万亩以上。市财政每年安排 1 亿元专项资金用于绿叶菜上市量的挂钩奖励，促进市郊菜区绿叶菜的稳定生产。2011—2013 年数据显示，上海市郊蔬菜播种面积分别为 190.5 万亩次、187 万亩次和 186 万亩次，蔬菜上市量分别 351 万吨、347 万吨和 336 万吨，其中，绿叶菜上市量分别为 170 万吨、168 万吨和 158 万吨，基本保持稳定。

1.1.3 设施菜田建设得到有序推进

大力推进设施菜田建设是政府采取的另一项有效举措。设施栽培不仅延长了蔬菜的生产期，提高了蔬菜的复种指数，增加了蔬菜的产量和质量，而且增强了蔬菜生产抵御各种自然灾害的能力，保证了绿叶菜的稳定生产。上海市虽然不是我国最早开展蔬菜设施栽培的地区，但在设施栽培的水平、管理经验和研究力量上一直保持全国领先地位。1990—2014 年，上海市蔬菜产业的现代化设施条件不断改善，尤其是 1996 年上海市从国外引进温室 15 公顷，带动了上海设施栽培的升级，上海市郊设施菜地的面积不断增大，蔬菜生产结构布局持续优化，抗御自然灾害能力不断增强，一定程度上保障了菜农的收入。同时，蔬菜科技人员围绕设施蔬菜栽培，积极推广设施蔬菜小气候环境控制与高效茬口栽培技术，微滴灌、无纺布、遮阳网、地膜、长寿无滴膜在大棚生产上的配套技术，大棚蔬菜病虫害综合防治技术等，大大提高了设施蔬菜的产量和产值。据统计，上海地区设施蔬菜每亩年平均收入 8 000 ~ 12 000元，一些经营管理好的蔬菜生产基地，每亩平均年产值可达 17 000 ~ 18 000元，而露地蔬菜生产每亩年平均收入 5 000元左右，设施蔬菜生产的效益明显高于露地。1990 年全市蔬菜大棚设施率为 9.7%，1998 年达到 18.1%。进入 21 世纪，上海市加大设施菜田的建设规模，像金山区的银龙基地、闵行区的浦江基地、松江区的叶榭基地、浦东新区的大团多利农庄等都在千亩以上，崇明和光明集团的一些蔬菜基地规模更大。“十一五”期间，全市共投入建设资金 27.8 亿元，新建设施菜田近 25 万亩，占全市蔬菜总面积的 50%。全市逐步形成近郊城乡结合部、杭州湾北部、黄浦江上游和崇明岛 4 个蔬菜生产区。截至 2013 年，上海市拥有大型连栋温室超过 27 公顷，单栋大棚 9 363公顷，防虫网栽培面积 1 470公顷。目前，上海市的现代温室包括从荷兰、以色列、法国、西班牙等一些农业技术先进国家进口的设备，还有国产的智能温室大棚及一些简易大棚，形成了以单栋大棚为主，多种设施类型并存的格局，使温室设施逐步向温、光、水、气、肥自动调控，配套设施齐全的方向发展。

1.1.4　蔬菜标准园建设得到大力发展

在加强设施菜田建设的同时，上海市还积极推进蔬菜标准园创建工作。根据蔬菜标准园创建等相关文件的精神，2010 年上海市开始了蔬菜标准园的创建工作，有关部门相继制定了蔬菜标准园创建规范、考核验收办法和实施意见等，有序推进了全市蔬菜标准园创建工作。蔬菜标准园要求进行规模化种植、标准化生产、品牌化销售、商品化处理和产业化经营，进一步提高蔬菜产品质量安全水平，提升蔬菜产业竞争力。截至 2013 年，市、区县两级共创建农业部设施蔬菜标准园 14 家，面积 6 724亩，创建上海市蔬菜标准园 93 家，面积 3. 95 万亩。通过标准园创建，创建单位品牌化意识不断增强，经济、社会效益显著增加。所有标准园创建单位全部注册了自己的商标，其中，SYL、星辉蔬菜、城市超市、HAYP、新健绿等创建单位获得了上海市著名商标、上海市名牌产品等荣誉称号，提升了产品的市场知名度。此外，各创建单位辐射带动了周边菜农开展蔬菜标准化生产，提升整个蔬菜生产安全生产管理水平，发挥蔬菜标准园示范作用。

1.1.5　蔬菜加工保鲜技术快速发展

随着科学技术的进步以及制冷技术的新发现，上海市郊蔬菜生产的冷冻冷藏技术快速发展，保证了生产和流通在低温状态下进行，有效地延长了蔬菜的保存时间，保持了蔬菜的新鲜品质，减少了因长时间的保存和运输而产生的经济损失，保证了蔬菜生产的经济效益。冷藏配送链是在蔬菜的流通和配送过程中形成的，它是一种较新的产销形式，链接了生产基地和市场。上海市政府十分注重生产及流通环节中冷冻冷藏技术的改善，积极推进蔬菜冷链物流发展，安排专项资金加强地产蔬菜预冷设施、批发市场冷藏设施、蔬菜低温配送中心建设，推广节能环保的冷链运输车辆及相关配套设备。对建成的设施基地配备预冷设施以及采后整理、清洗、分级、包装流水线等，引导鼓励地产蔬菜向商品化处理方向发展。市级财政安排的合作社项目扶持资金每年有不少于50%用于扶持蔬菜销售，扶持资金主要用于建设预冷冷库、购置周转箱、运输车辆、喷滴灌、净菜清洗设备等固定资产。

1.1.6 蔬菜标准化建设基础扎实

蔬菜标准化是优化蔬菜产业和品种结构，推进蔬菜产业化经营，实现蔬菜现代化生产的重要的技术性基础工作。随着各种品牌蔬菜的上市，人们对于蔬菜的质量与安全更为重视，更加关注蔬菜的标准化生产情况。根据农产品从“农田到餐桌”全过程监督管理的需要，首先，从2001年开始对全市57个重点园艺场的环境质量状况进行检测分析，在各项数据综合比较的基础上，提出了菜田环境质量划分等级的标准，对有机蔬菜栽培，优质蔬菜和绿色蔬菜栽培和无公害蔬菜栽培的环境条件提出了明确的控制指标。其次，推进蔬菜标准化生产技术制定，提高了蔬菜产业的综合竞争力。从2000年开始，大力推广农药安全食用，杀虫灯、防虫网等物理防治技术、科学施肥等蔬菜化生产技术，减少农药和化肥使用量，提高蔬菜产品质量，并对甘蓝、番茄、黄瓜和花菜等35种蔬菜制定了标准化的生产操作流程。

同时，积极发展标准化生产示范区的建设，促进了沪郊一批特色蔬菜基地的形成和发展，如崇明的花菜、青浦的茭白等，为上海市郊蔬菜标准生产起到指导带动作用。据统计，2013年上海市郊累计建设国家级蔬菜标准化示范区14家，市、区县级农业（蔬菜）标准化示范区93家。在相关农业部门的安排下，还创建了设施蔬菜标准园。创建单位通过完善产品质量标准，制定生产技术规程和分等分级标准，全面建立农业投入品管理、田间生产档案、产品检测、基地准出、质量可追溯5项全称质量管理制度，使生产标准体系更加健全，并逐步形成了质量安全管理长效机制，提升了标准化生产管理水平，为提高上海市郊蔬菜整体的标准化生产，提高其竞争力奠定了重要的基础。目前，沪郊符合上海市安全卫生优质蔬菜和绿色食品生产基地标准的菜田约占80%以上。沪郊蔬菜园艺场普遍建立了生产档案，其中，245家蔬菜园艺场实现了档案联网。农业档案的建立、网络化管理的实现，为沪郊园艺标准化生产管理奠定了扎实的基础。

1.1.7 蔬菜产业流通体系基本完善

蔬菜市场放开后，由于蔬菜产业链主体寻求获取商品价值与使用价值途径的多样性，上海市的蔬菜流通渠道呈多元化特点。根据上海市蔬菜供应链主体的地位以及与蔬菜消费终端对接的直接性，将上海市主要的蔬菜供应链划分为4种类型，分别是菜农自营型、超市主导型、批发市场主导型和标准菜场主导型。它们之间存在相互交叉的业务往来，并非完全独立，其中批发市场主导型是当前上海蔬菜供应的主要形式。由于蔬菜是一种特殊的商品，其流通的环节越少，时间越短，就越有利于生产者、经营者和消费者。现在，上海市着力于推进产销对接，主要有“农超对接”、“农标对接”、“农社对接”、“农校对接”、团购直销、“田头超市”等多种对接模式。据2011年统计，上海市通过配送直销进入消费终端的蔬菜量占地产蔬菜上市量的50%左右，其中，“农超对接”、“农标对接”和团购直销的数量占配送直销总量的70%左右。

同时，上海市进行了以蔬菜生产专业化、经营主体多元化、产销一体化为标志的市场体系建设，加大扶持力度，改造升级农产品批发市场，新健和升级一批设施装备好、服务能力活、辐射范围广的大型蔬菜批发市场。合理规划布局蔬菜批发市场、农贸市场和社区菜店，建立了菜市场、生鲜超市和大卖场互为补充的副食品网点体系，加强标准化菜场建设，适应不同层次市场需求。2011 年上海累计拥有标准化菜市场 800 个。

在流通载体上，“菜篮子”工程车、厨房工程、各类连锁经营店与各种流通载体相互配合，基本形成大市场、大流通、大贸易的网络。为降低农副产品的流通成本，上海市从 2010 年 12 月 1 日起，对装载着鲜活农产品的车辆免收通行费，同时免收“菜篮子”工程车的贷款道路建设车辆通行费。上海市已组建了 141 多家运销组织与配送中心，每天直销、直供蔬菜 3 800吨，占全市日供应量的 40%

1.1.8 蔬菜市场营销手段实现多样化

随着生活水平的提高，上海市民对优质蔬菜的要求越来越高，谁能更好更快地占领市场，就要看其营销手段，所以，营销在现代农业特别是蔬菜行业的地位越来越重要，功能也越来越凸显。在市场和政策的引导下，上海的蔬菜营销理念也随之发生了变化，既要解决市民吃好而不是吃饱问题，还要解决蔬菜种植户优质不优价，高产不高效的问题。信息化时代更可借助各种传媒，渗透到千家万户。推介的蔬菜产品不仅要内在质量好，外观还要新颖，包装要独特。目前，上海蔬菜的营销手段主要有：①直销，即组建自己的蔬菜配送中心直接销售；②挂销，即成立蔬菜专业合作社，把蔬菜加工成小包装，和各大、小超市、宾馆和饭店等建立代销关系进行配送，到 2008 年全市共有 194 家蔬菜专业合作社；③交易市场。另外，上海还施行了多种形式的订单农业，包括种植户与大型连锁超市、宾馆和酒店签订合同；种植户与加工企业签订购销合同，如上海风桥园艺场与麦当劳的合作；种植户与蔬菜配送组织签订合同，如浦东新区有几十家蔬菜配送组织，或有自己的后院基地，或与固定的种植户合作收购；种植户与蔬菜专业合作社签订合同；种植户通过发展会员与快递、物流企业签订合同，依托流通组织发展订单农业。

1.1.9　蔬菜产业化发展基础较好

蔬菜生产中面广量大的分散型、小规模生产方式制约了蔬菜产业的发展。改革开放以来，上海市十分重视农业组织化程度的提高，已形成了一些成功的经验和做法，呈多元发展的态势，主要有5种形式，分别为：龙头企业牵动型（龙头企业+农民）、合作组织推动型（合作社+农户）、中介组织带动型（各类营销组织、经纪人+农户）、主导产业启动型（主导产业+农民）和专业市场导向型（专业市场+农民）。经过实践，“龙头企业+合作社+农户”和“合作社+农户”是适合上海市郊蔬菜生产的主要形式，龙头企业和合作社的发展对蔬菜产业至关重要。2008年，上海市蔬菜生产龙头企业约206家，专业市场带动型45家，专业合作经济带动型的企业约有1 253家。其中，龙头企业和专业市场带动型的企业都有所减少，而小型的专业合作社的数量则大幅增加。体现了龙头企业的带动引领作用，小型合作社的快速发展的势态。如上海市蔬菜（集团）有限公司，该公司拥有全资子公司11家，控股公司8家，主要参股公司14家，代管单位2家，2008年末的资产总额为16.1亿元，年收入101.9亿元，年末从业人员2 754人，带动农户数为38 680户。2010年集团蔬菜批发交易量257万吨，占上海蔬菜消费量的70%～80%，是“国家农业重点龙头企业”和“上海市农业产业化重点龙头企业，对蔬菜生产的规模化起到指导引领的作用。在合作社方面，截至2012年，上海市创建蔬菜农民专业合作社419家，社员1.9万人，常年种植面积16.2万亩，占市郊常年菜田面积(57.4万亩）的28.2%；合作社蔬菜上市量73.3万吨，占地产菜总上市量（347 万吨）的21.2%；合作社蔬菜产值20.4 亿元，占地产蔬菜总产值（62.1 亿元）的32.9%。此外，上海市外地来沪菜农约6.7 万人，种植蔬菜25.5 万亩。

为了推进蔬菜产业化发展，上海市在积极发展“龙头企业+合作社+农户”和“合作社+农户”，积极探索蔬菜专业合作社形式的同时，加强对散户的引导和组织。通过加大菜田基础设施投入，改善生产条件。通过建立联户组的形式把分散的菜农组织起来，推选一名联户组长，由组长协调和管理组内的菜农推广标准化生产技术。如浦东新区提出了“压缩散户、培育大户、树立品牌、抓好服务”的指导方针，引导土地向种植能手集中，散户数量明显减少，逐步推进蔬菜专业化规模化生产，为蔬菜标准化生产创造更好的条件。

1.2 上海蔬菜产业发展的问题与不足

由于上海城市化进程加快，一方面，上海郊区特别是近郊菜地被大量占用，而新的菜地建设并没有及时跟上，造成菜地面积刚性减少。同时，远郊新增菜田土壤条件、基础设施建设水平相对较差，加上从业人员老龄化、兼业化，蔬菜种植技术水平较为落后，影响到蔬菜产量。另一方面，许多原来以种菜为生或者自给自足的农民和大量转移至城市的农民工已经变成了蔬菜的消费者，使得城市蔬菜消费量增大，需求大于供给，自给率下降。

从生产成本上看，目前郊区蔬菜生产的土地租金、设施大棚租金、薄膜、化肥、农药等生产资料成本呈现稳步增长趋势，生产设施和科技投入成本也在逐年提高，劳动力用工成本增长明显且素质下降、数量不足，这一系列问题阻碍了蔬菜产业的健康发展。以青菜为例，田头价常年平均在1 元/千克左右，绿叶蔬菜生产成本每亩大约在8 700元（大棚）、4 100元（露地），基本保本，一旦受灾，必然亏损。

从劳动力方面看，蔬菜生产劳动强度大、条件差、收入低等不利因素，导致本地菜农减少，特别是青壮年劳动力严重不足，菜农老龄化现象普遍，几乎所有种植蔬菜的区县生产蔬菜的农民专业合作社都出现了“用工荒”的情况。据调查，目前，市郊从事蔬菜生产种植的菜农有24万人，其中，本地菜农8.1万人，外来菜农7.5万人，兼业菜农8.4万人，劳动者70%左右在50岁以上，90%的蔬菜生产者只有初中及以下文化水平。虽然绝大多数从业者接受过专业培训，而且46.64%的人接受过3次以上培训，但是培训内容往往无法满足从业人员的需求，他们希望拓宽培训内容，切实掌握能够解决实际生产问题的技术。由此可见，从事蔬菜生产的人员的年龄结构偏大，文化程度低，生产和经营的能力素质与蔬菜生产要求不相适应，造成生产粗放、管理不到位，严重制约了上海蔬菜产业发展。多年之后，上海市将面临无本地菜农种菜的局面。

当前的上海市郊蔬菜生产仍存在组织化和规模化程度不高的现象，规模化、组织化生产的比例不到30%，70%左右仍然是散户种植，大多小农户生产在蔬菜质量安全监管方面仍然存在较大的隐患。

蔬菜标准化基地建设也存在问题，如大部分基地的种植基础设施落后，抗自然灾害能力较差；规模化生产的技术水平比较差；同时，基地的建设规模普遍较小，较大规模的园艺场数量少等。

2 国外大都市蔬菜产业发展特征

2.1 品目结构持续优化

世界级大城市农业大多采用都市农业的发展模式，它并不特指某个农业形态，而是强调农业和城市共生的发展理念，多功能性是其显著内涵，除传统的生产功能外，还具有科技示范、生态保障等，尤其是都市农业的社会服务功能成为世界级城市都市农业的显著功能。在纽约、伦敦、巴黎、东京等国际化大都市的蔬菜大多由本国其他地区供给，蔬菜种植面积和规模比较小，并且布局分散，蔬菜品种多样，不能完全满足城市人口对蔬菜的大量需求，但是这些大都市都保留了蔬菜的发展空间。

从产品供给角度上看，这些世界城市蔬菜生产多以鲜活农产品和加工食品消费市场为目标，主要为城市居民提供优质新鲜的时令蔬菜，满足市民对精细农产品的多样化、精致化的需求；满足城市居民与精神生活、城市环境的美化相关的农产品需求；满足城市居民生活水平提高相关的经济类农产品需求。例如，东京都三鹰市许多农户都有自己的网站（页），及时发布蔬菜生产、管理、收获、上市等信息，加强与消费者沟通，成为消费者身边能够提供安全、新鲜、时令蔬菜的可信赖的菜篮子。此外，世界级大城市充分利用国际经济的中心地位，打造国际、国内农产品交易展示平台、区域性信息服务平台、高能级技术服务平台，突出世界城市农业的市场联动作用。

从产品安全性角度上看，这些大都市所属国家有着较为完善的蔬菜生产质量标准体系。日本对蔬菜 13 个重要品种规定了等级、规格、成熟度、色泽、形状、病害、水分、重量、表伤和包装的详细标准，强化了蔬菜食品安全的监督和检测机制，也强化了产品的可追溯性。在美国，政府历来重视食品中化学危害管理，制定了许多关于添加剂、药品、杀虫剂、微生物致病源及其他对人体有潜在危害的法规。由政府公务员进驻 100 个定点合作检验的批发市场设站检验，一般每天要从每个市场取样 50 ~ 100 个，其中，38 个重要市场由农业部直接设站派人。

2.2　注重蔬菜高附加值生产

在国际化大都市从事蔬菜生产往往会面临生产资料和流通成本高、劳动力短缺、蔬菜价格低等困难，造成经济效益低。因此，注重高科技含量、重视农业投入、提高土地生产率，发展高附加值农业是大都市蔬菜产业发展的趋势。在东京，为了满足日益多样的市民需求，提高农业附加值，东京积极生产地方特色的、少而多样的农产品，开发体验农园、休闲农园、教育农园等农业高级形态。2010 年统计，东京都内从事农业生产相关事业的经营体有 3 869个，占农业经营体总数的 50% 以上，其中，从事农产品加工的经营体为 254 个，占农业经营体总数的 3. 4%；租赁农园、体验农园与观光农园占 5. 7%，明显比全国的 2. 0% 和0. 8% 要高。截至2012 年，东京都市民农园共计484 个，占日本市民农园总数的 12. 2%；面积为 76. 4 公顷，占日本市民农园总面积的 5. 7%。尽管东京的农业产值仅占日本农业总产值的 0. 03%，在都道府县中最小，但经营每 0. 1 公顷耕地的农业净产值是全国第九位，是全国平均水平的 1. 87 倍。对于无法实现大规模经营的东京而言，能够在狭小的土地上产出如此高的收益，是东京都市农业经营方式的一大成功。

另外，为了适应居民快节奏、高效率生活的需求，目前，国际化大都市蔬菜加工正在向方便型、净菜化、小包装方向发展，即在产地进行整理、消毒、分级、包装、保鲜、贮藏，蔬菜产业链呈现种植、包装、保鲜、营销、配送一体化发展趋势。巴黎实行产销一体化经营，蔬菜产品标准化程度高。在产品供应链上，生产、加工、流通、销售各个环节都已形成了大量成熟的市场主体，蔬菜产业已经实现了农场化、规模化和企业化。在东京，蔬菜从播种到成品包装基本上实现了机械化操作。纽约的蔬菜生产者在蔬菜产地对产品进行分级、包装处理后直接送往大型超市、零售连锁店或配送中心，减少中间环节，既降低了成本，又增加了产品的附加值，同时，这类产品的外销潜力很大，出口创汇附加值更高。

2.3 广泛采用家庭农场发展模式

蔬菜自给率低是世界级大都市蔬菜产业的共同特点。随着城市化进程的加快，地产蔬菜比例下降，除了一些不耐运输的绿叶蔬菜品种，其他蔬菜主要依靠本国其他地区或其他国家供应。东京的批发市场在蔬菜流通领域发挥着主渠道作用，东京蔬果等鲜活农产品经由批发市场流通的比率高达80%；巴黎的蔬菜、水果等时鲜农产品的供应主要通过四通八达的高速公路网实现；新加坡的蔬菜主要依赖进口，蔬菜自给率仅5.5%；香港的蔬菜自给率很低，仅5%，主要以十字花科、菊科、水生植物的叶菜类为主。在这种形势下，大都市纷纷选择转变生产方式，大力发展适合都市农业的家庭农场模式。

纽约作为移民城市，城市居民对于农产品存在多样化、多层次的需求。因此，一些小型的以社区支援农业（CSA）为主要模式的家庭农场建立起来，使城市社区生活与农业生产建立直接联系，城市居民与农场生产者共同分担生产成本、风险及盈利，农场尽最大努力为市民提供安全、新鲜、高品质且低于市场零售价的农产品，社区为农场提供了固定的销售渠道，做到双方互利。纽约拥有大约600个小型农场，代表着美国城市农场的强大发展劲势。巴黎大区农业生产的主要组织形式是家庭农场，在近7 000个农场中，蔬菜农场占11%。在巴黎，家庭农场的耕作，有的由农场主亲自完成，有的由雇佣专职的农场经理来进行。农场主可以参加农业合作社。合作社主要是为农业工作者提供生产服务。例如，机器使用合作社主要为各家农户提供各种农业机械服务，加工销售合作社主要帮助家庭农场完成农产品的加工或销售。社员可以把产品交给合作社加工、出售，也可以自行出售。合作社按照农业工作者的生产活动和资本投入进行分配。东京的蔬菜生产主要以资源节约型和技术密集型为主，以家庭经营为主，经营规模大多较小，7 455个农业经营体中家族经营形式占99. 3%。伦敦的Geoff的家庭进行小地块生产已经15年多了。他在Redbridge拥有两块小田，种植各种软水果和蔬菜，并且利用废料自制了混合肥。他种的作物以高附加值或昂贵产品为主，如芦笋、罗甘莓、红辣椒和珍稀土豆，主要是为了供应并保养新鲜的有机产品。除了自家食用以外的产品，所生产的产品多用来与其他种植者交换。

2.4　蔬菜生产呈工业化趋势

农业生产的专业化、集约化、机械化程度是衡量一个国家和地区农业水平是否先进的指标之一。许多国际大都市在蔬菜生产上具有较高程度的专业化、集约化和机械化，正呈现工业化的发展趋势。20世纪70年代以来，发达国家的设施园艺已具备了设施设备完善、生产技术规范、产量稳定和产品质量安全性强等特点，并且已形成了温室制造、生产资料配套、产品生产、物流等为一体的设施蔬菜产业体系。荷兰的阿姆斯特丹蔬菜生产采用高度工业化的温室，使得蔬菜生产可以按照工业生产方式进行生产和管理。这些工业技术包括机械技术、工程技术、电子技术、计算机管理技术、现代信息技术和生物技术。近年来，日本大力推广机械化生产。在日本的许多地方，蔬菜从播种、育苗、施肥直至收获、包装、上市基本上实现了机械化操作，目前，20%的生菜、45%的白菜、42%的卷心菜实现了全自动播种、移栽和收获。发展高度技术集约型的设施农业成为东京都市农业发展的重点方向之一。东京的园艺生产设施较为先进，在财政重点扶持下，园艺设施基本上实现了小型化、集约化和现代化，蔬菜从播种到成品包装基本上实现了机械化操作，其蔬菜与花卉生产的80%实现了现代化园艺栽培。据统计，2010年东京都内拥有园艺设施的经营体数为1 883个，园艺设施面积为169.53公顷，占设施栽培总面积的85%。纽约的垂直温室掀起生态城市农业革命，它有132层高，能够为城市发展农业提供足够的空间饲养牲畜、家禽，种植28种不同的作物。它的每一层都将被居民们用来发展各种农业，甚至墙壁和天花板都可以被当做菜园种植蔬菜。据称，“大蝴蝶”方案是为了解决人口不断膨胀引起的粮食短缺问题而设计的。该温室大楼将有助于实现在城市里发挥农业的功能，重复利用自然资源和生物降解各种垃圾的生态城市目标。

3 上海市蔬菜产业发展的方向与趋势

上海市和其他国际化大都市蔬菜产业发展存在着诸多共同之处，农业高度现代化，蔬菜种植面积小、且大都分布在远郊，蔬菜自给率低、基本依靠全国大流通供应，劳动力数量下降、老龄化现象严重。尽管这些大都市所在国家的国情及土地制度与中国存在很大差异，但其现代化发展过程中的经验教训能带来有益的启示。进入20世纪以来，上海市的城市化进程进入加速阶段，人口、建设规模不断扩张，屡次冲破规划指标，城市问题凸显，给农业带来巨大影响。转变农业产业结构、实现城乡统筹发展是上海建设世界城市的重要方面，而世界上其他大都市蔬菜产业发展现状和经验教训，对上海市蔬菜产业发展的方向和趋势具有一定借鉴意义。

3.1 积极在郊区试验探索，发掘推行新型蔬菜产业经营模式

2013年中央“一号文件”提出，坚持依法自愿有偿的原则，

引导农村土地承包经营权有序流转，鼓励和支持承包土地向专业大户、家庭农场、农民合作社流转，发展多种形式的适度规模经营。其中，在中央一号文件中首次出现的“家庭农场”就是一种经典的农业产业经营模式。家庭农场是指以农户家庭为经营单位，以家庭成员为主要劳动力的农业微观生产经营组织。家庭农场正是在农业转型中应运而生，它不同于传统意义上的农户家庭经营，而是融入资金、技术、市场等现代农业要素的农业适度规模经营的主体，是农业走向现代化的重要组织形式。家庭农场经营模式在国外早已流行。从家庭农场的存在形式来看，分大、中、小型，美国、加拿大的属于大型家庭农场，法国等欧洲国家的属于中型家庭农场，日本和中国台湾的属于小型家庭农场。欧美国家的许多家庭农场除从事农业直接生产外，现在都围绕农业产业链开展了多种经营，如农业旅游、农产品加工、农产品运销、农产品市场以及农业产业链中间的许多衍生产业，不断提高农业的劳动生产率、土地产出率、资源利用率。

位于上海市西南的松江是率先进行“家庭农场”探索的先行者之一。据统计，截至 2012 年年末，松江家庭农场总数达到 1 206户，经营面积 13.66 万亩，占全区粮田面积的 80%。家庭农场已承担了松江区大部分粮食生产职能。家庭农场通过几年来的实践与探索，形成了专业化、规模化、标准化的种养结合生态农业方式，家庭农场的数量呈现逐年攀升的趋势，农民在获得经济效益的同时，增加了生态和社会综合效益。但是，松江区的家庭农场是以种植粮食作物为主，蔬菜家庭农场还尚在探索阶段。蔬菜家庭农场是指以蔬菜生产为主业的家庭农场，它是现代蔬菜产业园区或蔬菜产业化基地的基本单元，其发展的科学性和稳定性，不仅关系到蔬菜产业是否能够健康发展，而且关系到新型农业经营主体的培育。上海市可以进行探索性推广和发展蔬菜家庭农场，通过发展种养结合、推进秸秆还田，减少化肥用量等技术措施，将提高土地产出率、养护菜田土壤、改善生态环境、提高综合效益。同时，发展集蔬菜生产、包装、保鲜、营销、配送模式为一体的家庭农场，推动产品商品化进程，减少流通环节，有助于生产与市场的对接，克服小生产与大市场的矛盾，提高农业生产、流通、消费全过程的组织化程度。

3.2 高度重视食品安全，发展生产追溯制度

当前上海市民已不满足对蔬菜产品数量的要求，而是更关注蔬菜的品质、安全等方面。农产品质量安全不仅是经济问题，还是社会问题，甚至是政治问题。为了让市民吃上放心菜，应重视蔬菜产品质量安全，要坚持用最严谨的标准、最严格的监管、最严厉的处罚、最严肃的问责，确保人民群众“舌尖上的安全”。在深入推进农业标准化生产和建立健全法律法规和蔬菜产品安全标准基础上，建立农产品追溯制度，坚持生产和监管两手抓。通过重点培育发展示范性蔬菜家庭农场，引导家庭农场实行科学化管理、标准化生产、品牌化经营。要求进入市场的产品均注明农产品的名称、产地、生产者、产品等级、供应市场，保证在产品检测发现有质量问题后，能够快速追溯到产品的生产者，准确地追查责任人，确保从田间到餐桌各环节的责任可追究。如果“菜篮子”产品的生产过程是可控制的，流通过程是可追溯的，安全就是有保障的。这两个方面，上海市都有条件率先实现。

3.3 提高劳动力素质，解决种菜后继无人问题

科技是农业发展的决定因素和主要推动力量。在巴黎，家庭农场主必须接受过专门教育，而且呈现年轻化，35～54岁的农场主经营了全大区56%的土地。目前，上海市郊蔬菜从业者素质偏低严重制约了科技在生产中的应用。为了提高劳动力素质，解决种菜后继无人问题，政府首先要充分发挥上海教育资源集聚的优

势，采取相应的措施，鼓励、支持、规范、引导农业职业院校与用工单位、龙头企业、农业专业技术协会及社会力量合作参与农业职业教育，开展相应的技术培训，使农业科技教育走向市场化，增加农民在本地创业就业的机会。第一，应通过加强普及现代农业知识和提高义务教育，帮助农民熟练掌握现代农业生产、经营、管理等方面专业知识，培育一批相对稳定有文化、懂技术、会经营的新型职业农民，并使之成为蔬菜产业的依靠力量。同时，要加大对新型职业农民的政策扶持力度，帮助改善农业生产条件和装备水平，提高农业经营效益，使农民得到与城镇职工相当的收入，使务农成为体面的职业，让“农民”从身份称谓回归职业称谓。第二，要充分运用信息化手段开设技术培训、咨询、中介服务信息课程，帮助农民掌握实用技术。培训内容应突出针对性和实用性，以市场为导向，以效益为中心，充分发挥农业院校的技术和人才优势，为农业科技推广服务。第三，加强从业人员培训，提高家庭农场经营者的技术素质，培育务农光荣、钻研技术的专业农民和创业农产品，积极开设蔬菜安全生产技术、蔬菜专业合作社、农产品市场营销等领域的培训，吸引优秀科技人员经营家庭农场等措施，为家庭农场的发展提供人才和技术保障。

3.4　逐渐推进蔬菜产业结构调整，提高蔬菜产品品质水平

上海市蔬菜产业正由常规型向生态型、粗犷型向精细化阶段迈进。在这个关键时期，要充分利用上海的区位、信息、科技、人才优势，因地制宜，发挥常年菜田的特色，分期、分批种植有地域特色的蔬菜，以确保市场对蔬菜的需求。同时，要利用好保护地设施，在菜源充裕的情况下，积极大胆调整种植结构和品种结构，以提高经济效益。在品种方面，要引进先进特菜和优质蔬菜进行示范性推广种植，如野生蔬菜、药用蔬菜、保健蔬菜、观赏蔬菜，以增加市场占有率。在品种定位和市场细分时要瞄准中

高端消费市场，扩大“名、特、优、稀、新”等蔬菜品种的生产规模，积极培育地方特产，引进和试验加工菜品和出口品种，多方面提高蔬菜种植水平，增加蔬菜品种供应量。同时，结合上海的实际，通过发展精致农业，生态农业，控制和减少化肥施用和农药残留，实现精致化和标准化，促进蔬菜产品向多样化方向发展，实现蔬菜深加工，努力提高配送菜和包装菜等蔬菜半成品的加工，提高蔬菜的安全质量，实现蔬菜向无公害蔬菜、绿色蔬菜和有机蔬菜方向发展，使蔬菜产品符合国际标准。积极创造条件，逐步实行蔬菜规模化、专业化、区域化生产，提高蔬菜品质和加工包装水平，下大力气抓好品牌蔬菜销售，实行标准化上市，以此带动种植结构和品种结构调整，提高蔬菜产品的附加值，努力推进蔬菜生产向多样化、精细化和高附加值化方向发展。

3.5 实施科技化、工业化生产战略，促进蔬菜产业能级提升

蔬菜产业的发展离不开科技进步，要实现蔬菜生产的标准化和精确化就必须提高蔬菜产业的科技含量。上海正大力推行设施菜园建设，工业技术植入蔬菜生产之中，为设施生产赋予了工厂化农业的内涵，成为工业化大体系不可分割的部分。而温室生产的高投入、高产出、高效率管理模式要求应用大量的高新技术。当前工业领域内的科技成果（如机器人技术等）不断运用于温室园艺配套装备之中，已取得初步成果。世界级大都市一直致力于把自动化技术应用于蔬菜作物的耕种、施肥、灌溉、病虫害防治、收获以及农产品加工、储藏、保鲜的全过程，可以根据作物生长发育的特点，创造最适宜的温室环境条件，基本摆脱了外界环境条件对作物生产的影响，实现了作物周年生产和均衡上市。目前，这种自动控制技术逐步向智能化、网络化方向发展。

我们在感叹发达国家技术的先进管理和规范的同时，应正视

我们目前比较落后的现状，现代科技手段应用相当有限，而现有的科技手段因各种原因真正发挥效能的相当有限。目前，上海市蔬菜产业中科技含量虽然处于全国领先水平，但是，与世界上其他大都市相比还相差很多。上海市从事蔬菜种植人员较少，劳动力成本较高，设施农业基础薄弱、设施栽培技术落后等因素决定了上海蔬菜产业必须实施科技化、工业化生产的发展战略。上海应借鉴东京等大都市的发展模式，积极整合农业科研力量，因地制宜，注重科技创新在蔬菜产业中的作用和地位，注重科技创新在蔬菜产业中的作用和地位，注重研发实用性，以解决生产中的实际问题为目标，破解生产难题，突破产业发展瓶颈，着眼于提高生产率和产品深加工能力。从温室耕作、作物栽培、生长管理、产品采收、包装和运输等过程全部实现机械化控制，温室内温度、光照、湿度等环境调节全部由计算机监控和自动化调控。随着工业技术的不断发展，将机器人技术广泛应用于设施生产中，实现温室作业精确、高效及省力化。在学习国际上先进技术同时，注重自主创新能力的提升，以创新驱动引领科技转型升级，由蔬菜产业机械化向自动化转型发展，打造上海市蔬菜产业升级版新形态、新模式，突出蔬菜生产工业化，继智能温室后继续引领全国蔬菜产业生产。

抓好市郊蔬菜生产　稳定市场均衡供应

——上海市农委蔬菜办公室2014年工作回顾与2015年工作设想

陈德明
（上海市农业委员会副巡视员兼蔬菜办公室主任）

1　2014年工作回顾

2014年，在市委农办、市农委的领导下，蔬菜办公室组织市郊菜区广大干部群众着力抓好市郊蔬菜生产，稳定以绿叶菜为主的地产蔬菜周年均衡供应，取得了较好的经济、社会和生态效益。

1.1　以落实责任制为抓手，促进蔬菜生产管理

2014年是新一轮蔬菜生产责任制的关键之年，我们通过逐级细化，明确工作责任，完善考核奖励制度，把任务落地落户。通过绿叶菜考核奖励资金、蔬菜农资综合补贴、农药补贴和绿叶菜种植补贴等政策的落实和引导，稳定蔬菜种植面积。2014年

市郊蔬菜种植面积稳定在50万亩以上，其中，“夏淡”期间绿叶菜21万亩以上，全年完成蔬菜播种面积178万亩次；地产蔬菜上市310万吨，其中，绿叶菜达到了158.3万吨。

1.2　引导科学合理生产，稳定市场绿叶菜的均衡供应

2014年基本形成了蔬菜生产和价格信息监测体系，及时掌握生产动态，引导菜农科学安排茬口，根据市场需求规律，组织各类新鲜绿叶菜的生产，我们年初发布一个总体安排的指导意见，在三大播种季节，从不同的气候特点出发，再提出一些具体的生产要求，较好的调控了生产布局，防止了生产和供应大起大落现象的发生。2014年极端高价和低价的天数比往年减少，全市蔬菜的价格指数为100.1，比2013年的107.7下降了7.6，在全国36个大中城市价格排名处于中等水平。

1.3　完善保险机制，保护菜农生产积极性

2014年全面深入开展田头价格监测和青菜生产成本的调查，每个季度形成一份分析报告，在为领导决策提供依据的同时，也为指导菜农生产和维护菜农利益提供依据。在此基础上，我们不断调整和完善蔬菜市场价格指数保险制度，并开展了近1万亩次青菜气象指数保险试点工作。今年冬淡和夏淡保险投保菜农获得价格保险理赔款达3 500余万元，有效地保护了菜农的生产积极性。

1.4　强化安全监管，保证蔬菜质量

2014年对上海市郊区蔬菜网格化管理名单进行了更新和完善，并实行信息化管理。做到了各级管理责任书签订无遗漏，各类生产经营主体质量安全承诺书的签订全覆盖，对种菜人员发放安全使用农药告知书达100%，高效低毒低残留农药推广率达

90%以上，杀虫灯、防虫网、性诱剂等绿色防控面积明显增大，效果突显。2014 年度市郊菜田农药商品量和有效量同步下降，每亩分别减少 227.1 克和 8.7 克。全年每亩用药次数减少 0.4 次。市郊有 230 余家生产基地建立了质量可追溯制度。农残检测合格率稳定在 98% ~99%，蔬菜质量安全处于稳定可控状态。

1.5 加强菜田设施装备建设和管理，促进蔬菜生产机械化

2014 年在全面完成“十二五”拟建项目调查规划和立项准备的同时，对前两年已实施建设项目加大推进力度，特别是严格把好建设质量关。对已建成设施菜田加强检查考核，今年列入考核面积 17.9 万亩，经考核合格率为 84.6%。并按照年初部门预算安排奖励资金 1 943万元，给予保护地每亩 310 元、露地每亩 48 元的奖励补充维护资金。还对考核中发现的问题，及时采取整改措施，确保设施菜田姓菜，为菜篮子稳定供应做贡献。

在农机和农艺相关机构的支持下，在 3 月下旬和 9 月下旬先后召开了两次规模较大的蔬菜设施装备建设现场推进会，通过现场演示和展示，促进了蔬菜水肥一体化，蔬菜冷库冷链物流建设，中小型蔬菜机械推广。

1.6 加强培训指导，推进标准园创建

2014 年在市区两级农业技术推广机构的支持配合下，组成一支专家指导员队伍，严格按照“五化六统一”的要求，开展技术培训和现场指导，确保蔬菜标准园创建工作各项措施落实到位。今年 4 家农业部标准园和 25 家市级标准园一次性全部通过验收。标准园创建有利地推动了当地蔬菜标准化生产水平的提高。

1.7 抓好菜篮子工程车的管理，服务蔬菜物流营销

2014 年市区两级菜办对菜篮子工程车管理工作有所改进，

进一步明确了市区两级的分工和责任，工程车日常运行监管工作得到加强，专车专用的运行状况良好。除了做好日常工作，还完成了72辆黄标车的淘汰任务。

2　蔬菜工作的主要成效与存在问题

2.1　主要成效

（1）生产供应稳定。市郊菜区结合当地实际情况，聚焦支持政策，稳定地产蔬菜特别是绿叶菜生产。2014年蔬菜播种亩次，蔬菜上市量，特别是绿叶菜上市量均与去年基本持平。

（2）价格稳定可控。以青菜为主的绿叶菜生产更加有序，绿叶价格总体保持低位运行，全年青菜每千克田头年均价1.55元，比去年下降16.7%。为2014年上海新鲜蔬菜价格稳定可控作出了贡献。

（3）质量水平提升。完成农业部农药残留定量检测400份，地产蔬菜合格率99%；完成市级农药残留例行监测定量检测样品5 000份，合格率均达到99.9%。

（4）风险保障增强。以完善绿叶菜生产成本价格保险方案和保费补贴政策为抓手，引导绿叶菜均衡生产，有效化解市场风险。同时，完善蔬菜生产保险，试点探索并推广实施露地绿叶菜气象指数保险，减轻自然灾害损失，增强菜农抵御自然风险的能力。

2.2　存在问题

（1）生产经营效益下降。以劳动力、地租和农业投入品为主的蔬菜生产成本逐年上涨，蔬菜生产经营效益下降。特别是用工成本提高后，制约了精细品种的生产和供应，制约了组织化程度的提高。

（2）劳动力严重紧缺。从事蔬菜生产劳动强度大、收入低，种植蔬菜的青壮年劳力严重不足，菜农老龄化现象严重。今年以来规范外来种植人员的工作也使部分外地菜农离开蔬菜生产，劳动力紧缺的问题更突出。

（3）机械化水平较低。蔬菜农机主要在耕地、灌溉、植保方面应用较为普及，在其他生产环节上还处于起步阶段，有些环节甚至是空白。

（4）设施装备不配套。蔬菜田头预冷冷库数量仍然较少，影响了蔬菜保鲜，导致蔬菜商品化处理率较低，绿叶蔬菜大多较为鲜嫩不耐储运，特别是在夏季高温季节，不仅损耗较大，其新鲜度一旦下降，价值就会大大降低。

3 2015 年工作设想

我们要在总结 2014 年度工作的基础上，按照中央农村工作会议精神和市委、市政府对“三农”工作的总体部署，在市委农办和市农委的领导下，以《上海农业“十二五”发展规划》和《上海郊区成建制创建国家现代农业示范区三年行动计划》为指导，以转变地产蔬菜发展方式为主线，以提高产品质量、均衡市场供应为目标，以市场需求为导向，加大科技进步的支撑力度，加强保障机制创新。通过大力培育各类新型经营主体，促进蔬菜生产的规模化、专业化和标准化，提高蔬菜生产的组织化程度；通过增加投入改善设施和装备，提高蔬菜生产机械化、供应均衡化水平；通过产销服务体制的改革，推动产销一体化进程，提高蔬菜生产经营的综合效益；通过加强质量安全监管，形成蔬菜质量全程可追溯的体系，进一步提高蔬菜质量安全水平。努力实现生产稳定发展，产销衔接顺畅，质量安全可靠，市场波动可控，农民稳定增收，市民得到实惠。

3.1　加强组织领导，稳定地产蔬菜生产

以“菜篮子”区县长责任制、考核奖励机制以及各项生产补贴政策的落实为抓手，稳定地产绿叶菜生产面积，保障地产绿叶菜的自给能力。在稳定市郊绿叶菜常年种植面积21万亩的同时，重点扶持10万亩以青菜、杭白菜为主的大宗绿叶菜核心基地，确保地产绿叶菜具有日均4 500吨的生产能力。

3.2　落实建管并举，提高基地管理水平

稳步推进“十二五”设施菜田建设，加强沟通协调，坚持规范化管理，严把建设质量，稳步推进在建设施菜田建设工作，提升基地设施水平。

在抓好设施菜田建设的同时，结合设施菜田财政新资产管理新文件的出台，加强建成资产的管理工作：一是将建成资产建立台账明细，并正式移交区县统一管理；二是加大对资产管护的资金扶持力度，确保资产得到有效管护；三是加强建成基地的管理，加大考核力度，促进各级政府重视对建成基地的管理，逐步改变区县“重建设、轻管理”的做法。抓好运行管理工作，推进设施菜田资产管理工作上新台阶。

3.3　完善信息服务，引导合理安排生产

做好生产和价格信息的监测，结合市场需求情况，组织力量开展蔬菜生产和市场信息采集分析与发布，为引导菜农安排生产做好信息服务。同时要结合“夏淡”、“冬淡”期间的绿叶菜生产成本价格保险，引导菜农优化品种结构，分阶段播种各类绿叶菜，努力实现冬播期间绿叶菜的均衡播种、均衡生产、均衡供应。

3.4 强化安全监管，确保蔬菜质量安全

2015年将推进17家市级蔬菜标准园的建设，提升蔬菜生产和质量安全水平。同时，以网格化管理为抓手，继续强化安全监管责任。推进质量可追溯制度建设，组织蔬菜园艺场、专业合作社、种植大户做好档案记载，做到生产有记录、流向可跟踪、信息可查询、质量可追溯。继续推广应用高效、低毒、低残留农药新品种和绿色防控技术。不断完善农药残留定量检测和快速检测体系，把好上市蔬菜质量关。

3.5 加强资源整合，提升蔬菜组织化水平

以大力培育新型经营主体为抓手，促进蔬菜专业合作经济组织发展，充分发挥其纽带和桥梁作用，把一家一户小规模生产有效地组织起来，实行生产的专业化、规模化、标准化，加快实现产品包装化、销售品牌化，提高市郊蔬菜的整体效益和市场竞争力。鼓励农超对接等各种产销对接的途径开发，尤其是大型的生产基地要向产、加、销一体化的方向发展。

3.6 加强产销对接，提高地产蔬菜竞争力

以“农超对接”、“农标对接”、“农社对接”和“团购直销”等产销衔接为抓手，充分发挥各类营销组织的作用，减少流通环节，降低经营费用。推进蔬菜冷链物流发展，对建成的设施基地配备预冷设施及采后整理、清洗、分级、包装流水线等装备，引导鼓励地产蔬菜向商品化处理方向发展。同时，积极探索发展蔬菜电子商务，推动蔬菜物联网的发展，提高流通效率。

3.7 完善金融保险，提高抗御风险能力

以完善绿叶菜生产成本价格保险方案和保费补贴政策为抓

手，引导绿叶菜均衡生产，有效化解市场风险。同时，完善蔬菜生产保险，试点探索并推广实施露地绿叶菜气象指数保险，减轻自然灾害损失，增强菜农抵御自然风险的能力，维护菜农基本利益。

都市菜园生产结构与模式的实践探索

黄丹枫* 郭斗斗 奥岩松
（上海交通大学农业与生物学院）

摘 要 都市菜园生产结构与模式的调整与创新，为都市蔬菜的安全稳定供给提供了有力保障。本文在分析都市郊区特定生态区域蔬菜种群、茬口类型及栽培方式等生产结构调整的基础上，阐述了高效集约型、有机生态型、休闲观光型等都市菜园的主要生产模式，总结了植物工厂、家庭农场、移动菜园等都市菜园的特殊生产方式。对都市蔬菜发展所面临的劳动力资源匮乏、土地资源紧缺、水资源污染和环境压力增大等挑战，提出了所需要的政策扶持、知识创新和技术要素。

关键词 都市蔬菜生产 集约化经营 有机生产 植物工厂 家庭农场 移动菜园

---

* 黄丹枫（1956— ），女，博士，教授，研究方向：设施园艺技术，Email：hdf@ sjtu. edu. cn

1　都市蔬菜发展现状及结构调整

1.1　都市蔬菜供应需求与发展现状

随着我国城镇化的速度越来越快，城市人口急速增长，农业生产要素持续流失，保证都市蔬菜的安全稳定供给成为关系民生的重要问题。在以京津沪为代表的大都市，一方面由于建设用地占用近郊菜田、蔬菜生产收益过低、农业劳动力老龄化等导致蔬菜生产能力下降[1]；另一方面城市居民对蔬菜的供应充足、品质安全、种类多样和营养丰富等提出更高的需求[2]。都市蔬菜生产，需要根据市场导向和区位特征来调整资源配置，优化生产结构，探索出适宜城市及近郊蔬菜生产营销的模式，从而建立起与普通蔬菜生产区差异化的都市蔬菜产业体系，通过高效利用资源，提高都市农业的经济、生态和社会效益。

都市菜园是指位于城市、郊区及其周边地带，为满足都市发展需要而形成的现代化蔬菜生产园区，作为都市型农业的代表，具备蔬菜商品生产、加工配送服务、生态旅游休闲等多重功能[3]。在日本东京和新加坡等城市较早地出现了都市型农业，形成了具有镶嵌模式的绿岛农业和具有观光旅游、出口创汇等多种功能的农业园区。随着都市农业的概念在我国的推广，都市菜园开始在上海、北京、厦门等沿海城市兴起，在苏南、广东等地，通过引进外资技术促进了精细化工厂农业的发展，形成了大批创汇型、空运型农产品生产基地；在上海、山东等地科技程度高规模化专业化的设施蔬菜得到广泛发展。

都市菜园为城市“菜篮子”提供了有力保障，以上海市为例，蔬菜自给率达到55%，绿叶菜自给率达到90%；都市菜园的多功能性得到不断拓展，休闲观光、生态餐厅、采摘养生、农事体验、科普推广等；都市菜园的综合效益初步体现，上海地区2011年仅农业旅游，就解决当地农民就业2.58万人[4]。

1.2 都市蔬菜生产结构特征

在都市及郊区特定的生态区域范围内蔬菜种植的种群结构、茬口类型及栽培的比例方式等是生产结构调整的主要内容，需要依据市场供求信息和生产技术变化等来进行调节，从而达到最大的生产效益[5]。

从蔬菜种植的区域划分来看，随着与城市距离的增加，蔬菜生产分布由近到远依次为：以植物工厂种植高附加值作物为代表的密集型生产区；以温室大棚生产新鲜蔬菜为代表的近郊生产区；以露地生产常规蔬菜为代表的远郊生产区；以名优蔬菜生产远距离调运为主的适地生产区；以出口及加工蔬菜生产为主的特色生产区。

随着现代物流系统的发展，蔬菜远距离调运已经越来越便捷，大中城市通过农产品调运可以满足大部分的蔬菜消费需求，因此，近郊都市蔬菜生产的中应当减少大宗耐贮运的蔬菜种类，增加新鲜绿叶菜、功能性蔬菜、观赏蔬菜等种类。由于城市地区土地面积等资源的限制以及资金技术的相对集约，需要调整传统的蔬菜种植方式，增加有机蔬菜、设施蔬菜和家庭蔬菜的种植推广，减少传统露地栽培的面积，从而提高资源的利用效率[6]。

在都市蔬菜中，观赏蔬菜与野生蔬菜的开发是目前国内外蔬菜新品种研究的热点，由于其可看可吃、风味独特、营养价值高等受到城市消费者的青睐。设施园艺的发展为蔬菜作物提供了一个相对稳定适宜的生长环境，同时，可以在城市中心附近生产，将植物工厂和垂直农场的概念集成在建筑中可在城市中心应用，是建设人与植物和谐生存的绿色都市新潮流[7]。

2　都市菜园生产模式

2.1　高效集约型都市菜园生产模式

2.1.1　基本特征与功能

蔬菜集约化的生产方式是在同一面积上投入较多的生产资料和劳动，通过精耕细作，提高单位面积产量，增进生产效益。蔬菜集约化生产体现了资本的集中投入、资源的节约利用和社会、经济效益的最大化。

蔬菜的集约化生产以质量、规模、效益和技术集约为基本特征，把质量经营放在首要的位置上，通过提高管理质量、服务质量，实现高效生产；通过集团化、规模化的生产经营方式，集中生产要素；通过人才集聚和科学技术的推广应用，以提高效益为最终目标。

2.1.2　经营模式

在都市农业发展中，蔬菜集约化生产的组织特点和经营模式呈现了多元化和结构化，形成了公司加农户的契约模式、基地加中央厨房的联动模式、合作社与商场的对接模式、农区与社区对接的互动模式等。集约化蔬菜的销售充分利用地缘优势，通过城市冷链物流系统进行食堂、酒店、超市进行直销配送；利用港口、机场等进行出口创汇；利用蔬菜生产基地的示范效应进行品牌推广；通过网络平台建立电子商务，进行虚拟化生产；采用产业合作联盟形成农业企业群，通过公司之间合作与竞争，促进蔬菜产业发展[8,9]。

2.1.3　技术体系

发展集约化生产关键技术、提高机械化程度、健全蔬菜标准化制度、引进现代物流管理系统等技术体系的建立，是集约化蔬菜生产的关键。

蔬菜的集约化生产关键技术主要有工厂化育苗、设施栽培、温室环境控制等。工厂化育苗运用机械化、自动化等手段，对育苗环境进行有效控制，优化光热水肥资源，精准化及机械化灌溉，提高蔬菜秧苗质量，缩短育苗周期。设施栽培通过保护性设施如地膜、拱棚、温室等，提供相对可控稳定的生产环境，控制营养和水分供应，为蔬菜高效生产创造条件。设施蔬菜生产过程的机械化，是降低农业劳动力成本、改善劳动条件、提高劳动生产效率的必备条件，在智能温室管理过程中，通过环境信息采集、计算机处理、模型预测等，结合商业目标，实现对整个作物生产系统的实时监控和管理；大型机械的引进应用，温室蔬菜关键生产环节园艺机械的研发需求显著。

集约化生产追求单位面积的高产量和高产值，导致较高的病虫害风险，环境危险因素的控制要求较为严格。因此，建立生产过程控制的标准规范尤其重要，通过 GAP、QACCP 等质量管理体系的数字化、信息化管理，建立蔬菜生产流通物联网及产品追溯系统，对蔬菜的种源、产地、播种收获期、农药化肥使用情况等种植信息进行记录，利用条形码或者二维码技术进行物流追踪，是降低生产风险和环境风险的必要措施[10]。

蔬菜商品化处理、加工贮运、物流配送等可以借鉴现代工业流程，实现工业技术对农业生产的支持，以市场为导向，建立蔬菜生产、加工、贮运、营销为一体的综合农业生产系统。

2.2 有机生态型都市菜园生产模式

2.2.1 基本特征与功能

有机农业是 20 世纪 70 年代发展起来的一种健康生产模式。有机农业要求动植物生长过程中不使用化学合成的农药、化肥、生长调节剂、饲料添加剂等物质以及基因工程生物及其产物，而是遵循自然规律和生态学原理，采取一系列可持续发展的农业技术，协调种植业和养殖业的平衡，维持农业生态系统稳定[11]。

有机生态型蔬菜生产模式具有以下4个特征：第一、强调农业资源循环和可持续发展，从农业生态系统整体出发调节生产，遵循自然的理念；第二，传统农业理念与现代农业技术相互结合，通过现代管理措施提升生产效率，实现资源高效利用；第三，标准化要求高，从土壤到生产加工有一整套严格的认证制度，对产品进行全过程的监测和追踪，产品质量有保证；第四，与经济和社会实现良性循环，相对较高的价格优势能够满足其利润需求，在经济效益得到良好发展的情况下，具有改善生态的功能[12]。

2.2.2　经营模式

都市有机蔬菜的发展面临近郊资源条件的约束，在生产成本及环境限制的条件下，都市有机蔬菜的生产方式必须依托科技创新，探索新的发展模式。有机蔬菜通过电子商务平台和物联网技术，将多个生产基地的资源进行有效整合，通过创建品牌降低认证成本；种植与养殖结合，通过养殖业与种植业之间物质和能量的流动，实现农业生态系统循环，建立低碳环保的生产体系；通过机械化、自动化的生产方式，提高劳动效率，降低劳动力成本，提高综合效益；遵循国内和国际有机农业标准，完成有机认证并严格遵循相应的标准进行管理，是保障有机产品质量的关键。

有机蔬菜的营销与一般蔬菜有较大差异，消费群体的经济收入高、对健康要求高、环保意识强，因此，会员配送是满足此类客户群体的有效方式；集团购买针对大型企业单位，作为员工福利的一种形式，能为种植企业提供数量大稳定的消费需求；结合直营专卖及节假日的蔬菜礼箱等，能够为高档社区、繁华商业区和商务会所等地区的消费群体提供服务；随着电子商务、社区农业的发展，与城市居民的互动也逐渐成为有机食品有效的营销策略[13]。

2.2.3 技术体系

有机蔬菜基地建设、标准化管理及认证、生产技术的高效稳定和生态学管理是有机蔬菜生产的关键。

有机蔬菜的种植基地建设首先考虑要远离污染源，基地建设与当地生态发展相吻合，保证基地建设的稳定性，如在崇明生态岛发展有机农业；在有机认证的基础上，做好环境档案记录及环境评估，确保符合有机生产要求；大型有机农业企业应用物联网技术，对多个生产基地进行生产全过程的监控和管理。

标准化管理通过认证环节，保障种植环境的质量标准、投入品的安全标准的执行力；通过技术操作规程，在品种选择、轮作茬口、有机肥生产和使用、灌溉管理、病虫草害控制、采后处理、冷链物流、质量安全控制等关键环节，严格按照有机农业生产管理要求精准作业，保证产品质量安全的可追溯。

通过合理利用有机生产中的养分转化规律，建立养分平衡的施肥措施，种养结合，从而在获得较高产量的同时，培肥土壤；应用有机生态基质栽培等高效生产方式，结合生态学管理理念及技术，在品种选择、土壤管理和施肥、病虫草害防控等方面实现有机生产技术集[12]。

大都市的居民购买力强，优势明显，有机菜园的发展前景较好，特色突出。我国具有悠久的农业文明历史，在有机农业中耕地施肥及病虫害防治等方面有丰富的技术经验积累，物种丰富、幅员辽阔，气候资源和地理环境能够满足有机生产的自然条件，有机农业的认证及检测保障了产品质量和生产安全。

2.3 休闲观光型都市菜园生产模式

2.3.1 基本特征与功能

以休闲观光为特色的蔬菜生产园区具有以下特征：第一，生产与观光示范相结合，将情趣盎然的田园风光融入现代农业园区的规划设计中，通过观赏蔬菜的配置，吸引游客参观；第二，注重蔬菜的观赏性和科技性，为消费者展示形态各异的蔬菜新品种和各种先进的栽培技术；第三，互动性强，吸引市民亲身体验种植、为学生普及农业知识、通过新技术的示范为农业技术转化提供交流的窗口。

观赏蔬菜的选育和栽培技术体系，是满足休闲观光型都市菜园建设要求的技术支持。特定的蔬菜种类和品种，通过整形修剪、矮化处理等种养技术和色泽配置、造型添景等艺术设计，使蔬菜兼具观赏与食用功能。蔬菜主题公园、蔬菜家庭农场、城市生态楼宇、阳台庭院菜园等，赋予蔬菜生产和经营新的活力与内涵，也使蔬菜的生产过程、营销特点和消费习惯发生着巨大变化。观赏蔬菜的研究，越来越聚焦于蔬菜观赏艺术，蔬菜盆饰、蔬菜盆景、蔬菜插花、露台菜园等，充分展现了都市农业的丰富内容与发展前景。

2.3.2　经营模式

休闲观光型都市菜园的生产经营在于充分表现蔬菜的观赏艺术，与常规的生产方式有本质的区别，分为展示性和服务性两大类别，展示性蔬菜的生产主要在现代农业园区、休闲农庄和蔬菜主题公园等区域进行，技术上要求充分体现农耕文化、高效生产、生态节能、特色品种等主题，体现蔬菜生产的历史性、科学性、先进性；服务性蔬菜的生产主要为了满足家庭农场、市民阳台的互动需求，以城市居民的审美观点、消费需求为生产目的，展现菜园子的互动性、安全性，以小批量、多品种为主要生产方式。

休闲观光型都市菜园的市场有待于培育和开发，营销模式与城市蔬菜供应的一般营销模式有极大的差异，有旅游互动、体验服务、直营专卖、农居对接等，电子商务也有可能是休闲观光型都市菜园营销的有一个特殊平台[14]。

2.3.3 技术体系

休闲观光型都市菜园的生产技术包括园区场地设计规划、观赏蔬菜栽培设备及品种选择、栽培方式等。

休闲观光型都市菜园设施设备的设计包括工程设计和家庭装潢设计两大部分，前者满足农业园区、主题公园、家庭农场等的设计需求，与园林绿化、工程设计交叉交互；后者着眼于阳台、庭院的绿色植物配置，以满足家庭美化和日常蔬菜的营养供应为目的，主要解决居室美化、循环灌溉、便捷操作等需求。

蔬菜种类的选择首先考虑其观赏性，根据蔬菜对气候的要求及其生物学特性，充分利用时间和空间，提高对栽培面积、光能和设施的利用。其次是生态协同原则，蔬菜组合搭配要有利于养地、防治病虫害和促进蔬菜生长，还要考虑空间、色彩、株型、养分需求、收获期等因素，合理布局。再者是景观性原则，表现蔬菜组合的美感，提高观赏价值；还要合理考虑蔬菜空间位置，营造和谐的景观，以及观赏和收获的连续性，既展现艺术性，又显示多样性。

无土栽培技术、绿色轻便种养技术、立体栽培技术和鱼菜共养系统等具有新颖、清洁、适宜展示等优点，在休闲观光型都市菜园的生产模式中可以进行推广应用[15]。

2.4 都市菜园的其他生产模式

2.4.1 植物工厂

植物工厂根据能量来源不同分为日光型植物工厂和人工光植物工厂，是综合运用工程技术、信息技术和生物技术，突破传统蔬菜生产方式，通过高投入、自动化，大幅提高生产效率，提高能源和资源利用率的一种生产模式，适用于经济发达、消费力强的大都市地区，对于实现蔬菜的清洁高效生产和保障周年均衡供应、抗灾应急供应等具有重要意义。

日光型植物工厂的生产包括设施设备、基质肥料、绿色防控、智能管理等关键技术，对蔬菜品种、基质种类、水肥管理等均有较高的要求，机械化作业、精准化管理对温室设施设备和高效生产技术也提出了较高的要求。人工光植物工厂通过完全控制植物生长所需要的各种条件，如温度、湿度、光照、营养液等，在与外界环境交互很少的条件下进行叶菜类等作物的周年生产，通过精确的肥水控制和环境管理，达到资源高效利用、蔬菜清洁高效生产的目的。人工光植物工厂的生产方式适宜在生态楼宇、宾馆饭店、地下空间、商务广场等地区进行生产，作为建筑的一部分融入城市的环境，同时，为消费者提供最新鲜的蔬菜，因此，要求建筑工程、自动化生产、园林绿化、品种选择和肥水运筹技术的融合[16]。

2.4.2　家庭农场

蔬菜家庭农场以农户家庭为基本组织单位，有可能成为都市蔬菜生产的一种模式，家庭农场的主人作为经营主体，拥有全部或者部分土地和其他生产资料的经营权，从事适度规模的蔬菜生产、加工和销售，自主决策蔬菜生产的种类、茬口和数量，主要劳动力来自家庭成员，自行解决市场、利润等问题，并依靠自己的经营管理获取收入，实行自主经营、自我积累、自我发展、自负盈亏。在上海松江区，家庭农场通过几年来的实践与探索形成了专业化、规模化、标准化的种养结合生态农业方式，家庭农场的数量呈现逐年攀升的趋势，农民在获得经济效益的同时增加了生态和社会综合效益[17]。

2013 年中央“一号文件”强调支持和发展家庭农场的生产模式。推广和发展家庭农场，有利于基本农田保护和农业生态环境改善，通过发展种养结合、推进秸秆还田、减少化肥用量等技术措施，将提高土地产率、养护菜田土壤、改善农业环境、提高综合效益等目标成为家庭农场成员的自觉行动。加强从业人员培训，提高家庭农场经营者的技术素质、市场意识和管理水平，培育务农光荣、钻研技术的专业农民和创业农民，积极开设蔬菜安全生产技术、蔬菜专业合作社、农产品市场营销等领域的培训，吸引优秀科技人员经营家庭农场等措施，为家庭农场的发展提供人才和技术保障[18]。

2.4.3 移动菜园

“移动菜园”是都市菜园生产和经营的探索模式，拟将蔬菜生产的部分过程移至社区和居民家庭中，在阳台、室内、屋顶、露台及庭院等居住场所的延伸地段进行蔬菜种植，发展庭院和阳台种菜，集劳动与娱乐、生产与消费、物质与文化生活为一体，并且实现蔬菜现采即食，不进冰箱贮藏，蔬菜的品质更有保障。“移动菜园”的实践，不仅对于保障蔬菜供应、提高抗灾能力、推行低碳理念有益，而且对于美化、绿化、净化城市居民的生活环境，丰富离、退休人员的业余文化生活，充实青少年的自然科学知识等有贡献。

“移动菜园”丰富了市民的都市生活，打造都市农耕乐趣，由于生产者同时又是消费者，生产过程延伸到了家庭，因此对都市菜园的经营者提出了新的技术要求和服务内涵[19]。“移动菜园”的生产模式包括家居种养设备容器的研发、种子种苗的培育、鲜活蔬菜的运输配送和栽培器具的回收等特殊环节。对于非农业专业人员从事蔬菜养护工作，也对移动菜园的经营者提出了新的经营理念和技术要求，生产场地有别于常规的蔬菜生产基地，蔬菜的消费目的为食用与观赏兼而有之，因此，在产业形式、技术要求、物流配送和养护服务等方面，形成了更加专业的技术服务需求。

3　都市菜园发展目标与对策建议

3.1　存在问题

研究表明，城市附近由于使用城市废弃物腐熟的肥料和城市空气污染会造成蔬菜的重金属超标，在英国曼彻斯特地区的研究表明城市露地蔬菜生产中铅、锌、镍、铜等元素存在一定程度的超标；而过度施肥所释放的 NH_3 可以达到氮素流失的 70% 左右，这些氮素会释放到空气中，同时，增加了蔬菜生产的碳足迹[20,21]。

都市菜园生产模式在特定的生态环境下发展，存在以下问题和矛盾。蔬菜生产需要的土地资源、水资源、劳动力资源在城市地区与其他产业形成竞争；劳动力成本、农药化肥等农资价格上涨，而蔬菜作为保障民生的基本生活必需品，销售价格受到政府的调控和抑制导致生产效益偏低；城镇化使经验丰富的菜农离开农村，多数劳动力劳动技能缺乏、环境意识淡薄；城市郊区的设施菜田外移，高度的蔬菜集约化生产，使农药化肥过度投入，造成设施土壤盐渍化、地下水富营养化等环境影响；科技创新缺乏、成果转化较少，机械化、信息化的程度低，与都市经济发展的总目标不协调、不相称；在蔬菜补贴、灾害保险、土地保障等法律法规方面不够完善[22]。

3.2　发展目标

从国家安全、保障民生的高度认识都市菜园建设与发展的重要意义，以保障城市蔬菜供应与食品安全为目标，围绕与城市发展的协调统一、加强抗灾能力建设和农业与城市的可持续目标，发展蔬菜集约化生产模式，提高专业化规模化自动化程度，大幅度提高劳动生产率；发展有机蔬菜生产模式，实现保障供应与保护生态的双赢，实现都市蔬菜生产的可持续发展；发展休闲观光农业，让城市更安全，生活更美好[23, 24]。

3.3 对策建议

通过政策引导和立法手段，加强对资源环境的保护。加强蔬菜生产基地的农田水利建设投入，改造温室和露地的农田灌溉系统；建立蔬菜标准园、园艺场、合作社的土壤、水资源环境的在线监测系统，加强蔬菜安全和有机蔬菜环境和生产过程的认证与监管；制订和执行蔬菜标准化生产技术规程，制定低碳农业、绿色防控技术产品的补贴政策，引导农民树立环境保护意识；推进蔬菜品牌化战略，制定品牌认证、生态农业生产的扶持政策，健全农业推广体系；针对重金属含量、农残检测等建立城市蔬菜品质监督体系，做好农业贷款、补贴、保险等政策支持。

合理调整和优化生产结构，扶持和发展优势生产模式，提高都市蔬菜生产的综合效益。优化品种结构，发展绿叶蔬菜、芳香蔬菜和特色果菜，提升鲜活蔬菜的物流运输能力；建设蔬菜植物工厂，发展清洁高效生产，提高周年生产能力，提高单位农田的产出能力；发展有机蔬菜和健康种养结合的生态农业，加强蔬菜生产投入品的科学投入与安全监管；发展蔬菜家庭农场，倡导工业反哺农业，鼓励农业科技人员参与蔬菜创业；探索社区支持农业的产业新模式，创造移动菜园进入社区、植入家庭的条件，延伸蔬菜供应链[25]。

通过知识创新和技术集成，保障都市菜园生产模式的健康发展。针对集约化蔬菜生产模式，研发关键生产环节的机械化设施设备，降低劳动强度，提高劳动生产率；与数字城市发展同步，加强信息技术的应用，通过数字化、信息化，提高蔬菜的自动化和精准作业水平，保障蔬菜安全质量的可追溯和抗灾防灾的快速响应；加强农田灌溉设施设备的研发，提高主要蔬菜肥水运筹的科学管理水平。

参考文献

[1] 马晓春，宋莉莉．大中城市城郊菜地面积锐减原因分析及前景——以京、津、沪为例 [J]．农业展望，2011 (01)：31－34.

[2] Lagerkvist C J, Hess S, Okello J, et al. Consumer Willingness to Pay for Safer Vegetables in Urban Markets of a Developing Country: The Case of Kale in Nairobi, Kenya [J]. Journal of Development Studies, 2013, 49 (3): 365－382.

[3] 陈恒国，张峻．城市化建设与都市型农业——现代蔬菜产业发展的理论与实践 [J]．上海蔬菜，2006 (04)：3－6.

[4] 农业部市场与经济信息司．关于都市农业发展情况的调研报告 [J]．中国乡镇企业，2012 (5)：50－53.

[5] 于丁巧．蔬菜种植结构调整相关问题探讨 [J]．现代园艺，2011 (13)：171.

[6] Otieno D J, Omiti J, Nyanamba T, et al. Market participation by vegetable farmers in Kenya: A comparison of rural and peri-urban areas [J]. African Journal of Agricultural Research, 2009, 4 (5): 451－460.

[7] Despommier D. The vertical farm: controlled environment agriculture carried out in tall buildings would create greater food safety and security for large urban populations [J]. Journal Fur Verbraucherschutz Und Lebensmittelsicherheit-Journal of Consumer Protection and Food Safety, 2011, 6 (2): 233－236.

[8] 束菲娅，吴时敏，黄丹枫．都市蔬菜冷链及装备现状调查与分析 [J]．食品与机械，2012 (2)：225－228.

[9] Lenne J M, Pink D, Spence N J, et al. The vegetable export system-A role model for local vegetable production in Kenya [J]. Outlook on Agriculture, 2005, 34 (4): 225－232.

[10] 黄丹枫，张凯．绿叶蔬菜工厂化生产关键技术研究 [J]．长江蔬

菜, 2012 (12): 1-4.

[11] Dorais M. Organic production of vegetables: State of the art and challenges [J]. Canadian Journal of Plant Science, 2007, 87 (5): 1 055-1 066.

[12] 阳海权. 生态农业的主要模式及其发展研究 [J]. 吉林农业, 2012 (10): 12-13.

[13] 黄丹枫. 都市菜园生产模式之一: 有机蔬菜生产与经营 [J]. 长江蔬菜, 2012 (20): 1-5.

[14] 黄丹枫, 杨丹妮. 都市菜园生产模式之二: 观赏蔬菜研究与开发 [J]. 长江蔬菜, 2012 (24): 1-4.

[15] Reyes J L, Montoya R, Ledesma C, et al. Development of an Aeroponic System for Vegetable Production [J]. II International Symposium on Soilless Culture and Hydroponics, 2012, 947: 153-156.

[16] 杨其长, 张成波. 植物工厂系列谈 (二) ——植物工厂研究现状及其发展趋势 [J]. 农村实用工程技术 (温室园艺), 2005 (06): 38-39.

[17] 侯鹏程, 俞平高, 莫成伟. 上海松江区种养结合家庭农场存在的问题及对策 [J]. 浙江农业科学, 2012 (12): 1 723-1 725.

[18] 中共中央国务院关于加快发展现代农业进一步增强农村发展活力的若干意见 [N]. 人民日报, 2013. 02. 01 (01).

[19] 黄丹枫. 家庭阳台种菜宝典 [M]. 上海: 上海科技文献出版社, 2013: 1-5.

[20] Atkinson N R, Young S D, Tye A M, et al. Does returning sites of historic peri-urban waste disposal to vegetable production pose a risk to human health? -A case study near Manchester, UK [J]. Soil Use and Management, 2012, 28 (4): 559-570.

[21] Lompo D, Sangare S, Compaore E, et al. Gaseous emissions of nitrogen and carbon from urban vegetable gardens in Bobo-Dioulasso, Burkina Faso [J]. Journal of Plant Nutrition and Soil Science, 2012, 175 (6): 846-853.

[22] 赵慧莲. 城市化进程中的都市农业研究 [D]. 上海: 复旦大学, 2010.

[23] Dirksmeyer W. Structural Change in Fruit and Vegetable Production in Germany [J]. XXVIII International Horticultural Congress on Science and Horti-

culture for People (IHC2010): International Symposium on Integrating Consumers and Economic Systems, 2012, 930: 91 -97.

[24] Bojaca C R, Wyckhuys K, Gil R, et al. Sustainability aspects of vegetable production in the peri-urban environment of Bogota, Colombia [J]. International Journal of Sustainable Development and World Ecology, 2010, 17 (6): 487 -498.

[25] Zhu W M, Wan Y H, Yang S J, et al. Shanghai Vegetable Supply and Local Production [J]. International Symposium on Vegetable Production, Quality and Process Standardization in China: A Worldwide Perspective, 2012, 944: 123 -127.

上海市绿叶蔬菜产业技术体系建设进展

朱为民
（上海市农业科学院园艺研究所所长
上海市绿叶蔬菜产业技术体系首席专家）

1　上海市绿叶菜产业技术体系概况

为充分发挥都市农业的应急保障功能，上海市绿叶蔬菜产业技术体系的总体目标是建立确保有效供给、均衡生产、质量安全的现代绿叶蔬菜标准化生产技术规范，并通过试验站和示范点的集成示范和培训，扩大体系成果的应用范围，为上海市郊区蔬菜产业的发展提供有力的技术支撑。

上海市绿叶蔬菜产业技术体系由创新团队、综合试验站、技术示范点 3 部分有机整合组成。创新团队全面组织产业技术体系的建设，制定体系发展规划，协调各专题研究组的研究、各综合试验站的试验示范及科技示范点的成果示范转化工作。创新团队下设6个专业组，具体组别如下：

1.1　设施装备专业组

主要任务是提升设施大棚夏季和冬季的生产能力；通过膜、网、帘等地配套使用建立高产高效安全的生产条件；建立耕翻、开沟、做畦、播种、采收的生产装备体系及标准化农艺配套，以大幅度提升生产效率并降低劳动强度。

1.2　新品种选育与良种繁育专业组

主要任务是开展青菜种质材料创新研究；选育耐热、耐寒、耐抽薹、速生、抗病的青菜新品种以替代进口品种及提升现有品种的品质，建立与新品种配套的良种繁育及制种技术研究。收集评价并推广菠菜、生菜、芹菜等绿叶蔬菜品种，以丰富品种结构。

1.3　高效茬口与绿色防控技术专业组

主要任务是开展绿叶蔬菜周年生产茬口模式及配套栽培技术研究，重点保障夏淡、冬淡以青菜为主的绿叶蔬菜的生产供应；制订绿叶蔬菜从播种到餐桌的全过程标准化生产技术规范，建立绿叶蔬菜以物理生物防治为主的绿色防控技术体系，确保绿叶蔬菜质量安全。

1.4　育苗与工厂化生产专业组

主要任务是逐步建立基于现代装备技术和信息技术的适合上海地区实际的节能实用绿叶蔬菜高效生产方式，以吸引更多青年人加入蔬菜产业队伍。开展绿叶蔬菜工厂化育苗技术，数字化穴盘育苗技术规范和精准作业体系的集成示范，探索建立与工厂化生产配套的装备、容器、基质、品种、灌溉、肥水和控制系统。

1.5　土壤质量保育与肥水一体化技术专业组

主要任务是开展三大类技术的集成示范，包括绿叶菜水肥一体化（渗灌、微喷灌）技术；土壤消毒处理、连作障碍土壤改良修复和菜地土壤质量定位监测预警等土壤质量保育技术；蔬菜废弃物就地还田和堆肥无害化处理等废弃物循环利用技术。

1.6　采后处理技术专业组

主要任务是开展不同绿叶蔬菜适宜的预冷方案的选择和冷却工艺的优化；绿叶蔬菜短时贮藏工艺的节能与经济性研究；绿叶蔬菜冷链运输技术研究与示范。

体系建设 3 年来，针对产业发展中的技术难点，开展技术攻关与技术的集成示范，力求在品种、配套栽培技术、机械化作业、应急保障、生态安全等方面为上海市绿叶蔬菜产业的发展发挥有效的技术支撑作用。根据上海市农委蔬菜办公室资料，2013 年上海市郊蔬菜生产面积稳定，品种结构优化，供应基本均衡，价格稳定可控，质量安全保证，产销更加顺畅，风险保障增强。全年蔬菜播种面积 186 万亩次，蔬菜上市量 336 万吨，总产量 60.2 亿元，其中，绿叶菜上市量 158 万吨，与 2012 年基本持平。体系的作用主要包括以下几个方面。

（1）应对极端天气，落实抗灾措施。针对夏季高温、台风、暴雨、冬春连阴雨，产业体系在市委农办、菜办等相关职能部门的领导下，组织体系专家连续到崇明、宝山、奉贤、浦东、青浦、金山、光明集团等地的试验站、示范点以及一些主要的绿叶蔬菜基地进行实地考察和技术服务，主要内容包括夏季高温下的品种比较试验、林下种植绿叶蔬菜品种筛选、抗根肿病大白菜品种引进试验、设施大棚遮阳防虫网的应用、露地青菜生产灌溉保湿技术、蔬菜配送、工厂化育苗以及有机绿叶蔬菜生产等，对安排的试验进行了考察，就一些技术问题进行了深入的交流和探讨，对现场的专业农户进行了指导培训，并为部分示范基地提供了品种，指导生产一线积极应对措施。

（2）加强培训指导，推进标准园创建。选派技术人员与9个区县进行工作对接，与区县蔬菜技术推广站成立了技术指导组，分工落实标准园的创建指导工作，到2013年累计创建农业部设施蔬菜标准园14家，面积6 724亩，创建上海市蔬菜标准园93家，面积3.95万亩。

（3）强化安全监管，保证蔬菜质量。积极推广应用高效低毒低残留农药和绿色防控技术。确定了22种杀虫剂、20种杀菌剂和9种绿色防控药械。继续推行绿色防控技术，减少农药的使用量。蔬菜无公害认证率将达到67.8%，有了较大幅度的提高。合格率99%，同比提高1个百分点；完成市级农药残留例行监测定量检测样品5 000份，2013年农业部农药残留定量检测合格率均达到99.9%，快速检测140万份，合格率均达到100%。

（4）通过品种结构优化和合理安排茬口，以青菜为主的绿叶菜生产更加有序，旺季“卖难”现象趋于缓和，价格波动范围缩小。据批发市场定点监测，以青菜为主的绿叶菜价格总体保持稳定，青菜每千克最高周均价和最低周均价分别为4.4元和1.2元，波动范围较2012年的4.9元和1.0元进一步缩小。

（5）市郊蔬菜品种结构趋于合理。地产绿叶菜面积有所增加，其中青菜栽培面积最高，占总栽培面积的21.3%。

2　上海市绿叶蔬菜产业体系建设取得的成果

围绕绿叶菜产业链发展的各个环节，体系特别针对产前、播种、产中、采后的各个技术关键点和瓶颈问题进行了重点攻关，并通过试验站和技术示范点的集成示范和培训，扩大了体系成果的辐射面，为保障绿叶菜的周年均衡及应急供应奠定了坚实的技术基础。

上海市绿叶蔬菜产业技术体系涉及科研单位、高等院校、市区两级推广部门、蔬菜企业、合作社等，通过这样的合作，科技人员能及时了解生产一线的需求，而且也必须以解决生产中的关键技术为主要目标，成果不能仅停留在论文上（表1）。生产一线能对科技成果进行快速的验证，通过生产一线应用体系的技术成果，体系专业组试验站和示范点共同进行评价，是采纳或是提出改进意见，乃至转变研究的思路和技术路线。体系的建立加强了技术人员与相关行业部门或单位的合作，如上海市绿叶蔬菜产业技术体系在日常工作中就涉及蔬菜办、农机办、食品安全等多个部门，专业上涉及育种、设施装备、农业机械、栽培、植保、土肥、采后、生产企业和种子企业等多个学科和单位，通过体系这一平台都能有效地进行沟通（表2）。

表1　上海市绿叶蔬菜产业技术体系的主要任务和取得的成果

体系主要任务	体系已经取得的成果
绿叶蔬菜周年均衡生产设施结构优化与新型设施的设计	（1）目前针对8米单体棚及6米单体棚内夏季通风降温降湿能力和冬季保温性能已完成设施结构优化改造方案3个，并在体系试验站示范应用 （2）新设计单斜面大棚、日光型示范棚方案3个，并在庄行试验站形成示范点，实现夏季棚内温度下降2～5℃，湿度下降10%～30%，青菜产量提高15%～30%，冬季保温性能提升1～3℃，低温伤害率降低20%，满足中小型机械的进棚作业
选育推广具有自主知识产权的绿叶蔬菜品种	（1）目前已选育出适于上海地区夏季生产的新夏青系列品种3个，适合秋冬栽培的耐抽薹品种3个，并在体系各示范基地推广绿奥、绿翠、绿港、宝青1号、闵青101、绿山等自有知识产权耐热青菜品种，实现本地青菜品种的周年配套；适合机械化收获的青菜新品种选育取得突破 （2）引进生菜、菠菜、芹菜、空心菜、苋菜等绿叶蔬菜资源300余份；筛选优良品种近20个 （3）体系每年平均举办新品种展示会3次，在市郊9个区县及光明集团建立叶菜优良品种展示示范基地30个，示范面积达7 000亩，实现体系内良种覆盖率100%

（续表）

体系主要任务	体系已经取得的成果
提高茬口搭配与安全生产水平，提高效益	（1）目前已总结建立 3 种绿叶蔬菜周年生产、夏季保淡、冬季保淡茬口模式及配套栽培技术体系；以及崇明林下栽培茬口及配套技术体系；产量双提升 15% 以上 （2）在全市蔬菜标准园及技术示范点推广建立起以杀虫灯、性诱剂、防虫网、色板等物理生物防治为主的绿色防控技术体系，技术辐射面达 3 万多亩次；开展青菜防治根肿病的初步试验 （3）体系内试验站和示范点基本上实现品牌化销售，建立了质量可追溯制度
建立郊区主要绿叶蔬菜品种科学施肥和水分管理技术体系	（1）试验站和示范基地结合滴灌和微喷推广应用肥水一体化精准施肥技术应用比例不断提升；开展了渗灌技术的研究与应用 （2）开展了平衡施肥手册，绿叶菜配方施肥、缓释肥的应用试验，减少化肥使用量 30% 以上 （3）设施土壤修复及废弃物利用的技术规范基本形成，完成土壤夏季高温闷棚消毒处理技术规程的制订，在体系金山、奉贤等试验站推广应用，取得较好效果；处理比例较体系实施前有较大提升
绿叶蔬菜工厂化育苗和机械化作业得到示范应用	（1）得力于政府的高度重视和支持。完成自土壤深翻、开沟、起垄、播种至切割式采收全程大型设施条件机械化作业的机械引进消化吸收试验，针对露地、6 米棚、8 米棚分别建立了以鸡毛菜和青菜为主的部分环节机械化作业规程 （2）研发并建立了青菜自动化育苗与潮汐式灌溉系统，大大缩短了田间生长期 （3）在庄行、城市超市、金山等试验站和示范基地建立了全程机械化作业和潮汐式灌溉育苗系统
绿叶蔬菜采后贮藏、预冷及冷链运输技术研究与示范，提高商品化处理水平	（1）形成的采收处理技术规范可以大幅度减少烂菜率，提升品质，采后处理观念接受程度大幅度提高 （2）总结提出了适于郊区青菜采后简易处理技术规范，研究并建立了青菜及鸡毛菜采后品质变化动力学模型，开发出货架期跟踪预警系统 （3）完成了青菜、菠菜、卷心菜等叶菜预冷工艺的研究；开展了青菜等叶菜冰点测定和低温贮藏实验，能实现保鲜期达到 53 天，预冷前后失水≤2% （4）完成了预冷处理对蔬菜冷藏过程品质影响的研究报告；明确了不同清洗方式对切割生菜保鲜效果的影响，推荐臭氧水清洗方式 （5）完成了采后净菜的加工工艺的研究

（续表）

体系主要任务	体系已经取得的成果
绿叶蔬菜产销信息共享与基地的远程定位监控平台建设	(1) 完成了产销对接数据采集平台的生产基地相关信息现场采集，蔬菜园艺场基本情况表、上传数据量统计，上传数据量排名、企业详情等信息的查询、预览和导出的既定功能目标；完成远程可视化监控系统的对生产企业田块面积、作物生长过程远程监测和展示的既定功能目标；系统支持50个并发用户数 (2) 选择弘阳和菜管家作为产销对接数据采集平台和应用示范点，并为示范点安装智能流通管理系统。完成10个试验站及30～40个示范点的质量追溯体系的升级应用

表2　上海市绿叶菜产业技术体系初步形成了产业链支撑技术方案

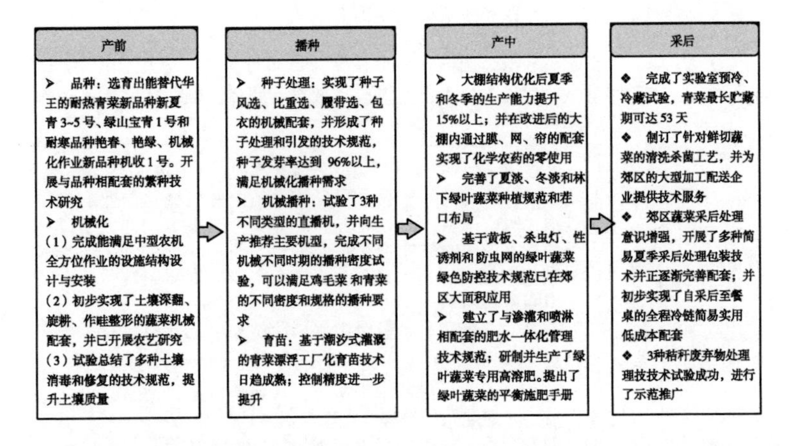

3　上海市绿叶蔬菜产业技术体系建设面临的问题

3.1　防雨栽培成为上海市绿叶蔬菜稳定生产的主要气象限制因素

上海市绿叶菜产业技术体系运行3年多来，经历了不同程度的灾害性天气，与体系建设之前相比，郊区绿叶蔬菜生产的稳定性得到了明显提升，产销基本平衡。综合这3年来不同时间段的灾害性天气分析，可以发现防雨已经成为进一步稳定生产的关键因素。无论是夏季的台风暴雨还是冬春季节的持续低温阴雨都对郊区的生产造成了很大的影响。凡是本年度雨水比较少的，绿叶蔬菜生产就比较丰富，必有供大于求的情况，即使在高温条件下，只要不是诸如2013年的持续高温，郊区绿叶蔬菜的生产也是能够保证。反之，只要是雨水多，无论是夏季还是秋冬季，都会影响生产。雨水影响生产的主要原因还是郊区绿叶蔬菜露地生产的比例依然过高，但目前的设施栽培在生产效率和夏季通风降温、机械化作业等方面仍需要进一步提高，才能吸引农民更多地开展设施栽培。

3.2　绿叶蔬菜产业生产方式的转变向科技创新提出了迫切的需求

上海市郊区的绿叶蔬菜生产面临着生产土地设施成本上升、农资成本上升、劳动力成本上升且老龄化趋势日趋严重的生产劣势，因此，转变绿叶蔬菜的生产方式是当务之急。转变生产方式的重点是要提高机械化程度，探索工厂化生产，以先进的生产方式和良好的工作环境吸引青年人。需要加强农机与农艺相结合，根据上海市郊区土壤、大棚、品种的需求，引进筛选适合上海地区绿叶蔬菜机械化操作的系列配套农机具，在农机具定型的情况下，改进调整现有的栽培方案，建立适应农机化的绿叶蔬菜栽培模式。

3.3　提高绿叶蔬菜生产的效益日益迫切

体系建设3年来，上海市本地的绿叶蔬菜产销两旺，生产和市场供应基本保持稳定，但绿叶蔬菜生产效益偏低乃至局部时间供过于求的状况仍时有发生，因此，需要引起高度重视，必须要着手解决这一问题才能进一步稳定调动农民的生产积极性，保证上海本地绿叶蔬菜产业的可持续发展。

体系建设期间，农业部在上海召开了都市农业发展现场考察和研讨会，将推进城郊叶菜的发展作为都市农业的重要内容，参与领导和专家也参观了体系的示范基地，随后兄弟省市的蔬菜产业部门领导和同行专家、企业、合作社等纷纷来上海市考察交流，上海市重视绿叶蔬菜生产的经验做法得以在全国推广，各主要城市纷纷推进了本地绿叶蔬菜（或称速生叶菜）的发展，经过2年的建设和发展，除了江浙两省的供应上海市场的能力进一步增强外，北京、山东、云南、江西、福建、内蒙古自治区、甘肃等省市区的绿叶蔬菜（主要是叶菜）都能供应上海市场，特别是夏季上海批发市场的青菜价格超过4元/千克，云南的青菜和西北的芹菜、菠菜、白菜以及甘蓝就能大量进入上海市场，在稳定市场供应的同时，也抑制了本地绿叶蔬菜的价格上涨。因此，上海市本地的绿叶蔬菜在市场销售上与外地来沪蔬菜处于同价竞争的状态，本地郊菜因市场蔬菜优质优价诚信体系的难以建立而无法获得市民的青睐，在这样的情况下，提高本地绿叶蔬菜的效益面临着一系列的困难和挑战。

4　上海市绿叶蔬菜产业技术体系建设下一步工作的思考

4.1　强化体系成果的集成和推广，逐步推进产业技术升级和产业队伍培养

产业技术体系建设不同于普通的科研项目，技术体系必须要着眼于体系成果的示范和应用。产业体系的成果要做到以下5点：一是强调物化成果，体系形成的成果要尽量形成物化成果让农民直接利用，将所有的技术创新点要凝聚在品种、设施、装备

等上面；二是要简单易懂，农民能容易掌握和运用；三是关注经济效益，技术可行但成本太高农民甚至企业也会接受；四是成果和技术质量要稳定，农业科技成果在应用时针对不同的地区、季节、条件和人群，必须要足够的稳定性；五是要加强集成创新，任何一个环节的创新都必须要相关的环节做出调整，一个细节的断链都会影响成果整体效果的应用。只有通过不断提升成果的推广适用性和政策引导相结合，才有可能促进蔬菜产业队伍的壮大发展。

体系下一步要重点考虑在郊区设立集中示范基地，将体系的成果在基地内集成应用，验证体系成果的可行性，尽快发挥体系成果的作用，在建设基地的同时，也要加强产业队伍的培养，特别是青年人的培养。

4.2　为转变生产方式提供技术保障

当前蔬菜产业中最突出的问题是家庭式的承包经营方式和技术难以适应规模化的生产，导致规模化生产效益难以提高，同时，强调以家庭经营为主是我国农业生产的主要方式，因此，上海本地郊区的绿叶蔬菜生产要同时围绕规模化生产和家庭经营开展技术攻关。

在规模化经营方面要针对露地、小型棚（6 米、8 米棚）以及大型棚（连栋棚）提出高效率的机械化作用模式，首先要做到深翻、旋耕、开沟、做畦、播种的机械化作业，完善配套肥水一体化体系，逐步推进机械化采收和采后包装流水线作业。探索建立技术与经济可行省力化的实用速生叶菜（鸡毛菜、菠菜、生菜）的工厂化生产模式。研究规模化经营和家庭经营相适应的蔬菜农机服务模式，共同提升生产效率。

4.3 千方百计提高郊区绿叶蔬菜的生产效益

效益除了通过技术进一步降低生产成本获得较高效益以外，还与周年功能能力、产品安全、产品品质和品牌等密切相关。上海市郊区的绿叶蔬菜生产：一是要解决的周年均衡供应。随着生产基地与配送中心和超市对接的逐步扩大，从履行合同的角度必须要做好均衡供应，并保证数量，这实际上比以前的计划经济要求更高，就必须要提高夏季的产量和冬季的生长速度；二是要确保安全，综合运用绿色防控措施千方百计降低化学农药的使用；三是要保证新鲜和营养，提升品质，本地绿叶蔬菜与外地蔬菜的最大优势就是新鲜，而新鲜对蔬菜的营养和品质来讲是最关键的因素之一，因此，郊区的绿叶蔬菜就需要大幅度提升采后保鲜冷链处理水平，充分利用发挥了新鲜优质这一品质优势；四是加大宣传，推进品牌建设。在市场经济条件下，建立起市民对郊区绿叶蔬菜的信任是提升郊区生产效益的前提。在做好各项工作的基础上，要扩大对市民的宣传，鼓励相关企业推进品牌建设，不断扩大推进农旅对接，将郊区绿叶蔬菜生产基地打造成市民科普和体验基地，并为优质优价的市场诚信体系建设发挥作用。借助信息技术建立蔬菜生产全过程电子档案和质量追溯体系。只有提高郊区绿叶蔬菜的生产效益，才能引导更多青年加入到蔬菜产业队伍中，为上海市郊区绿叶蔬菜的可持续发展提供保障。

构建蔬菜产销对接信息平台初探

赵京音[1]　陈建林[2]
（1. 上海蔬菜经济研究会副会长
上海市农业科学院农业科技信息研究所所长
研究员；2. 上海市农业科学院农业科技信息研究所副所长）

我国作为一个农业大国，产销环节的结构合理性欠缺、信息化程度不高等因素一直制约着农业现代化的发展。尤其是近年来，由于市场供求关系不平衡，区域性和季节性蔬菜价格波动加大，价格跌至农民种植成本之下的情况时有发生，蔬菜产业发展随时可能遇上滞销难题，蔬菜种植有时血本无归，常会形成“菜贱伤农、菜贵伤民”的恶性循环。农业要发展，就必须与时俱进，紧跟信息时代发展步伐，走农业信息化发展的必经之路。而农业信息化具体体现在农业产销信息化，构建蔬菜产销对接信息平台，实现产销信息化是提高我国农产品市场竞争力的有力手段，也是解决“三农”问题的有效途径，这就要求各级政府要进一步创新产销对接机制，促进蔬菜产销信息平台建设，确保蔬菜产销相对平衡。

1 目前我国蔬菜产收到销面临的主要问题及成因

1.1 全国蔬菜产销面临的问题

在全国很多地方，如山东、江浙、上海等省市一带，卷心菜、大白菜的价格跌破农民收菜的成本，有时其价格已经低至0.05元以下，一些农户甚至将大白菜烂在地里，甚至邀请路人免费采摘。涉及菜价下跌的品种有10余种，菜价下跌已经波及了10多个省份农民利益，呈现出严重的卖菜难的客观事实，这是典型的菜贱伤农事件，其问题的核心是蔬菜的产销对接不协调。由于季节性原因，很多时候，蔬菜零售价格始终很高，几元钱1千克的蔬菜不在少数，如大蒜、生姜等农产品的零售价格更是高得惊人，暴露出典型的菜贵伤民的问题。由高到低，再由低到高，蔬菜价格如同过山车一般。农产品尤其是蔬菜价格，既是市场问题，又是民生问题，它基本是遵循市场交易规律，因此，为了避免菜价过大波动，应该加强蔬菜产销间的紧密对接，防止菜价大起大落，否则，既伤了农民的生产积极性，又不利于民生需求的蔬菜稳定。

1.2 全国蔬菜产销脱节的成因

1.2.1 盲目扩大种植规模

近年来，全国各地通过标准化基地示范、在农户中大力推广蔬菜标准化种植，不断增加科技含量，从而使蔬菜成为农民挣钱的主导产业。由于基层部门对蔬菜市场变化规律认识不够，简单认为规模与效益成正比，便以政府文件的形式拟定蔬菜种植规划，农民盲目跟风种植，导致蔬菜产量剧增。蔬菜产量是提高了，原有的市场需求量无法消化掉新增产量，又没有新的销路。

很多地区政府部门将种植蔬菜作为发展农业经济的重要举措，但由于各自管理的行政区域有限，缺乏大范围的整体布局规划，甚至强调统一种子、统一标准，致使上市时间集中，加之小农户与大市场之间缺乏对接信息，相对落后的贮运方式和加工能力又未能跟上，导致产销不平衡，带来严重滞销。

1.2.2　蔬菜产销信息不通畅

蔬菜生产大起大落，与没有建立功能齐全、覆盖面广的市场信息网络密切相关。即便有的地方也要求基层管理部门给农民送信息、指导生产，但国内大宗农产品市场已与国际市场联动，情况复杂，基层管理部门根本把握不住，更没有提前的信息预警，就是大家看到的滞销新闻本身就已经滞后了。虽然中国也建立了期货市场，但毕竟离农民和基层部门太远。实际上，农民是靠着上年价格指导下年生产，盲目跟风种植，致使供需信息不通畅或严重滞后必然造成蔬菜卖难买贵的现象。蔬菜产区与市场需求脱节，蔬菜滞销只是一个开始，信息不通畅还会导致反复异常，需要尽快建立起全国性农产品信息服务与预警平台，指导蔬菜产销对接。

1.2.3　蔬菜冷链物流环节薄弱

许多蔬菜特别是不耐贮藏的绿叶类蔬菜，并不适合长途运输，而且在当前交通运力不足、极端恶劣天气频发的情况下，蔬菜长途运输不仅增加了运输成本，而且在流通环节中还有各种不确定因素，如近年来发生的冰冻恶劣天气使大批运菜车困在路上；冷链物流等流通环节有时由于收益原因，贩运人员随时有赔本的风险，不愿承担运输任务，直接造成冷链物流发展缓慢，在蔬菜对外依存度很高的情况下，这些局部地区情况突然变化，增加了市场调运的难度。

1.2.4　气候与游资导致蔬菜滞销

江苏省海安大白菜滞销就是气候的原因，原本露天种植的大白菜要提前20天上市，由于7~8月连续阴雨，露天播种期推迟，与大棚菜时间重叠，致使上市期都集中到11月上旬，由于生长期风调雨顺，山东省等全国大白菜主产地大丰收，加剧滞销跌价，导致菜价降幅超出人们的预期。在内蒙古自治区土豆产量剧增的背后，有一个很大的推动因素就是游资作祟，2010年不少游资开始纷纷介入土豆种植，内蒙古自治区等主要土豆产区出现了大量外来客商，土豆价格一度延续涨势，游资炒作之后，部分炒客在赚取高额利润后，马上撤离了土豆市场，而去年的观望者今年才在炒客撤离后盲目跟风种植，供过于求，造成土豆大面积滞销。

1.3 上海市蔬菜产销工作存在的问题

在上海市这个有着约2 300万常住人口的国际化大都市，如何解决市民的“菜篮子”问题，加强蔬菜产销对接工作显得尤为重要。根据相关文献调研结果表明，上海市蔬菜产销工作主要有以下4个方面的问题与不足。

1.3.1 散户种植面积大，组织化程度有待进一步提高

目前，上海市共有约3.3万公顷蔬菜基地，其中，规模化、组织化的基地面积约1万公顷，占菜田总面积的30%左右，还仍有70%的蔬菜是由广大散户生产种植的。在近23.67万从业人员中，外来菜农6.27万，兼业型菜农8.97万，这些人员大部分文化素质不高，生产规模小，对农药安全监管压的力大，更有一些外来农户私自在田间搭建窝棚，吃住在田间，对城市环境以及生产安全造成了很大的隐患。

1.3.2 优质难以优价，市场准入机制有待进一步完善

《农产品质量安全法》《食品安全法》的实施，对农产品、食品的安全起到了很好的作用，但是，目前我国企业和个人都可以从事蔬菜买卖业务，不需要资质认定；另外，农产品物流全程

监控与可追溯系统还不够完善；地产蔬菜的准出机制已经实施，但是，终端市场的准入机制还不够健全。目前，在一些批发市场和超市中，往往只能通过企业自身的行为，来框定蔬菜标准，标明的无公害蔬菜、有机蔬菜缺乏第三方监督机构进行管理，优质蔬菜难以体现优质优价。

1.3.3　产销对接难度大，营销组织有待进一步发展

上海市30%规模化组织化蔬菜生产企业中，有市场营销能力的企业不足50%，其他企业主要将所生产出来的产品进入批发市场进行交易或坐等小商小贩上门收购，缺乏定价话语权，缺乏营销带头人，缺乏必要的仓储设备，遇到卖菜难的情况，只能相互压价，加大了市场价格波动；其次蔬菜“大小年”的怪圈一直围绕着蔬菜生产，缺乏有效的市场指导以及行业警示功能；再者，据统计，目前，上海市10余家年产值过亿元的蔬菜配送企业所配送的蔬菜销售额（约10亿元）占市郊蔬菜总产值（57亿元）的35%左右，企业自有的蔬菜生产基地远远不能满足需求，很大一部分需要靠进入批发市场进行采购，但是郊区蔬菜还存在着卖菜难的问题，产销对接实施难度大。

1.3.4　种菜成本上涨，菜农收入有待进一步提高

目前，上海市菜农通过培训，在标准化生产、安全使用农药方面都认真执行，但是在土地租金、农用物资、劳动力成本等上涨的今天，菜农的利益受自然灾害、气候、市场供求、相关媒体宣传及社会舆论等思考的问题。

2　蔬菜产销信息化现状

2.1　国外的蔬菜产销信息化概况

目前，不同国家在蔬菜产销信息化方面的模式不同，表现出来的特点也不同，如美国蔬菜产销一体化，日本在蔬菜产销过程中强调政府的行为，加拿大蔬菜采用低温保新鲜技术，德国蔬菜对土质要求高，英国蔬菜销售监管严格。具体表现如下。

蔬菜产销一体化的美国。美国是农业信息化高度发展的国家，美国蔬菜生产专业化和社会化发展程度比较高，也涌现出了蔬菜产销一体化或农工商一体化的经营模式。他们将蔬菜生产的产前、产后部门有机结合，从而形成蔬菜经济联合体。美国现有的产销一体化组织形式有：蔬菜“合同”联合体，包括蔬菜收集配送商、大型零售集团、产品加工包装商和蔬菜运销公司等，这些公司一般是私营性质的，他们相互合作，互利共赢；蔬菜产销公司，一般是由大的公司直接投资建立，自主形成一条龙式的蔬菜生产销售经营企业；以蔬菜购销活动为主，同时兼营农资购销和生产服务等活动的蔬菜销售合作社。

蔬菜产销中政府作用十分突出的日本。日本政府为了保障蔬菜的生产和市场稳定颁布实施了许多法律法规，如《批发市场》《蔬菜生产上市安定法》《商品商标法》等，这些法律法规全力保障了蔬菜产销的正常运行。他们采取的具体措施有：第一，对管理体制的改革。蔬菜管理体制实行产销一体化，在农业系统内部设置专门的管理机构，如设定蔬菜科或者蔬菜系。各县行政机构专门负责管理本地区的蔬菜产销；第二，实行产销计划。每年日本都要向各县、区安排本年度的蔬菜产销计划，并且对蔬菜的品种、产地和消费地都明确进行指定；第三，建立信息系统。日本的农林水产省信息、农协信息、农林统计协会信息和经济新闻信息等形成了一个自上而下的、全方位的、相互配套的蔬菜信息网络，这为蔬菜产销的经济决策提供了重要的理论依据。

蔬菜产销中强调采用低温保鲜技术的加拿大。因为加拿大地广人稀，温室人工棚技术广泛应用在蔬菜种植中，蔬菜的贮存、运输通过冷链物流，从而减少产品的营养损失和污染。所以，蔬菜的新鲜程度直接影响到蔬菜产销，加拿大也非常强调蔬菜的低温保鲜，其低温保鲜技术为世界一流水平。在蔬菜低温保鲜处理过程中，首先，蔬菜生产者先对蔬菜进行严格分级，蔬菜收割后，进行分类，再进行标准化的包装。这样严格细致的保鲜技术不仅减少了蔬菜在运输途中的损耗，也大大避免了蔬菜的二次污染，保证了蔬菜的质量。

蔬菜产销中对土质要求高的德国。德国对蔬菜种植者和种植土质的要求都非常高。第一，种植蔬菜的菜农必须在确保菜农有生产经营权利并且没有传染疾病的基础上，才有资格种植蔬菜。菜农要获得农业经营许可证等相关证书，菜农本人的健康证书也是必不可少的；第二，德国对蔬菜种植的土地质量要求也非常高。其中，露地蔬菜都要年度后轮作；第三，对蔬菜的施肥把关严格，定期检查土壤，施肥计划根据检测结果进行；第四，严格大棚种植的蔬菜标准。要用专门的有机土，蔬菜品种定期更换，大棚内必须安装专用的蔬菜光照灯，光照必须要达到与露天同等的效果。另外，严格禁止使用药物催熟剂。

蔬菜销售监管非常严格的英国。英国政府对超市销售的蔬菜质量安全监测非常严格：首先，蔬菜生产者在超市出售蔬菜时需要登记详细的蔬菜生产记录，如农药肥料的安全使用、农户的健康保障工作证；其次，蔬菜的贮藏包装必须符合食品贮藏和包装的标准；再次，蔬菜的质量也有详细的要求。如果不符合这些规定则不允许进入超市，即使进入了超市，如果发现问题也必须由相关的负责人承担责任。

2.2　国内的蔬菜产销信息化概况

目前，国内蔬菜产销信息化发展比较快的城市有上海、重庆等城市。上海市依托本地全球经济一体化的大形势，借助新技术，大力发展出口蔬菜，稳定发展绿叶菜生产，积极参与国内、国际竞争。同时，具体采取推进良种建设、改善生态条件、实施标准化建设等三大对策，加快蔬菜市场信息网络建设，增强蔬菜“产前、产中、产后”的社会化信息服务，规范蔬菜产销信息发布制度，加快市场流通，不断增加蔬菜的经济效益。

蔬菜产销信息化建设在重庆市也得到了大胆探索，通过先行先试，建立了蔬菜信息化试验区。在建立蔬菜信息化试验区上，采取“重点突破、分层建设、规模开发、适度超前”的网络建设格局，科学规划，并且建成了四级体系，包括“市、县、乡镇、村”的四级农村信息服务体系。农村信息服务体系以网络需求和最大经济效益为基本着眼点，充分借助重庆的信息化发展成果，在完善拥有重庆特色的蔬菜产销信息化网络系统过程中也适当减少其资金得投入。

从2014年4月起，成都市农业委员会主导开发的“菜易通”蔬菜产销信息平台投入运行。随着该平台的建立和完善，不仅蔬菜销售价格、市场走势将得到数据支持，而且蔬菜种植户将从传统的“自发式生产”转向和采购商直接对接的“订单式生产”，传统蔬菜产业或进入都市现代农业新一轮的创新改革。据了解，目前该平台信息共涵盖0.33公顷（5亩）以上的规模种植户5 718家、专业合作社548家以及采购商1.2万个。蔬菜生产信息涉及的种植面积超过5万公顷（75万亩），涵盖蔬菜品种、生产地点、种植时间、上市时间、上市量、有无订单、联系人、联系方式等信息，并在成都市主要蔬菜生产区域布局了40个蔬菜离地价格采集点，重点针对25个蔬菜大宗品种每日报送离地价格。强大的数据分析功能和应用是“菜易通”平台的又一大亮点。通过整合供需信息、交易数据采集以及政府价格采集数据，平台大数据分析系统将在日、周、月、年不同时间段，分析市场行情、价格走势、供需匹配度、供需走势等数据，发布实时指导信息，对种植蔬菜分布、产量情况、上市情况等进行监测和预警，引导蔬菜种植户调整蔬菜种植品种和生产量。

纵观国内外蔬菜产销信息化的研究现状，我们可以发现目前蔬菜产销信息化平台的共同特点主要有：一是农场规模化，便于使用大型机械操作，从而进行大批量的蔬菜生产；二是联合体的蔬菜农场，实行生产专业化或者生产工艺专业化；三是建立合同制产销协作关系，促进蔬菜产销规范化；四是生产经营过程的信息对称性，这是产品实现产品标准信息化的基础，在网络共享平台上形成了产销信息化模式。

3　蔬菜产销对接信息平台构建

建设蔬菜产销对接信息平台，通过此网络平台可获取全国蔬菜种植与行情信息，促进蔬菜产销计划对接，实现蔬菜全国网上交易。电子商务能促进产销对接，减少蔬菜的流通环节，足不出户实现远程销售，必将成为蔬菜产销对接的发展方向。有条件的产区，可加快土地有序流转，发挥合作社的整体优势，实施现代农业。主产区管理部门要及时扶持当地农业合作社、种植大户，开展电子商务专业知识培训，通过网上产销对接平台提前发布蔬菜信息，通过中国农业信息网、各省市级农业网、农产品交易网等网络平台，加大力度发布蔬菜产区供货及价格信息，联系各地购货商，促进交易，帮助做好网上产销对接，推动蔬菜电子商务的发展。

蔬菜产销信息平台建设主要包括以下内容。

3.1　采集信息

采集的信息包括生产信息、市场信息和组织信息。采集生产信息就是指采集农业的基本数据信息、农业的生产管理信息、农作物的采收信息；采集市场信息是指采集覆盖市场的信息、价格的高低、需求的客户信息及销售地信息、订单信息、供销情况等；采集组织信息则是指采集农户、种植大户、农场、主产区、合作组织、相关产品的国内外组织以及这些组织之间的相互关系等信息。

3.2 建立数据库

一是建立管理数据库，该数据库主要用于对基础数据信息、生产信息、管理信息、市场信息等各类生产流通信息的有机管理。二是建立蔬菜价格和产量预测预警系统，例如，通过建立观察蔬菜生产中的长势状况和季节的变化情况与之对应的蔬菜产量的数学模型，并在产量的数学模型的基础上建立起蔬菜产量预测子系统。随时根据蔬菜行情，市场供求关系、当年产量预测以及订单情况、国际国内市场信息的基础上建立价格模型，以价格模型为基础建立价格预测子系统、网上交易子系统、生产销售组织管理子系统等信息化系统。三是建立蔬菜生产销售综合管理信息系统，先将采集的蔬菜生产销售的相关数据输入到相对应的系统中，然后对数据进行分析处理，输出结果，最后根据数据结果合理安排下一轮蔬菜生产计划。

3.3 充分利用多种资源，不断完善产销信息公共平台建设

借助计算机、互联网等现代信息技术手段，搜集信息，然后对信息分析处理，通过信息化系统输出的数据信息可以预测蔬菜产量、预测蔬菜价格、组织管理蔬菜生产销售等。通过加强政府对资金以及科技需要的投入，进一步巩固对网络设备和基础设施建设的管理，并制定一系列切实可行的措施，确保产销信息系统正常稳定、有序的运行。

总之，通过政府协调、市场运作、平台共享，最终将形成现代化的蔬菜产销信息平台。蔬菜产销信息平台是在当前科学技术

及信息传播技术飞速发展的前提下发展起来的，符合现代农业生产、适合农民专业合作社等经营主体使用的一种网络平台，它具有提供信息、预测价格、提高农产品经济效益、促进农产品经营等作用。此平台不仅将信息技术应用到农业生产管理上，而且还将信息化延伸到市场销售的环节，使得农业各产业结合更加紧密，这实现了产销全程信息化管理，能有效地解决蔬菜生产和市场销售脱节的问题，并在一定程度上预测市场、预测蔬菜等农产品的销售价格，为农业生产者和农业管理者，提供及时有效的信息服务。

参考文献

[1] 李建平，王吉鹏，周振亚，等. 农产品产销对接模式和机制创新研究 [J]. 农业经济问题，2013，11：31－35.

[2] 陈德明. 2013年上海郊区蔬菜产销发展情况 [J]. 上海蔬菜，2014，01：1－2.

[3] 成都“菜易通”蔬菜产销信息平台投入运行 种植户将转向“订单式生产” [J]. 中国蔬菜，2014，06：70.

[4] 黄耀轩. 搭建产销对接平台 切实稳定农产品价格——山西省晋中市物价局建立稳价安民长效机制 [J]. 价格理论与实践，2012，01：26－27.

[5] 孙占刚，沈佳治，庄奇佳，等. 上海市蔬菜产销形势及发展对策 [J]. 中国蔬菜，2012，09：8－11.

[6] 刘达玉，张崟，王代春，等. 蔬菜产业产销对接机制的现状和对策 [J]. 北方园艺，2012，12：194－196.

[7] 张西华. 农产品产销对接的实现途径研究 [J]. 甘肃农业，2010，12：28－29.

[8] 杨威，张叶平，王嘉发. 解决农产品“产销对接”的新探索——基于“菜管家”　“P2B2C”模式的分析 [J]. 南方农村，2013，02：

49 - 53.

[9] 朱颂华. 上海蔬菜产销面临的机遇与挑战 [J]. 上海蔬菜, 1998, 03: 1 - 5.

[10] 方志权. 上海蔬菜产销现代化建设面临的挑战和对策 [J]. 中国农业信息快讯, 2001, 01: 10 - 11.

[11] 范德官. 上海蔬菜产销现状和展望 (一) [J]. 上海蔬菜, 2001, 01: 4 - 5.

[12] 范德官. 上海蔬菜产销现状和展望 (二) [J]. 上海蔬菜, 2001, 02: 4 - 5.

[13] 张四荣. 关于推进上海蔬菜产销现代化建设的思考 [J]. 上海农村经济, 2000, 05: 4 - 7.

[14] 方志权, 顾海英. 上海蔬菜产业链发展的现状、问题及对策 [J]. 上海农业学报, 2004, 01: 1 - 4.

[15] 陈德明. 上海郊区蔬菜产销的现状与发展对策 [A]. 浙江省园艺学会、上海市园艺学会、江苏省园艺学会. 首届长三角园艺论坛论文集 [C]. 浙江省园艺学会、上海市园艺学会、江苏省园艺学会, 2007: 3.

[16] 朱为民. 上海蔬菜产业的可持续发展与科技支撑 [A]. 中国园艺学会、中国工程院农业学部. 中国园艺学会十届二次理事会暨学术研讨会论文摘要集 [C]. 中国园艺学会、中国工程院农业学部, 2007: 1.

[17] 卢永德. 蔬菜基地信息化建设及蔬菜追溯体系研究 [D]. 湖南农业大学, 2013.

[18] 曾玉珍, 于战平, 等. 天津蔬菜产销新模式发展现状、问题及对策建议 [J]. 天津农学院学报, 2014, 03: 37 - 40.

[19] 王德槟. 蔬菜产销形势与蔬菜产业发展对策 [J]. 中国农村科技, 2003, 12: 11 - 12.

上海蔬菜补贴政策分析与建议

张瑞明　李珍珍　李恒松
（上海市农业技术推广服务中心副主任　推广研究员）

2014年上海市常住人口突破2 400万大关，对于这样一个特大型城市来说，蔬菜产业健康有序发展，对保障民生、促进和谐有着至关重要的作用。近年来，上海市出台了一系列强农支农惠农政策，对提高蔬菜生产能力，稳定市场供应，保障蔬菜安全，增加菜农收入，调动菜农生产积极性具有重大意义。但由于目前涉及蔬菜方面的补贴政策众多，大多数菜农甚至相关蔬菜产业从业者对具体的政策内容和条目缺乏全面的认识，本文对上海市蔬菜补贴政策进行梳理，以期为政府政策制定、执行、贯彻落实提供借鉴，扩大强农支农惠农政策的影响力和覆盖面。

1　蔬菜补贴政策基本内容

上海市补贴政策涉及蔬菜产业多个方面，主要有以下几类。

1.1 农业生产类

为促进蔬菜生产，保障市场供应和价格稳定，优化茬口布局，提高科学种菜水平，上海市出台的农业生产类补贴政策主要有：

（1）蔬菜农资综合补贴。对本市范围内常年种植蔬菜面积在2亩以上并列入全市50万亩蔬菜生产任务的农户和农业生产经营组织给予每亩90元的补贴。

（2）蔬菜高效、低毒、低残留农药补贴。给予常年种植蔬菜面积在2亩以上并列入全市50万亩蔬菜生产任务的农户和农业生产经营组织每亩补贴40元。

（3）“夏淡”期间种植绿叶菜补贴。夏季期间（6月1日至8月31日）对常年种植绿叶菜，且列入全市21万亩“夏淡”绿叶菜种植任务的农户和农业生产经营组织补贴每亩80元。

（4）施用商品有机肥补贴。对本市范围内种植粮食、蔬菜等农作物的农业生产组织（合作农场、专业合作社等）、企业和农户施用商品有机肥每吨补贴200元。

此外还有农业机械购置、设施菜田财政性资产管理等补贴政策等。

1.2 保险救助类

为提高蔬菜生产抗风险能力和综合生产力，特别是保障夏季绿叶菜供应，调动菜农投保积极性，运用保险机制分散和转移农业风险，维护菜农权益，更好地发挥农业保险的风险补偿和防灾减灾作用，上海市出台了相关蔬菜保险扶持政策。

（1）“淡季”绿叶菜成本价格保险。“夏淡”保险期为6月16日至9月15日，“冬淡”为12月16日至翌年3月15日。以蔬菜生产龙头企业，专业合作社和种植大户为优先投保对象，2亩以上的绿叶菜种植散户由所在镇、村统一组织投保。市级财政给予50%保费补贴，各区县根据财力予以配套补贴，投保人自缴保费比例应不低于10%。

（2）“夏淡”期间菜农高温人身伤害保险。保险时间为8月16日至9月15日，保险金额每人保费20元，市区两级补贴15元。保障内容为高温中暑引起的身故、残疾，伤害根据工伤残疾等级进行赔付，赔付最高额20万元。

（3）露地种植绿叶菜（青菜、鸡毛菜）气象指数保险试点。2014年开始试点“夏淡”期间露地种植的青菜、鸡毛菜气象指数保险，时间为7月6日至8月14日，投保对象为本市生产蔬菜的农业龙头企业和农民专业合作社。市、区县两级财政给予70%保费补贴。已投保蔬菜种植保险的青菜、鸡毛菜，不得投保该气象指数保险。

（4）其他农业保险补贴政策。如农业保险保费补贴，险种包括蔬菜种植保险，大棚设施涉农财产类综合保险等，蔬菜种植保险保费补贴标准为70%；大棚设施保险保费补贴标准为60%。

1.3　项目支持类

为贯彻落实科技兴农战略，增强农业科技自主创新能力，加快农业科技成果转化，促进高效生态农业发展，促进都市现代农业发展，上海市通过开展项目支撑来推进和扶持蔬菜产业发展。

（1）科技兴农项目。凡涉及蔬菜新优品种选育、蔬菜质量安全、蔬菜生产机械、物联网建设等对产业发展有推动作用、能够解决蔬菜生产实际热点难点问题的相关技术都可以参与申报。根据项目研究推广的内容、规模、科技含量进行一定经费支持，经费支持额度由几十万到上千万不等。

（2）蔬菜标准园建设项目。单个生产规模在200亩以上的农业合作社和农业生产企业，按照“先创后补”的原则，市财政拨付奖补资金，奖补标准为每个标准园50万元。“十二五”

期间全市共建设市级蔬菜标准园150家。

(3)设施菜田建设项目。对于项目区集中连片，面积不低于100亩，位置处于本区域平均海拔高程之上，符合无公害蔬菜生产的环境条件的生产经营主体，给予农业设施类建设不超过每亩4万元补贴，水利设施类建设按实际补贴，上不设限。

(4)农民专业合作社扶持项目。对在管理、财务、人数、销售等方面满足扶持条件的合作社，给予农业生产基础设施建设、固定资产添置等项目的资金扶持。市级财政扶持合作社联社项目资金原则上不超过100万元，扶持市合作社示范社项目资金不超过50万元，扶持其他合作社项目资金不超过40万元。

1.4 综合补贴类

为全面覆盖农业生产及流通过程中的薄弱环节，上海市还实行一系列综合补贴扶持政策。

地产绿叶菜上市量考核奖励政策。根据“菜篮子工程”区县长负责制中绿叶菜种植面积和上市量分解任务完成情况，全市给予每年1亿元的地产绿叶菜上市量考核奖励资金支持，主要用于蔬菜生产补贴、蔬菜产能提升、蔬菜产销对接、改善生产和生活条件、加强蔬菜质量安全监管等5个方面。

此外，对蔬菜生产综合补贴政策还有农民专业合作社贷款贴息、农业品牌奖励资金扶持、菜篮子工程车扶持、“三品一标”奖补等政策。

2 蔬菜补贴政策成效显著

2.1 稳定了地产蔬菜周年生产，保障了绿叶菜有效供应

在新一轮“菜篮子”区县长负责制的落实下，通过实施蔬

菜农资综合补贴、“夏淡”期间种植绿叶菜补贴、农业机械购置补贴、绿叶菜考核奖励资金等政策的实施，确保了全市 50 万亩蔬菜种植面积和 21 万亩绿叶菜种植面积，稳定了地产蔬菜周年生产，确保了以绿叶菜为主的地产蔬菜的均衡供应。近 3 年来，市郊蔬菜生产面积稳定，品种结构优化，供应基本均衡，亩产量及亩产值持续增加。2013 年全市蔬菜播种面积 186 万亩次，蔬菜上市量 336 万吨，总产值 60. 2 亿元，其中，绿叶菜上市量 160 万吨，占市场供应量的 90% 。

2.2　提高了蔬菜产业抗风险能力，实现了菜农增产增收

通过实施设施菜田建设、“淡季”绿叶菜成本价格保险、蔬菜种植保险，大棚设施综合保险以及农业生产补贴等各类政策，大大改善了蔬菜生产条件，提高了蔬菜生产能力，增强了市郊菜田抗御各种自然灾害的能力，减少了因灾害造成的菜农损失；大幅降低了菜农的生产及物流成本，缓解了农资成本上涨给予蔬菜生产带来的压力，保护了菜农的基本利益和生产积极性，为实现农民增收奠定了良好基础。

2.3　确保了地产蔬菜质量安全，推动了蔬菜产业现代化发展

通过实施蔬菜标准园创建、高效低毒低残留农药补贴、农业品牌奖励、“三品一标”奖补等政策的落实，加大了农产品质量安全知识的普及，扩大了优质安全农产品生产的总量规模，提升了蔬菜质量安全水平和竞争力，推动了上海蔬菜产业向规模化、标准化、组织化、机械化、节约化方向发展，适应了现代农业发展的需要。2013 年全市蔬菜产品质量合格率达到 99% 以上，“三品一标”蔬菜认证量达到 227. 3 万吨，占地产总商品蔬菜量的 67. 8% 。

3 蔬菜补贴政策尚存在的问题

3.1 政策不够聚焦，项目交叉重复多

惠农政策包括农业生产类、保险救助类、项目支持类、综合补贴类等内容，涉及农业、财政、水务、交通等多个部门。由于各部门对项目管理、资金使用要求各不相同，安排上自成体系，实施不同步，致使项目在规划布局、建设内容和资金分配等方面有不同程度的交叉重复，难以形成合力。且农业生产的政策又同时涵盖种植业、养殖业、水产等多方面，政府通过蔬菜农资综合补贴等各项政策扶持蔬菜生产，但涉及基层部门的具体工作，还有种植业例如粮食综合直补等方面的内容，各种补贴政策名目繁多，给基层工作人员增添了工作压力，也容易造成一定的混淆。

3.2 补贴标准偏低，区县配套压力大

近年来国家和市级惠农资金的投入增长较快，上海也制定了大量的强农支农惠农政策用于扶持菜农生产，但总量仍显不足，项目资金补助标准仍偏低，平摊到每个农户可能只有几十到几百块不等，难以充分调动菜农的生产积极性。并且随着农业生产资料价格不断上涨，生产成本的增加弱化了补贴政策带给菜农的实惠，农民的种菜积极性仍然不高。此外部分补贴政策要求区县配套部分资金，给地方财政造成了一定的压力。由于各区县财力不同，部分区县难以全额配套到位，从而影响惠农政策的实施效果。

3.3 资金兑现滞后，运行机制待完善

蔬菜惠农补贴资金发放工作涉及全市 20 多万菜农，一方面

菜农经营分散，核实种植面积时涉及面广、情况复杂，每项补贴资金要分别登记造册，造成基层工作者统计工作量很大，任务繁重；另一方面部分考核奖励政策要求生产单位完成上报的计划任务后以奖补的形式发放，但可能由于计划制定不够科学、项目实施进度延迟等原因，导致奖补资金难以按时下拨，引发菜农不满。再者菜农流动性大、土地经营权经常发生变化，导致少数种菜补贴没有落实到菜农手中，损害了菜农的利益。

4　完善蔬菜补贴政策的建议

4.1　聚焦热点难点，适当调整、整合各项政策

适当整合各种补贴，将一些同类补贴予以合并，可以简化操作程序，减少中间环节，降低人力、财力、物力等资源的消耗，使补贴资金兑现过程更加顺畅、简洁，提高工作效率。同时政策的制定要有一定的导向性，要把充分保障和维护菜农利益放在首位，要把有利于本市蔬菜产业发展放在突出位置。充分做好调研的基础，针对菜农面临的实际问题，认真制定切合本地实际的惠农政策。可以先行试点，确保制定的政策具有合理性、科学性，可操作性，解决目前菜农最关心、最直接的现实问题，解决当前制约蔬菜产业发展的瓶颈问题。

4.2　提高补贴标准，加大资金扶持力度

一方面各级财政应高度重视菜农利益，进一步加大惠农补贴力度。在现有扶持政策和资金的基础上，扩大蔬菜综合补贴的范围，提高补贴标准，在一定程度上保障菜农的实际收益。针对当前农资价格上涨较快，菜农负担较重的现状，建议扩大对菜农在肥料、农药等农业生产资料综合直补的范围，进一步提高补贴的

额度和标准，以增强菜农对生产资料价格上涨的承受能力。另一方面要慎重下达配套任务。市政府在出台新的要求区县配套的政策时，做好相应的调研工作，适当提高市级财政的投入比例，降低区县财政对惠农项目的配套以及菜农投入比例，并应区别区县制定不同的配套政策，保证项目的顺利实施。

4.3 完善制度规范体系，助推政策有力执行

在政策执行的过程中，完善日常管理制度，规范资金直补菜农的范围、方式和程序，严格惠农政策的审批管理，保证严格按照时间节点和目标要求完成资金的发放、登记及其他相关工作，不能按计划完成的要形成书面报告，向上级说明理由备案原因，切实有效的防止政策落实过程中的“变相”、“截留”等问题。审计部门强化对惠农补贴资金的审计监督，经常开展专项审计和年度审计。同时可借助社会力量，充分发挥舆论监督的作用，认真听取来自蔬菜专业合作社和菜农的意见，及时回应百姓诉求。对农民举报反映的问题及时立案调查，专案处理，绝不姑息，防止流失、挪用惠农资金问题的发生，保证惠农政策执行到位、落到实处。

上海市蔬菜批发市场服务的调研与完善

王永芳
（上海蔬菜（集团）有限公司党委书记　董事长
上海西郊国际农产品交易有限公司党委书记　董事长
上海市江桥批发市场经营管理有限公司董事长）

导言

上海市作为一个有着 2 300多万人口的特大型城市，蔬菜供应的90%以上通过批发市场流转进入消费环节。目前，上海市蔬菜批发市场虽然在数量和规模上能够满足上海市场的基本需求，但在批发市场服务的理念、功能、增值空间、服务品牌和服务体系建设等方面还存在较大的提升空间。本文在上海市蔬菜批发市场服务现状调研的基础上，对如何进一步完善和提升上海市蔬菜批发市场服务水平，建设与上海国际化大都市地位相适应的上海市蔬菜批发市场现代化服务体系，提出了对策建议。

1 上海市蔬菜批发市场服务的现状

1.1 上海市蔬菜批发市场服务的界定

蔬菜批发市场作为蔬菜“小生产、大流通”的一个中心环节，对蔬菜的生产、流通和消费都具有十分重要的影响。蔬菜批发市场的服务按市场服务对象分，可以分为为上游批发商提供的服务和为下游采购商提供的服务，并通过对上、下家客户服务的延伸，向上拓展到对蔬菜生产者和生产基地的服务，向下拓展到对消费者和零售终端的服务，即客观上形成了蔬菜批发市场对社会的服务。按市场服务功能分，可以分为基本交易服务、配套保障服务和增值服务。为便于从专业化经营的角度全面而系统地分析蔬菜批发市场的服务，本文对上海市蔬菜批发市场服务的界定，按照市场的服务功能来展开分析。

1.2 上海市蔬菜批发市场服务的调研分析

1.2.1 蔬菜批发市场服务的分类

蔬菜批发市场服务一般分为3类，即基本交易服务、配套保障服务和增值服务（图1）。

基本交易服务是指为实现上下家客户交易的达成和货物的集散而提供的市场基本服务功能，包括提供交易场地、交易设施设备、场地布局安排、车辆物流组织、交易资金结算、食品安全检测、证照办理等。

配套保障服务是指为保障批发交易的规范高效和提高客户满意度，而为进场客户提供的配套经营服务和舒适的经营生活服务等功能，主要包括停车、咨询、住宿、餐饮、购物、装卸、安保、清运、监控、打击欺行霸市等。

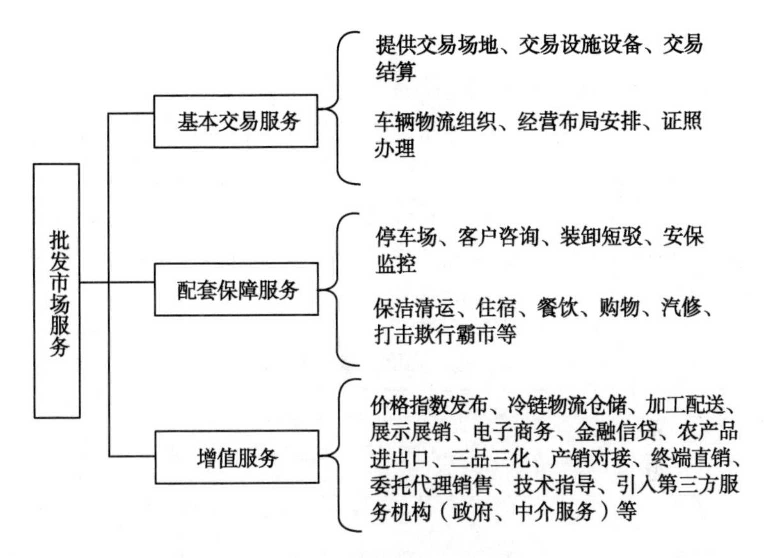

图1　批发市场服务的分类

增值服务是指为进一步提高批发市场交易的附加价值，实现商品和服务价值的最大化而提供的增值服务功能，主要包括信息及价格指数发布、冷链物流仓储、加工配送、展示展销、电子商务、金融信贷、信息追溯、竞价拍卖、产销对接、三品三化、委托代理、农产品进出口、引入政府公共服务或社会中介服务第三方服务机构等。

1.2.2　上海市蔬菜批发市场服务的调研与评价

（1）上海市蔬菜批发市场服务的总体概况。批发市场服务的水平与批发市场的发展阶段密切相关。由于我国还处在农产品生产和流通方式相对落后、农产品经营组织化程度较低的产销环境中，我国农产品批发市场也大多还处在第一代初级批发市场或第二代中级批发市场发展阶段。目前，在上海市除少数规模化、规范化经营的大型农产品批发市场外，大多数农产品批发市场的管理还相对比较粗放，交易模式落后、“重收费轻服务”现象较为常见。

（2）上海市蔬菜批发市场样本调研与评价。为深入了解上海市蔬菜批发市场服务的现状，就以交易平台便民服务、信息发布服务、产销对接服务、诚信经营服务、市场供应保障和食品安全保障为分类指标，在部分批发市场中开展了满意度问卷调查，累计发放问卷150份，回收145份，其中，供应商80份、采购商65份，具体汇总，见表1和表2。

表1　批发商满意度调查统计

	经营服务类			保障服务类		
	交易平台便民服务	信息发布服务	产销对接服务	诚信经营服务	市场供应保障	食品安全保障
满意	12	44	9	52	15	11
一般	52	31	54	22	30	50
不满意	16	5	17	6	35	19

表2　采购商满意度调查统计

	经营服务类			保障服务类		
	交易平台便民服务	信息发布服务	产销对接服务	诚信经营服务	市场供应保障	食品安全保障
满意	14	24	5	32	26	20
一般	26	37	56	27	32	36
不满意	15	4	4	6	7	9

据表1和表2问卷数据表明，现有蔬菜批发市场服务存在以下特征。

①市场服务种类较多，但理念和意识尚显薄弱：批发市场现有服务种类虽然较多，受制于传统“强管理弱服务”的传统观念，服务聚焦便民惠民较多，增值服务较少。通过营销等手段，

渗透、扶持客户业务拓展的能力不强，对客户粘黏性不强。

②经营服务偏重于批发商较多，服务采购商较少：上海市蔬菜批发市场采购商的构成，主要由自发形成和供货商培育两种方式。在服务过程中，市场服务的重心存在向上游批发商倾斜的现象，对采购商缺乏主动服务的意识和手段，市场主动培育、发展采购商及潜在采购商群的能力不强，从而也间接影响了对上游批发商的服务效率。

(3) 保障服务的渗透力和掌控力还不够强。目前，上海市蔬菜批发市场保障类服务的整体框架、功能设计已基本成型。产销对接、货源组织、价格发布和引导、食品安全检测体系等工作已经普遍开展。但基于国内农产品产销链中，生产与销售、销售与运输等方面的脱节化、零散化，加之市场与生产基地缺乏直接的利益纽带，因此，难以做到大规模的货源组织和根本有效的价格引导，从而影响了市场保障服务功能的有效发货。

(4) 服务随意性较强，服务体系还不健全。市场作为流通服务平台，缺乏系统性、体系性的服务架构设计，及相关培训机制，服务方式自发性、随意性较强，难以形成市场的服务语言、服务文化、服务品牌。同时，对服务质量也难以准确、明晰的评估。此外，市场服务人员整体素质也有待进一步提高。

1.2.3　上海市蔬菜批发市场服务存在的主要问题

结合上海市蔬菜批发市场行业所处的发展阶段和蔬菜批发市场调研的客观现状，综合分析可知，上海市蔬菜批发市场服务存在以下几个方面的问题。

(1) 市场服务的意识总体还不强，理念有待更新。目前，上海蔬菜批发市场“强管理收费、弱客户服务”的现象还较为普遍。当前的市场服务理念距离“以客户需求为焦点，以满足客户可持续发展为导向”的现代化服务理念还存在明显差距。

(2) 市场服务的硬件设施总体还不够完善，服务基础比较薄弱。除个别新建大市场之外，大多数批发市场在规划建设之初并没有建设例如冷藏储运、加工配送、安全追溯、电子结算中心、废弃物处理、集中停车场等相应的配套服务设施，通过后续调整改造而实现的市场服务基础相对比较薄弱。

（3）批发市场服务的模式和水平还有很大的提升空间。目前，蔬菜批发市场提供的服务仍是以基础服务和部分配套保障服务为主，但以客户为中心的主动服务和提高经营附加值的增值服务的内容和渠道还不多。随着批发市场的转型升级，批发市场服务的提升还有很大的空间。

（4）批发市场服务的标准和体系尚不健全。如前文所述，目前，蔬菜批发市场服务的随意性相对还较强，服务标准和规范也不够清晰，尚未形成包含服务理念、服务模块、服务流程、服务制度、服务评价等一套完整的服务体系，难以形成服务品牌和优势。

1.2.4 蔬菜批发市场服务发展的趋势

（1）从政策要求层面来看。中央“一号文件”连续 11 年聚焦“三农”，关注农产品批发市场体系的建设与完善。2014 年 2 月 27 日《商务部等 13 部门关于进一步加强农产品市场体系建设的指导意见》明确提出要“创新农产品批发市场服务模式，搭建多层次的生产性及生活性服务平台，增强市场服务及培育现代批发商及相关企业的能力，促进各类流通主体协同发展”。

（2）从行业发展趋势来看。目前，我国农产品批发市场正处于转型升级的重要时期，传统批发市场转型升级为现代农产品物流综合服务平台是必然趋势。根据国内外成熟批发市场的发展经验，第二代农产品批发市场向第三代农产品批发市场的转型升级是行业发展的客观规律，同时，也为蔬菜批发市场服务的创新和提升提出了要求，指明了方向。

（3）从企业竞争需要来看。当前农产品批发市场的竞争已经到了白热化的程度，市场之间的竞争已从依靠向客户提供补贴、减免收费等外在手段，演变为市场之间客户服务能力、创新能力等“内力”的比拼。市场赢得客户最终依靠的是能够为客户提供可持续发展的条件和机会。提升市场服务水平的意义在于构建更高水平的服务平台，能够让客户随时随地获得各种灵活便捷的服务，从而达到提高市场客户的满意度和忠诚度，促进市场繁荣，实现客户和企业全面、协调、可持续发展的目的。因此，市场的服务能否为客户创造更多价值，已成为当今批发市场取得成功的关键因素之一。

2 上海市蔬菜批发市场服务的升级与完善

2.1 上海市蔬菜批发市场的服务理念

上海市蔬菜批发市场应树立“以客户需求为导向，以多方共赢为原则，努力为客户提供可持续发展的机会和条件”的蔬菜批发市场服务理念；倡导“全员服务和全心全意为客户服务”的服务文化，以提升基础交易服务、完善配套保障服务、创新拓展增值服务为思路，建设上海市蔬菜批发市场现代化服务体系和综合服务平台。

2.2 上海市蔬菜批发市场服务升级和完善的主要举措

2.2.1 转变服务观念，增强服务意识

长期以来，蔬菜批发市场的管理价值主张是管理就是服务，而新的服务观念则是为客户服务，让客户成功。讲服务的观念从管理转向服务，以客户的需求为导向，使客户服务真正成为客户创业阶段的孵化器、发展阶段的助推器、成熟阶段的加速器，只有实现客户的持续发展和多方共赢才能让市场在激烈的市场竞争

中立于不败之地。

以江桥批发市场为例，江桥批发市场坚持“服务客商，回报社会”的发展使命，践行“诚信为本 服务当先 携商奋进 共存共赢”的经营理念，在保障市场基本服务的基础上，通过不断地为外地农民送种子、送技术、送信息，带领苍山蔬菜挺进世博会，将刀豆种子带到安徽，将“欧盾”番茄种子带到宁夏，将花王青梗菜种子推荐给了山东、江苏、河北等地，在造福一方、成就客户的同时，也成就了市场广泛的全国生产基地网络、稳定的货源和客户群体，及市场效益的持续增长。

2.2.2 完善服务设施，强化服务功能

强化批发市场现代化服务功能，有必要从加强批发市场硬件设施规划建设入手，在设计理念上高屋建瓴地对交通物流、冷链仓贮、加工配送、场内转运、展示展销、节能减排、进出口贸易等各方面进行统筹谋划。通过服务设施的合理规划，安装配备先进的硬件设施，进一步强化批发市场服务功能，达到提高交易效率、降低农产品损耗、增加交易附加值、完善农产品流通渠道等目的。

以西郊国际农产品交易中心为例，该项目在规划筹建之初，就预见性地考虑到了国内农产品批发市场行业转型升级趋势和上海四个中心建设的要求等未来需求，项目除规划建设交易棚、交易厅、冷库等之外，还建有农产品进出口、检验检疫、展示展销、竞价拍卖等新型增值服务设施，为项目的长远发展打下基础硬件基础。

2.2.3 创新服务技术，提升服务能级

充分利用互联网、物联网、通信科技、信息技术等现代技术手段，着力推动农产品批发市场管理服务软件的升级，要重点加强建立电子结算交易平台、农产品价格监测公布平台、完善客户信息电子备案系统、引入二维码或 RFID 等可追溯手段、强化市场内快速检测能力等现代服务技术，建立综合性农产品现代流通服务信息平台，加快建设食用农产品安全追溯系统、电子化结算系统和信息化管理系统，切实提升批发市场整体服务水平和实力。

以中山批发市场为例，作为全国首家实现全场电子结算追溯全覆盖的批发市场，上下家持肉类蔬菜流通服务卡在交易终端机上进行交易时，同时，结算资金，并记录商品流向、生成交易追溯码。相关信息即时通过无线网络传输到数据中心，并在市场电子显示屏上发布成交价格等信息。同时，与农业银行合作：一是开发圈存圈提设备，作为卡卡交易资金支撑的后台；二是在市场内设立“农业银行惠农服务点”，为市场客商提供货款转账、转存资金、提取现金等银行卡便民服务功能。真正实现了安全追溯自动化、支付结算电子化、业务流程高效化、信息管理一体化、客商交易自助化。

2.2.4　确立服务标准，打造服务品牌

品牌是信誉的凝结，品牌是核心竞争力的体现。建立蔬菜批发市场的服务品牌，是一项长期的系统工程，即涉及服务理念、服务方式，也涉及服务功能、服务规范、服务标准和服务评价等各方面。建立可细化、可执行、可考量的服务标准，建立功能完善的服务体系，和可优化的服务机制，实现市场服务价值的最大化，是打造服务品牌的基础。

以江桥批发市场为例，近年来江桥市场以服务客户、回报社会为使命，一方面，市场坚持“高效流通为农民，安全诚信为市民”的企业宗旨，坚持一手牵着菜园子，一手提着菜篮子，十几年来主动承担社会责任，甘当政府抓手，坚持保障供应、坚持保障安全，主动配合价格调控，赢得了政府、客户和消费者的高度认可；另一方面，市场积极推进与全国生产基地的战略合作，大力通过市场经营商品的“三品三化”（品种、品质、品牌、规模化、包装化、标准化)，实现了芋艿、山药、番茄、胡萝卜等规格化、标准化，带动了蔬菜基地的“寿绿”牌蔬菜、“平湖”牌蘑菇、“华阳”牌香菇、“龙山”牌百合等品牌化，大大提升了市场经营管理服务的无形价值。江桥市场以多年的良好信誉凝结成了“江桥红太阳”的上海市著名商标和江桥市场品牌。

2.2.5 健全服务制度，加大服务保障

一是，要将服务规范纳入制度管理的范畴，对服务的规范流程、规范操作、规范服务、规范形象及绩效考核做系统的梳理和固化，增强服务的规范性和稳定性；

二是加大服务培训，提高服务能力。以全员服务的理念，相应培训市场人员具备从事市场服务的专业知识和技能，并通过自身对市场交易者和消费者的服务，实现服务的价值。

2.2.6 服务市场生态，谋求多方共赢

蔬菜批发市场连接着上下游的众多参与者，产业链上下的协同是生产者、经销者、市场方和消费者实现多方共赢的关键。以蔬菜批发市场为核心，建设多方共赢的批发市场良性发展生态，是批发市场服务的根本目的。

以法国伦吉思批发市场为例，伦吉斯批发市场作为目前世界最大的农产品贸易平台，在人员、产品质量、服务、物流、加工和基础设施等方面已成为优质的象征。市场除正常的贸易成交外，还为农产品的贮藏、加工、运输、冷链等提供后勤保障服务。此外，市场清运中心可以每天 24 小时提供清运服务，市场建有年处理废弃物能力达 12 万吨的焚化厂，配有 2.5 万平方米的供暖设施，运输机构 100 多家，银行信用保险机构 20 余家，饭店 28 家，除仓库、加工厂、包装车间外，另有政府及社会有关部门如警察，海关，消防，铁路，邮局、卫生所、旅行社、商业技术培训学院、日用百货店、书店等机构进驻场内，提供现场

服务，这里已然成了巴黎专业食品采购的“天堂”。

2.2.7　加强政府扶持，推动行业提升

农产品批发市场是关系民生和城市安全运行的重要基石，承担着重要的社会责任，同时，农产品批发市场行业也是个充分竞争的行业，因此，离不开政府的合理引导和扶持。政府的扶持和引导不仅仅是资金的扶持，更多的是发展规划、行业标准、制度保障、用地指标等发展政策的扶持，只有政府政策的合理引导和扶持，才能推动蔬菜批发市场行业服务水平的全面提升。

上海市蔬菜生产用工现状及对策研究

魏　华　徐　菲　朱明德　俞平高
（上海农林职业技术学院院长　教授）

上海市是我国最大的蔬菜消费市场之一，蔬菜的消费不仅集中而且数量庞大，年消费量560万吨，尤其是绿叶菜深受欢迎，年消费量180万吨左右。由于绿叶菜保鲜难度大，不耐贮运，85%左右的绿叶菜需要依靠本地生产供应。据统计，2013年上海市常年种植蔬菜面积56.5万亩，季节性菜田28.5万亩，其中，最低保有面积50万亩，叶菜最低保有面积21万亩。全市共有22万余个劳动力从事蔬菜生产，兼业菜农约占1/3，折合全劳力约16.16万，劳动力数量与2011年相比减少3万人。以上海市郊区现有的生产条件，要维持农田正常运作，一线劳动力的配置，蔬菜每5亩地配一名劳力，以此计算，最大的劳动力需求量为17万人，最少需要劳动力10万人。劳动力总体数量虽然不缺，但是存在结构性短缺，兼业菜农和临时劳力较多，在农忙时节找临时劳力很困难。此外，一线劳力中大部分都是50岁以上，文化程度低，生产和经营的能力素质与蔬菜生产要求不相适应，大部分的年轻人又不愿意从事蔬菜生产工作，成为当前和今后制约本市蔬菜产业发展的一个重要因素。

本报告调查分析了当前上海蔬菜用工现状，指出了当前蔬菜用工存在的问题，提出发展思路和建议，为相关部门决策提供依据。

1　调查方法

本次调查于 2014 年 3 月 5 日至 10 月 10 日展开，调查对象是上海市郊区蔬菜生产的一线劳力和蔬菜农民专业合作社的经营者，各区县调查的专业合作社见表 1。其中，一线劳力的样本量为 295 份，蔬菜生产经营者 47 份。

表 1　各区县调查的专业合作社

区县	合作社	区县	合作社
浦东新区	上海爽快农产品专业合作社	松江区	上海浦远蔬菜合作社
	上海翰晖果蔬专业合作社		上海浦净蔬菜合作社
	上海多利农业发展有限公司		上海东升果蔬合作社
	上海淼洋果蔬专业合作社		上海龙胜蔬菜合作社
	上海惠东蔬菜合作社		上海松风蔬果专业合作社
青浦区	上海春鸣蔬菜合作社	崇明区	上海静捷蔬菜合作社
	上海惠丰蔬菜合作社		上海绿明蔬果专业合作社
	上海春昌蔬菜合作社		上海家扶家专业合作社
	上海金瓶蔬菜合作社		上海李建果蔬专业合作社
	上海世鑫蔬菜种植专业合作社		上海颍旭蔬菜合作社
宝山区	上海罗光蔬果专业合作社	嘉定区	上海惠和种业有限公司
	上海田仔蔬果专业合作社		上海嘉品蔬菜种植专业合作社
	上海翼农果蔬专业合作社		食全食美蔬果种植合作社
	上海聚源蔬果专业合作社		上海东周丰源有机蔬果合作社
	上海跃科蔬菜原种场		上海其龙蔬果专业合作社

（续表）

<table>
<tr><td rowspan="4">金山区</td><td>上海明缘果蔬专业合作社</td><td rowspan="5">闵行区</td><td>上海市谷裕蔬果专业合作社</td></tr>
<tr><td>上海阿林果业专业合作社</td><td>上海汇良果蔬专业合作社</td></tr>
<tr><td>上海金育果蔬种植专业合作社</td><td>上海浙林蔬菜合作社</td></tr>
<tr><td>上海油车蔬果种植专业合作社</td><td>上海市城市蔬菜产销专业合作社</td></tr>
<tr><td rowspan="5">奉贤区</td><td>上海扬升农产品专业合作社</td><td>上海市闵行区颛桥镇农业科技试验场</td></tr>
<tr><td>上海艾维尼农产品专业合作社</td><td rowspan="4">光明集团</td><td rowspan="4">光明（食品）集团星辉蔬菜合作社</td></tr>
<tr><td>上海惠祥蔬菜种植专业合作社</td></tr>
<tr><td>上海叶春蔬菜种植专业合作社</td></tr>
<tr><td>上海市奉贤区绿煜蔬菜种植专业合作社</td></tr>
</table>

调查方法包括文案调研、问卷调研、访谈及讨论。文案调研信息包括上海市蔬菜产量及需求、种植面积、机械化生产程度，上海市郊区蔬菜生产人员基本情况，包括劳动力数量、来源、年龄结构、文化水平、专业技术水平、收入水平等；问卷调研内容包括蔬菜生产一线员工基本情况，蔬菜产业经营者和从业人员基本情况，蔬菜从业人员激励的相关政策；访谈采用面谈和电话访谈两种方式，深入调查导致蔬菜用工荒的原因、蔬菜从业人员管理的相关政策、待遇，以及改善蔬菜生产现状的建议；讨论的内容主要是蔬菜生产存在的问题和用工短缺的对策。

2 上海市蔬菜生产从业人员现状

2.1 蔬菜一线劳力及经营者年龄和文化水平

调查结果显示（图 1），从事蔬菜一线劳力 55 岁以上的占 37.5%，65 岁以上的占 9.12%，46 ~ 55 岁的占到 25.68%，30

岁以下的只占12.50%。蔬菜经营者46~55岁占40.91%，是经营者主要组成部分，65岁以上和30岁以下的经营者明显少于一线劳力。

从事蔬菜生产的一线劳力77.5%只有初中及以下文化水平，甚至没有上过学，大专文化水平及以上的一线劳力只占12.46%（图2），具有本地户口的一线劳力，高中以上文化水平占调查总人数的13.84%，外来一线劳力只占8.65%，具有本地户口的一线劳力文化水平要高于外来一线劳力。

蔬菜生产经营者文化水平较高，不存在没上过学的，其中，高中以上的文化水平达到77.27%，大专和本科及以上的学历占47.73%。

总体来看，经营者的文化水平显著高于一线劳力，一线劳力文化水平低下，一线劳力和经营者整体年龄结构偏大，缺少年轻人员。

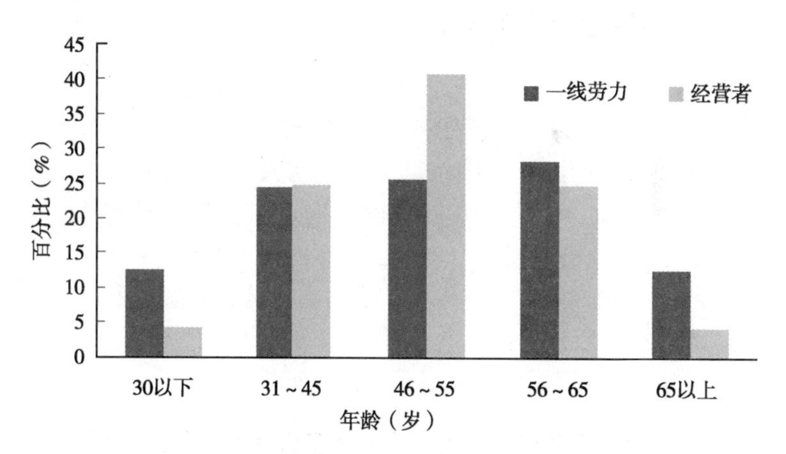

图1　上海市蔬菜一线劳力和经营者年龄水平

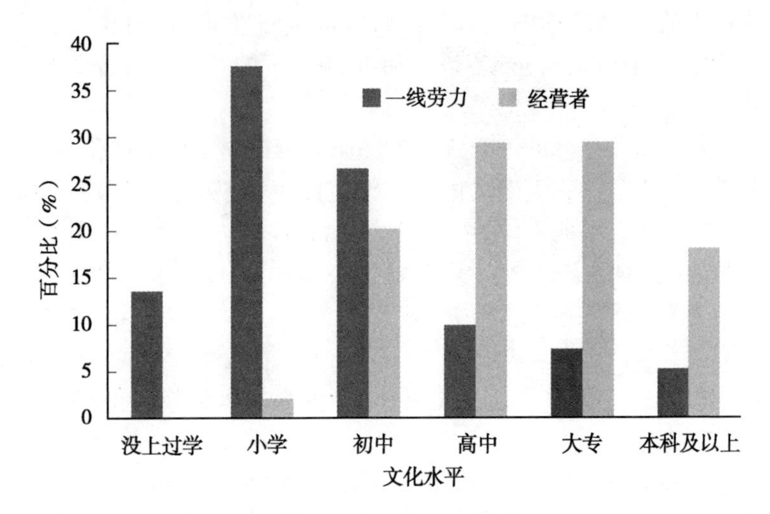

图 2　上海市蔬菜一线劳力和经营者文化水平

2.2　蔬菜生产用工情况

调查结果显示（图 3），86% 的蔬菜农民专业合作社有用工短缺现象，只有 14% 的合作社不存在用工短缺现象。合作社最缺少的是技术人才、一线生产人员和销售人才。50% 的合作社存在员工不稳定的状况，合作社的经营者反映遇到的 3 个最大的困难之一就是留不住好员工，同时，满意的员工不好招。经营者对一线劳力或者技术人员的要求，最重要的是劳动态度和实践经验，其次是技能和专业知识，对性别和年龄没有严格的要求。合作社用工短缺，留不住好员工成为普遍问题。

2.3　蔬菜生产一线劳力和经营者工作时间及收入分析

如图 4 所示，一线劳力每周工作时间在 40 小时以上的占 75.43%，超过 55 小时的占 17.75%，大部分的一线劳力每天工

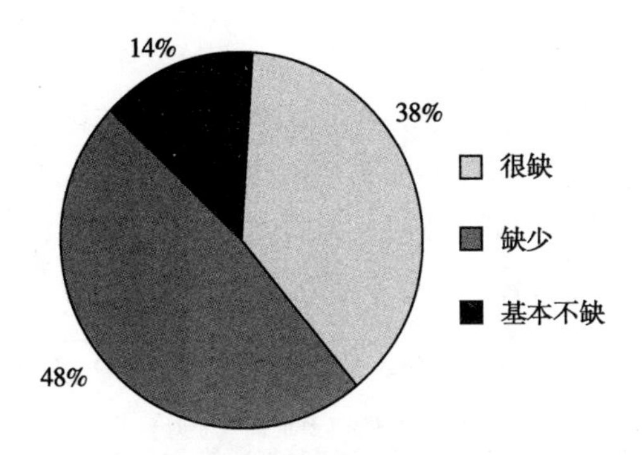

图3　上海市蔬菜生产用工情况

作时间超过8小时，甚至没有周末休息时间，农忙时节工作时间更长，只有24.57%一线劳力每周工作时间小于等于40小时。本地的一线劳力工作时间明显长于外地劳动者。青浦、奉贤、嘉定区的一线劳力每周工作时间大于55小时的一线劳力较多，光明集团、松江、宝山的大部分一线劳力每周工作时间都在40小时。如图5所示，一线劳力和经营者从事蔬菜种植的年限多半在5年以上，一线劳力种植蔬菜年限在5年以上的占60.20%，经营者占到81.82%，其中，仅10年以上的占50%。

如表2所示，一线劳力收入在1.5万~2.5万元的占51.88%，4万元以上的只占8.87%，4万元以上收入的外地男性较多，且外地男性所占比例明显大于本地男性。经营者的年净利润在10万~20万元的占43.9%，20万~100万元的占34.14%，100万元以上的占7.32%，年净利润在5万元以下的只占7.32%。50%以上的经营者蔬菜生产面积在100~500亩，总资产在100万~500万元，净收入一般可达10万~20万元。收入最少的经营者与收入最多的一线劳力比例相当，一线劳力和经营者之间收入差异以中位数计达10倍之巨。

调查显示，50%以上的从业者从事蔬菜生产的时间在5年以

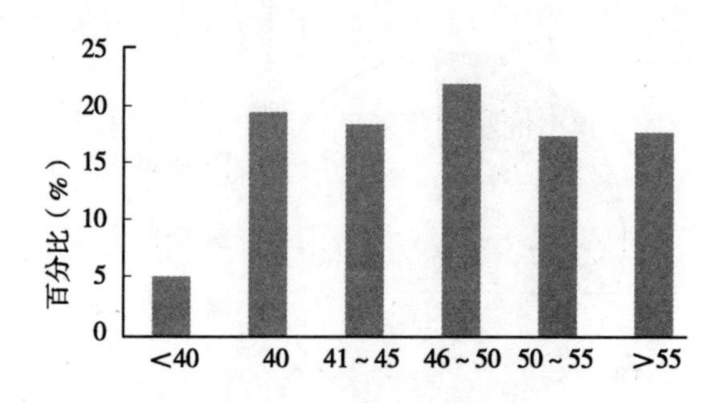

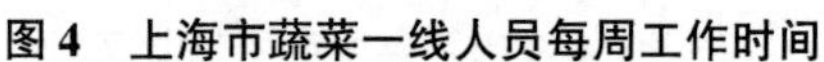

图4　上海市蔬菜一线人员每周工作时间

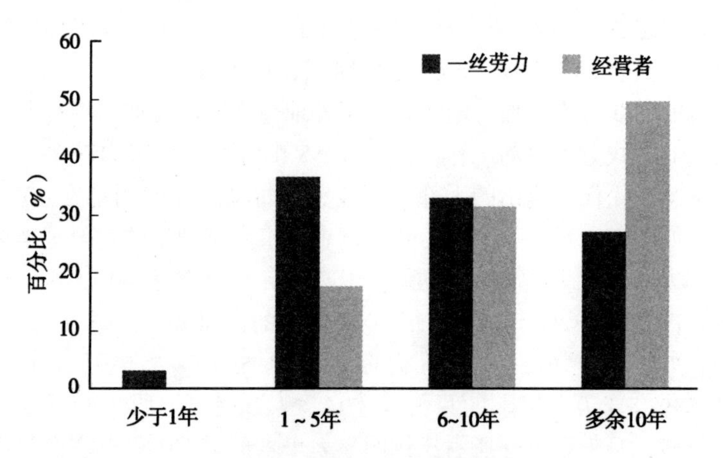

蔬菜生产从业人员工作年限

图5　上海市蔬菜生产从业人员从业年限

上，并且愿意继续从事蔬菜生产的工作，认为种植蔬菜是有前途的。大部分的一线劳力也都不讨厌种植蔬菜这项工作，甚至作为解闷的一种方式。虽然有一小部分的人为了解闷从事蔬菜行业，但是为了补贴家用的人也占到37.76%。工资水平低、福利差是一线劳力最不满意的两个方面，劳动保护、劳动保障和发展空间小也是一线劳力不满意的 3 个方面。经营者大部分是由于兴趣爱好而从事蔬菜生产的。

一线劳力工作时间长、收入低，经营者的收入明显高于一线劳力，长年从事蔬菜生产的一线劳力和经营者较多。

表 2　上海市蔬菜生产人员年收入

	年收入（万元）	<1.5	1.5~2.5	2.5~3	3~4	>4
一线劳力	外地男	2	25	22	11	16
	外地女	0	27	12	5	3
	本地男	3	33	20	10	5
	本地女	5	67	21	4	2
	百分比（%）	3.41	51.88	25.60	10.24	8.87

	净利润（万元/年）	<5	5~10	10~20	20~50	50~100	100~300	300~500	500~1 000	>1 000
经营者	百分比（%）	7.32	9.76	43.90	14.63	19.51	2.44	2.44	0.00	2.44

2.4　蔬菜生产人员专业培训分析

91% 的一线劳力接受过专业培训，仅有 9% 的一线劳力没有接受过专业培训，接受过 3 次以上专业培训的一线劳力占 43%（图 6）。培训的内容是栽培技术、病虫害防治为主，其次是生产安全，还有极少量的销售技术。尽管大部分的蔬菜一线劳力接受过 3 次以上的专业培训，但是，他们仍然最希望得到更多的关于蔬菜种植技术和病虫害防治方面的专业培训，这可能与一线劳力种植的蔬菜种类多有关，68% 的一线劳力种植 5 种以上的蔬菜，种植蔬菜 3 种以下的一线劳力只占 11%（图 7），这要求一线劳力需要具备多种蔬菜种植技术和更多的病虫害防治技术，从而能更好地适应蔬菜生产的需求。大部分的经营者最希望得到生产技术和销售方面的培训，特别是销售方面的培训，因为销售不畅是合作社存在的3个最大困难之一，其次是产品开发、企业内部管理、经营计划与决策方面的专业培训。

绝大多数的一线劳力接受过专业培训，与一线生产技术相关的培训是一线劳力最需要的。经营者更加需要的是销售方面的培训。

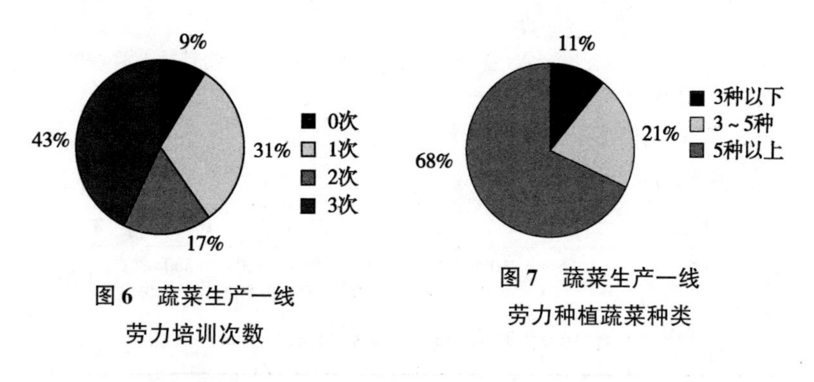

图6　蔬菜生产一线劳力培训次数

图7　蔬菜生产一线劳力种植蔬菜种类

2.5　扶持政策分析

如图8所示，98%的蔬菜经营者关注政府出台的扶持政策，65%的经营者比较清楚蔬菜扶持政策。61.36%经营者满意政府的补贴，希望以现金和农资的补贴形式为主，以此来解决生产中遇到的资金短缺问题，这是经营者遇到的3个最困难的因素之一。

2.6　蔬菜销售渠道不畅

大部分的合作社在都遇到销售渠道不畅的问题，在生产旺季经常出现贱卖，甚至烂在田间的现象。蔬菜田头交易价格与20年前相比几乎一样，但是蔬菜种植的成本近年来不断上升，目前，郊区绿叶蔬菜生产的土地租金、设施大棚租金、薄膜、化

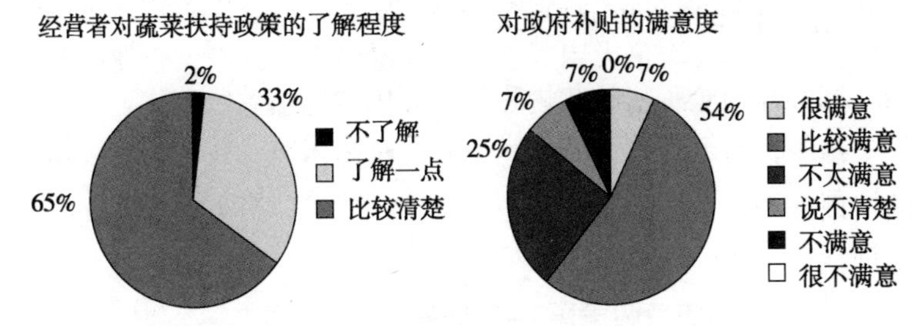

图8　蔬菜生产经营者对蔬菜扶持政策的了解程度和政府补贴满意度

肥、农药成本呈现稳步增长趋势，劳动力用工成本增长，但是，青菜为例的田头交易价常年平均在1元/千克左右，绿叶蔬菜生产成本大约在9 000元/亩（大棚），7 000元/亩（露地）基本保本，一旦受灾必然亏损。

3　蔬菜生产用工短缺原因分析

3.1　蔬菜生产收入水平低，工作环境不尽如人意，导致年轻人不愿从事蔬菜生产

“80后”、“90后”的年轻人，年龄介于20～30岁，吃苦耐劳的精神不是他们所具有的突出特点。他们大多希望从事钱多点、轻松点的工作，下班时间正常休息，享受生活。对他们来说农业生产工作环境差、收入低，再加上长久以来人们对农业的偏见，很多年轻人不愿从事蔬菜生产。已经进入蔬菜生产的年轻人在这样的工作环境中很难坚持做下去，有更好的选择时，就会从事别的行业。虽然近年来政府对农业的政策扶持已让郊区的农业生产硬件条件有了很大的改善，抵御自然灾害的能力大为提高。但是还没有摆脱蔬菜生产脏累、收入低、工作环境差的现象。

3.2 蔬菜生产机械化程度低

制约蔬菜全程机械化进程的主要因素是蔬菜收获作业方式多样、复杂，对操作人员的要求很高。蔬菜采收，特别是绿叶菜的采收是蔬菜生产用工量最大的蔬菜生产环节，这加剧了蔬菜用工的结构性短缺。

3.3 补贴扶持政策落实监管需进一步落实

据被调查人员反映，政府每年对蔬菜生产的一线人员有各种补贴，补贴力度也在不断加大，但是，缺少明确的监管部门，有些标准虽已制定颁布和执行，但没真正落实到由哪一个部门来统一监管。目前大部分一线人员文化水平较低，对政策了解不多，不善于争取自身应得的利益，不利于监督部分补贴在下发的环节不到位的问题出现。政府对生产经营者也会有奖励的措施，但有人通过转租蔬菜生产土地的手段获取政府的奖励和补贴，而真正的蔬菜生产者既要付出高额的土地租赁费用，又得不到任何补贴和奖励。所以，要加强政策实施的监管力度，让真正从事蔬菜生产的人员受益。

3.4 销售渠道不畅，蔬菜生产合作社效益低下

蔬菜产品销售滞后，市场不够规范。蔬菜的市场销售价格比田间交易价格高几倍甚至十几倍，田间地头的批发蔬菜很便宜，甚至还不到成本价，更有甚者，成品的蔬菜没有销路，烂在田间地头，导致收益大幅度减少，从而影响一线劳力的收入。

4 蔬菜生产用工建议与对策

4.1 完善蔬菜生产扶持政策

近年来，上海市及种植蔬菜的区二级政府对蔬菜生产的投入

也是比较大的，年投入在 2 亿元以上，以 2013 年为例，蔬菜生产标准化建设 2 000万元，农药等易耗品及夏淡补贴 8 180万元，蔬菜生产基地固定资产补贴，农民培训、科技项目支助，超市摊位费补贴等，相关区县还有数量不小的配套资金，少数区县还有少量针对蔬菜农民专业合作社雇佣本地农民的用工补贴。农资直补资金均是由市里直接转移支付给区县财政，由区县财政拨付给农民。建议每年提取一定量的资金，引导蔬菜农民专业合作社扩大生产经营规模，目前，上海地区生产面积 200 亩以上的专业合作社约有 290 家，建议在现有的基础上翻一番以上，帮助其实施工业化管理，并对其高级管理人员、技术人员及从业 5 年以上仍处于法定劳动者年龄的菜农给予社会保险直补，补贴其参与镇保、甚至城保。建议提取一定量的资金，与社区合作，帮助蔬菜农民专业合作社建立直通大型市民社区的无公害销售渠道；鼓励每个生产蔬菜的重镇至少组建 1 个蔬菜销售农民专业合作社，提高蔬菜销售的专业化水平。同时，指定专门的政府机构统一监管蔬菜补贴、财政资金落实到位情况，并通过村一点通等平台传播全部的财政补贴政策，方便每个蔬菜从业人员知晓。此外，我国农业政策的制定主要依赖政府官员和知识精英，一线的农业生产和经营者的参与机会较少，这导致了农业政策与现实需求不一致的现象，并容易受到利益集团的左右。美国制定蔬菜政策时，让生产者、经销商、加工商和进口商都有机会参与，并承担相应的权利和义务。这种做法值得我们予以借鉴。

4.2　提高蔬菜生产经营者和一线劳力的素质

一是持之以恒的抓好科技培训，使蔬菜从业人员具有较高的文化水平和生产技能，通过集中培训、分散培训、到户指导、组织观摩、建立田间学校、发放资料等多种培训形式，有针对性、有重点的组织培训内容，做到培训一次，蔬菜生产一线劳力就有一次收获，加快科技成果应用转化。二是除了生产技术培训外，更要加强管理、经营和政策、法规方面培训，提高生产者综合素质，提高一线生产者更强市场意识和知识。三是利用上海高等教育招生改革、特别是高职教育自主招生的大好时机，由区县政府统一协调与农业院校合作，定向培养的方式，培养一线高技能蔬菜人才，通过政策调控鼓励毕业生到一线从事蔬菜生产，有效提高蔬菜生产人员的整体素质。四是对持有相关证书的社会人员也要定期检查，增大监管力度，使其真正的为蔬菜生产行业服务。五是对失地农民要通过培训、考核、发证，逐步提高进入蔬菜行业工作的标准，提高一线劳力的整体素质文化水平，对整个蔬菜生产行业提高有很大的帮助。

4.3 加大引导年轻人进入蔬菜生产行业，解决蔬菜生产后继乏人问题

一是制定和发挥政策引导的作用，鼓励专业对口的院校毕业生进入岗位，引导知识青年进入蔬菜生产行业，提高和保障其工资、福利、社会保险待遇，增加工作吸引力。二是依靠设施农业，改善一线劳力工作环境。虽然蔬菜生产的环境已有所改善，福利待遇也有所加强，但是，与别的行业相比，蔬菜生产环境还是较为艰苦，这也是很多年轻人不愿从事蔬菜生产的原因。要加快设施农业和植物工厂建设，依靠规模化、产业化、集约化和科学化生产方式改善生产条件，提高生产效益，增加收入。同时，通过机械化、自动化、智能化实现工作环境更加舒适、洁净，劳动生产效率大幅度提高，生产出优质、高效的农产品。三是利用大众媒体正确引导、正面宣传蔬菜从业人员的工作业绩和先进事迹，每年举办全区及全市性的生产技能比武，奖励优秀蔬菜生产人员，提高其职业荣誉感。

4.4　有效提高蔬菜生产机械化程度

绿叶菜收获机械问题，依然是蔬菜传统生产方式向机械化生产方式转变的制约因素。第一，引进和研发结合不失为解决上述问题的良策。例如，研发通用底盘和配套通用零件，研制拆换收获装置平台、增加机具通用性，实现蔬菜收获机具的通用性。第二，支持规模以上的蔬菜园艺场配套适用机械，同时，加强人员培训，一线农机手不仅要会使用机械，而且还应对常见故障具有判断和排障能力，提高这些技术人员的待遇水平，使他们能长期在一线工作。第三，完善维修配件供应链，制定相关政策，强化社会化规范服务并使之常态化，提高蔬菜机械利用率，减少购机单位保有机械成本，提高维护保养的安全质量。第四，鼓励有条件的合作社举办蔬菜生产与蔬菜机械化合一，其服务面积在200～400亩或以上，试行社会有偿服务，不断提高劳动生产率，从而提高一线员工的收入水平。

4.5　引导蔬菜农民专业合作社差异化经营

目前，上海市生产类的蔬菜农民专业合作社产品较为雷同，生产旺季部分产品严重供大于求的现象时有出现，同业竞争十分激烈。建议在上海市农业专家服务团的参与下，通过市、区、镇的农业推广体系，帮助蔬菜农民专业合作社实施差异化经营。例如不同蔬菜农民专业合作社采用不同的茬口，种植不同的品种；不同蔬菜农民专业合作社主攻不同的需求市场，有的以供应宾馆酒店、单位食堂为主，有的以供应社区市民家庭为主；有的生产高档蔬菜，有的生产大众化蔬菜；有的主攻种子种苗培育，有的主攻设施蔬菜生产，有的主攻露地蔬菜生产，有的生产观赏、食用两用蔬菜。同时，在蔬菜农民专业合作社内开发网上信息交互系统，与需求单位和个人直接对话，及时把握市场需求信息，从而进一步提高蔬菜农民专业合作社的经营效益，为提高蔬菜生产人员的收入提供有力的保障。

致谢：本文在调研过程中，上海市市委农办蔬菜办公室副主任孙海同志给予了大力支持，并对报告的最后成稿提出了诸多富有成效的建议，在此一并致谢。

参考文献

陈德明，孙海．上海郊区蔬菜基地建设和产业发展的思考［J］．长江蔬菜，2007（02）：1－3.

陈德明，抓好蔬菜生产流通稳定上海市场供应［J］．上海蔬菜，2011（1）：3－6.

崔思远，肖体琼，陈永生，等．我国蔬菜生产机械化发展现状与制约因素分析［J］．农机化研究，2014.10（10）：249－251.

方志权，顾海英．上海蔬菜产业链发展的现状、问题及对策［J］．上海农业学报，2004，20（1）：1－4.

方志权．上海蔬菜实现现代化的对策措施［J］．上海蔬菜，2000（1）：4－5.

黄丹枫．叶菜类蔬菜生产机械化发展对策研究［J］．长江蔬菜（学术版），2012（2）：1－6.

刘邦德．“找不到愿干农活的人”成普遍现象．东方城乡报，2010.7.1（A03）.

刘佳．我国蔬菜生产现状与发展及存在的问题［J］．中国农业信息，24－26.

尚庆茂，张志刚．中国蔬菜产业未来发展方向及重点［J］．中国食物与营养，2005，7：20－22.

市蔬菜办．市蔬菜办加大区域特色菜农培训力度．东方城乡报，2007.5.31（B07）.

孙海．上海郊区蔬菜生产现状及发展研究．上海交通大学，2007.

吴亦鹏．蔬菜生产机械化，任重道远［J］．农机市场，2014，7.

武春霞．蔬菜生产机械化程度亟待突破［J］．农经，2013.4（265）：41－45.

郁樊敏，叶海龙，张瑞明．上海蔬菜生产标准化的现状与发展对策［J］．长江蔬菜，2003（06）：9－10.

张钮芸．蔬菜收割机缓解用工成本上涨压力．粮油市场报（产经观察），2012.11.20（B02）.

张瑞明 陈德明．上海市无公害蔬菜生产现状和发展对策［J］．长江蔬菜，2003（01）：8－10.

张瑞明，叶建平，翟欣．上海市地产蔬菜生产安全监管工作现状及对策［J］．长江蔬菜（学术版），2013（4）：75－77.

张维，余伟兴，余进安，等．闵行区规模蔬菜园艺场（合作社）的现状及发展对策．上海蔬菜，2012（4）：35.

朱为民．上海绿叶蔬菜产销的技术保障．2011（1）：11－14.

朱启臻，杨汇泉．谁在种地——对农业劳动力的调查与思考．中国农业大学学报（社会科学版），2011，28（1）.

上海市蔬菜供应链定价机制研究

俞菊生[1]　钱　华[2]

（1. 上海蔬菜经济研究会秘书长　上海市农业科学院农业科技信息研究所研究员　2. 上海市农业科学院农业科技信息研究所助理研究员）

摘要　本文对上海市蔬菜供应链现状开展调研，着重分析几类蔬菜供应链的结构特征和存在问题，并以青菜供应链为例进行剖析，将供应链整合中最为核心的协作定价策略作为研究对象，运用二层规划模型对供应链协作定价的全过程进行实证分析，探索和建立蔬菜供应链的整体收益及各主体收益的合理增长机制，实现蔬菜生产、流通、消费各方利益的最大化，以此作为政府职能部门及领导、农业企业及菜农的经营管理决策参考依据。

序

2013 年中央“一号文件”对农业、农村、农民工作提出了着力构建集约化、专业化、组织化、社会化相结合的新型农业经营体系的要求。2010 年 8 月国务院颁布了“关于进一步促进蔬菜生产，保障市场供应和价格基本稳定的通知”，针对大城市蔬菜价格大起大落，农民“卖菜难”和居民“买菜贵”并存的问题，提出了国家政策层面亟须解决的问题。

2012 年的上海市政府工作报告，提出了建立市场价格调控联席会议制度和主副食品价格稳定基金，全力稳定主副食品价格特别是淡季蔬菜价格的措施。然而，如何减轻财政负担，通过蔬菜供应链的参与各方的共同努力，从根源上解决菜价剧烈波动，规避价格风险，打击哄抬价格行为，降低不必要的蔬菜交易费用，已成为政府管理部门、蔬菜产销行业和学界共同关注的热点。

本研究应用国外先进的供应链管理理论，从协作定价策略出发，结合本地区蔬菜产销现状及特点，尝试建立蔬菜供应链模型并进行整合优化，提出上海地区理想的蔬菜供应链体系及对策，对建立大城市地区蔬菜供应链的市场化价格联动协调机制具有重要的现实意义。

1　上海蔬菜供应链现状分析

目前，上海市蔬菜流通尚未全面实行全程冷链物流，质量追溯体系也不完善，蔬菜供应链受制于客观条件，供应链模式也较多，且大多属于链状结构。通过实地调研，我们根据上海蔬菜供应链主体的地位以及同蔬菜消费终端对接的特性，将上海市主要的蔬菜供应链划分为 4 种类型，即菜农自营型、超市主导型、批发市场主导型和标准菜场主导型，这四类蔬菜供应链相互交叉，业务并非完全独立。

1.1 菜农自营型

在对上海城郊蔬菜交易市场的调研中发现，有相当数量的当地菜农还采用传统的自营模式，偏好沿街设摊，与消费者面对面贩售，如图 1 所示。

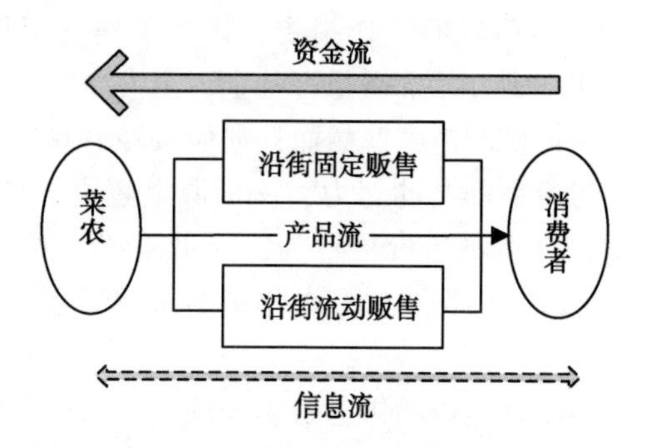

图 1　菜农自营型模式图

这种模式的优势：一是流通环节最少、价格较低、资金回流快、能满足低收入消费者的需求；二是菜农不受市场约束，自我决策和行为表现明显；三是菜农的销售行为是可见的；四是不存在违约的不确定性（俞菊生，2006）。

这种模式存在的问题：一是蔬菜质量、安全不受监督；二是品种单一，不能满足消费者多样化的需求；三是菜农有隐瞒不利于销售的信息；四是风险抵御能力差。这种模式总体规模小，且随着城镇化建设的不断推进，将逐渐从大城市的蔬菜市场上消失。然而，作为中国小农经济的典型现象，对于全国范围内的蔬菜大市场，其解决对接上的困难也是具有研究意义的（洪普庆，2009）。

1.2　超市主导型

通过对农工商、家乐福、沃尔玛、易买得等大型超市和社区便利店进行调研。总体了解了上海地区以超市为主导的蔬菜供应链结构，具体如图 2 所示。

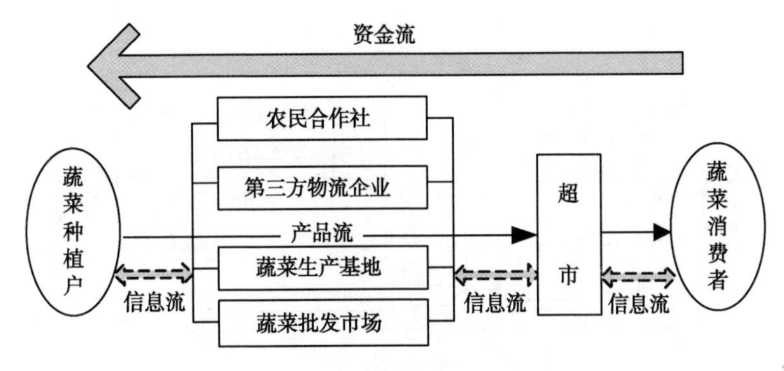

图 2　超市主导型蔬菜供应链结构图

这种蔬菜供应链结构的优势：一是质量安全保障；二是市场需求信息反馈准确、及时；三是易于实施供应链管理；四是价格低（张旭辉，2008）。

存在的问题：一是环节多（除“农超对接模式”）、货损大；二是服务半径有限；三是上游（特别是菜农）缺少议价权；四是超市和物流企业对蔬菜供应商（包括菜农、合作社、基地、批发市场）延期付款和长期欠款；五是准入门槛高（杨志宏，2011）。

最近几年推行的“农超对接”模式的典型代表是“沃尔玛超市的农超对接项目”。该模式是在图 2 的基础上，减少了蔬菜种植户与超市之间的中间环节，以期进一步降低流通成本及降低蔬菜的腐损率，但超市需建立自营的配送中心。

1.3 批发市场主导型

通过对上海江桥蔬菜批发市场和上海江杨农产品批发市场的调研。总体了解了上海地区以批发市场为主导的蔬菜供应链结构，具体如图 3 所示。

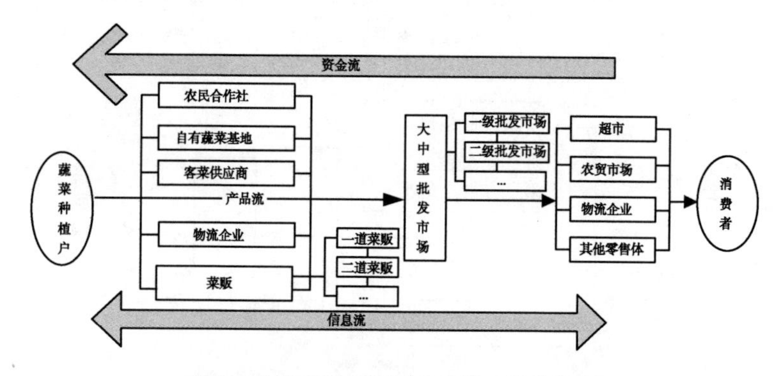

图 3 批发市场主导型蔬菜供应链结构图

大中型批发市场在蔬菜供应链体系中起承前启后的作用，其对供应商和蔬菜的选择具有主导作用，对整个蔬菜市场的影响力大。其优势：一是蔬菜质量和安全有保障；二是信息传递渠道多样性；三是便于政府监管。存在的问题：一是流通环节多、货损大；二是准入门槛比较高；三是容易造成价格垄断；四是运营效率较低，缺乏科学管理技术（赵晓飞，2012）。

1.4 标准菜场主导型

近几年，上海市大力推行社区标准化菜市场建设，进行蔬菜的产销对接，传统的农贸市场也在逐步改造成标准化菜市场。按照居住区内约 500 米（郊区 800 米）的服务半径设置，上海市目前已建成标准化菜市场 880 家，约占菜市场总量的九成，平均一个 1 500平方米的菜市场服务人口近 2 万人。作为 2013 年上海市政府实事项目，将新增100家标准化菜场。

通过对上海市某街道社区内菜市场的调研，大致了解了以标准菜场为主导型的蔬菜供应链结构，如图4所示。

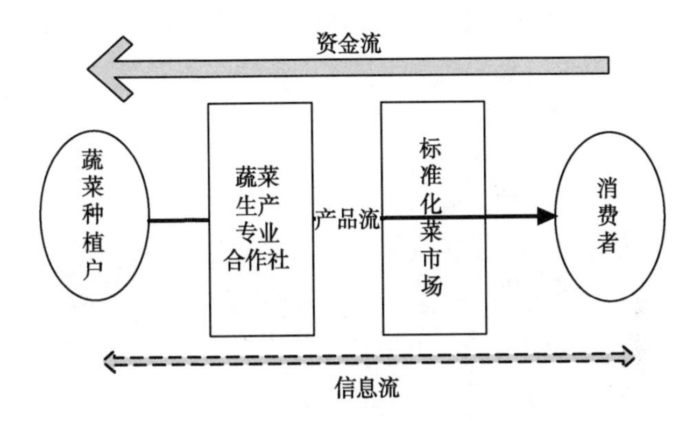

图4　标准菜场主导型蔬菜供应链结构图

标准化菜场的优势：一是流通环节少，货损低；二是质量和安全有保障；三是价格低；四是采购便利。其存在的主要问题：一是物流配送成本高；二是总体盈利微薄，甚至不盈利。

以上对上海市蔬菜供应链的主要几种模式的优缺点进行了描述和分析。由于蔬菜的易腐性，其供应链结构应优先选择链条长度较短的类型，如“农超对接”、“农标对接”以及最近出现的“农社对接”、“农校对接”、“团购直销”，“田头超市”等各类对接模式。但由于组织化程度、物流配送成本和人工成本居高不下等原因，目前，还处于推广或试行阶段。

2　案例分析

蔬菜供应链若采用图3所示的“批发市场主导的供应链结构”，由于链条长，各节点的联系相对松散，供应链上下游缺乏协同运作的机制，无论是蔬菜种植户，还是中间批发商以及终端的零售商或超市，都缺少紧密地供应链之间的合作，各节点处于相对割裂的状态，这之间唯一联系的是价格竞争（刘同利，2011）。其间蔬菜种植户处于供应链的上游，也是整个供应链中最为薄弱的节点。蔬菜的田头价受到挤压，蔬菜种植户在蔬菜供应链中处于市场信息的末端，对于价格最为缺少发言权，这与科学、合理的价格形成机制相违背。

不同的蔬菜品种对应的供应链结构及供应链管理技术都有所不同。研究以上海市绿叶蔬菜中的“青菜”为例，结合图3“批发市场主导的蔬菜供应链结构”，以蔬菜供应链协作定价策略为切入点，对“青菜”供应链模型进行初步的整合。

2.1 案例背景

绿叶蔬菜主要包括白菜类、绿叶菜类和葱蒜类，有青菜、鸡毛菜、杭白菜、菜心、芹菜、菠菜、茼蒿、生菜、草头等。在上海市郊，青菜、生菜和芹菜播种面积位于前3位，其中，青菜播种面积最大，约占蔬菜播种总面积的20%，是绿叶蔬菜价格波动的风向标（翟欣，2012）。据统计，2012年上海市绿叶菜上市量达到168万吨，绿叶菜自给率达90%。2013年1月，市郊在田蔬菜面积54.9万亩，在市郊地产蔬菜中，将近半数种的是沪产青菜，从播种到收获只需一个多月。

2.2 青菜供应链协作定价决策分析

2.2.1 协作定价概述

蔬菜种植户大多以种植成本为基础来确定“田头价”。在蔬菜供应链中，“牛鞭效应”更加明显，经常会出现增产不增收的现象。因此，这种定价方法是有缺陷的。而采用以价值为基础的定价策略，基本程序是：消费者 价值 价格 成本 产品，以为消费者带来的价值为起点，依据价格，努力降低交易成本而使其赢得利润，这是一种有效的供应商定价策略（冷志杰，2006）。考虑到蔬菜的易腐特性和价格低廉而导致折扣定价策略实施的难度。如何通过供应商定价策略整合蔬菜供应链上、下游企业，使供应链的整体收益和各主体收益稳定增长是一个研究难题。

青菜供应链协作定价策略的研究前提是已知较准确的市场价格。研究将应用二层规划理论对青菜供应链的协作定价决策进行建模，以期对现有蔬菜供应链进行整合和优化。

2.2.2　数据来源及基本假定

研究选择了图3中目前对于青菜价格起主导作用的接近于供应链末端的两家批发市场A和B，及两家大型超市A和B以及位于此供应链首端的青菜种植户。数据来源主要是实地调研、上海市农产品价格监测系统和超市POS系统，日期从2012年10月24日至12月26日，共10个样本数据，如图5所示。

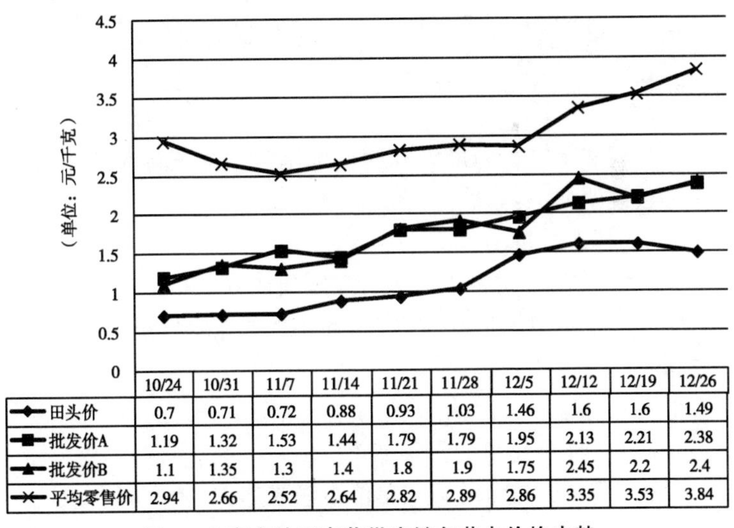

	10/24	10/31	11/7	11/14	11/21	11/28	12/5	12/12	12/19	12/26
田头价	0.7	0.71	0.72	0.88	0.93	1.03	1.46	1.6	1.6	1.49
批发价A	1.19	1.32	1.53	1.44	1.79	1.79	1.95	2.13	2.21	2.38
批发价B	1.1	1.35	1.3	1.4	1.8	1.9	1.75	2.45	2.2	2.4
平均零售价	2.94	2.66	2.52	2.64	2.82	2.89	2.86	3.35	3.53	3.84

图5　上海市地区青菜供应链各节点价格走势

青菜供应链定价决策过程：两个蔬菜批发市场根据进货价，为追求自身利益最大化来确定青菜批发价 A 和批发价 B。超市根据青菜批发价，也从追求自身利益最大化出发，确定零售价。假定青菜零售市场供求较稳定，零售价和市场需求量具有线性关系。超市就可以将市场上的需求信息传导给批发市场，批发市场再根据这些信息重新确定一个对自身更有利的批发价格。这其实就是一种价格博弈过程。供应链管理倡导合作型的价格博弈，通过合理的价格博弈，就可以实现青菜供应链的局部均衡，这种均衡的实现是青菜供应链整合的一个目标，同样，也适合于其他种类的蔬菜（吕斌，2010）。

2.2.3　数学模型构建

研究根据二层规划理论建立数学模型如下：

$$\max f(p_0, c_0) = \sum_{i=1}^{m} (p_0 - c_0) q_i$$

$$\max f(p_i) = (p_i - p_0 - c_i) D_i(p_i, p_{-i}),$$

$$st. \sum_{i=1}^{m} q_i \leqslant \bar{Q}, p_0 > c_0, p_i > c_i, q_i \geqslant \underline{q_i}$$

第一行和第二行为最大利润目标函数，第三行为约束条件，具体参数说明如下：

i ——超市数量，$i = 1, 2 \cdots\cdots m$；

$-i$ ——超市 i 之外的其他青菜零售商（如标准化菜场）；

q_i ——批发市场批发给第 i 个超市的青菜批发量；

p_0 ——青菜批发价；

c_0 ——青菜田头价；

p_i ——第 i 个超市的青菜零售价；

c_i ——第 i 个超市的青菜单位运输成本；

$\bar{Q}$ ——上海青菜总产量；

D_i ——第 i 个超市的青菜市场需求量。

超市 i 对应的市场需求量为 $D_i = D_i(p_i, p_{-i})$，批发市场青菜最大供应量限制 $\sum_{i=1}^{m} q_i \leqslant \bar{Q}$；零售价要大于批发价，即 $p_i > p_0$，批发价要大于田头价，即 $p_o > c_0$；批发市场批发给超市 i 的最低批发量要大于或等于其他零售商，即 $q_i \geqslant q_{-i}$；同时满足批发量大于需求量（考虑到青菜的损耗），即 $q_i > D_i$。

此时，青菜批发市场追求的最大利润为：$f(p_0, c_0) = \sum_{i=1}^{m}(p_0 - c_0)q_i$；

超市追求的最大利润为：$f(p_i) = (p_i - p_0 - c_i)D_i(p_i, p_{-i})$；

二层规划模型可以得到均衡解，在均衡状态下，如果任何一方试图单方面改变价格策略，则其总体收益会减少（吕斌，2010）。均衡解虽然不是最优解，但对整个青菜供应链节点各方来说是接近最优解，前提是供应链各方应相互合作并相互信任。依据这样的思路，可以求解青菜批发市场的最佳利润为 f_0^*，超市的最佳利润为 f_i^*，双方均接受供应链整合的各项条件，即存在 c_0, c_i 和 p_i 使得 $\max f(p_0, c_0, p_i) = \sum_{i=1}^{m}(p_0 - c_0)q_i + \sum_{i=1}^{m}(p_i - p_0 - c_i)q_i$ 存在最优解，则最终的青菜供应链整合优化模型如下描述：

$$\max f(p_0, c_0, p_i) = \sum_{i=1}^{m}(p_0 - c_0)q_i + \sum_{i=1}^{m}(p_i - p_0 - c_i)q_i$$

$$s.t. f_0 > f_0^*, f_i \geqslant f_i^*, \sum_{i=1}^{m} q_i \leqslant \bar{Q}, p_i > p_0 > c_0, p_i > c_i, q_i \geqslant q_{-i}$$

下阶段研究将建立计算机模型，代入表 3－1 数据，求解上述数学模型，得出 p_0, c_0, p_1, p_2 和 D_1, D_2 的值，以及 $f(p_0, c_0) =$

$\sum_{i=1}^{m}(p_0 - c_0)q_i$ 和

$$\max f(p_1) = (p_1 - p_0 - c_1)D_1(p_1, p_{-1})$$

$$\max f(p_2) = (p_2 - p_0 - c_2)D_2(p_2, p_{-2})$$

和总利润，然后将上述值代入

$$\max f(p_0, c_0, p_i) = \sum_{i=1}^{m}(p_0 - c_0)q_i + \sum_{i=1}^{m}(p_i - p_0 - c_i)q_i$$

$$s.t. f_0 > f_0^*, f_i \geqslant f_i^*, \sum_{i=1}^{m} q_i \leqslant \bar{Q}, p_i > p_0 > c_0, p_i > c_i, q_i \geqslant q_{-i}$$

进行计算，从而求得新利润值。若新利润值大于原来的总利润，且批发市场和超市都能够获得更大的收益，则说明双方互相提供信息、互相信任和合作是有利的，反之，则说明双方在信息上有隐瞒或者合作程度上存在问题。

模型中的市场需求函数可以假定，并非实际市场需求函数，计算结果不影响本研究的意义。对于研究没有解决的问题，将在今后深入探究。

3 蔬菜供应链优化结构

通过对上海市青菜供应链协作定价的研究发现，以批发市场为主导的蔬菜供应链效率不高，但这是目前上海市蔬菜供应链的主要类型。通过供应链协作定价决策可以在供应链的局部实现部分节点利益最大化。但要实现全局利益最大化，则要对供应链的源头进行研究。案例中的供应链协作定价决策，没能把蔬菜种植户纳入进去，主要原因：①蔬菜种植户，特别是个人种植户加入供应链的意愿不强；②由于信息阻隔，蔬菜种植户目前没有太多的议价权；③蔬菜的种植成本难以准确计算。因此，构建一个能够提高蔬菜种植户议价权，保护农民利益的上海市蔬菜供应链模式，是一项有深远意义的研究。

研究认为，以批发市场为主导的上海市蔬菜供应链的整合应向两翼扩展，并根据不同的蔬菜品种，尽量缩短蔬菜供应链的长度。即不但要向下游消费者，更要向上游蔬菜种植户整合，以实现上海市蔬菜供应链各参与方均拥有自身的议价权，而政府可以作为中介人进行协调，并出台相应的扶持政策。具体来说，首先蔬菜生产专业合作社应进行企业化运作，不断进行管理制度创新，让更多的种植户能够尽快加入到蔬菜供应链体系中并拥有议价权，使更多的上海农民享受现代农业产业化发展带来的诸多益处。其次，政府应该建立一个价格协作平台，蔬菜种植户和市民消费者均可以在这个平台上提出自己的诉求。政府根据农民、批发市场、超市等提供的价格数据，定期举行蔬菜价格听证会议和多方价格协商会议。

研究提出上海市蔬菜供应链未来发展的理想模式，如图 6 所示。本地菜的价格协商主体包括蔬菜生产专业合作社（代表农民利益）、标准化菜场和农贸市场代表代表个体摊主利益、超市代表零售商利益、个体消费者代表市民利益。其利益主体归纳为农民、摊主、零售商和市民。蔬菜的价格协作在这几者之间进行，上述价格协作数学模型通过改进，同样适用。本地蔬菜流通模式主要包括：①合作社→标准化菜场或农贸市场→个体消费者，采用自营物流为主；②合作社→超市→个体消费者，采用第三方物流为主；③合作社→超市→个体消费者，采用第三方物流为主；④合作社→集体消费者，采用第三方物流为主。

客菜的价格协商利益主体包括外地农民、零售商、摊主、集体消费者（企事业单位食堂）和市民。蔬菜的价格协作在这几者之间进行，上述价格协作数学模型通过扩展，同样适用。由于进入了大流通时代，客菜的流通模式主要包括：①外地合作社→

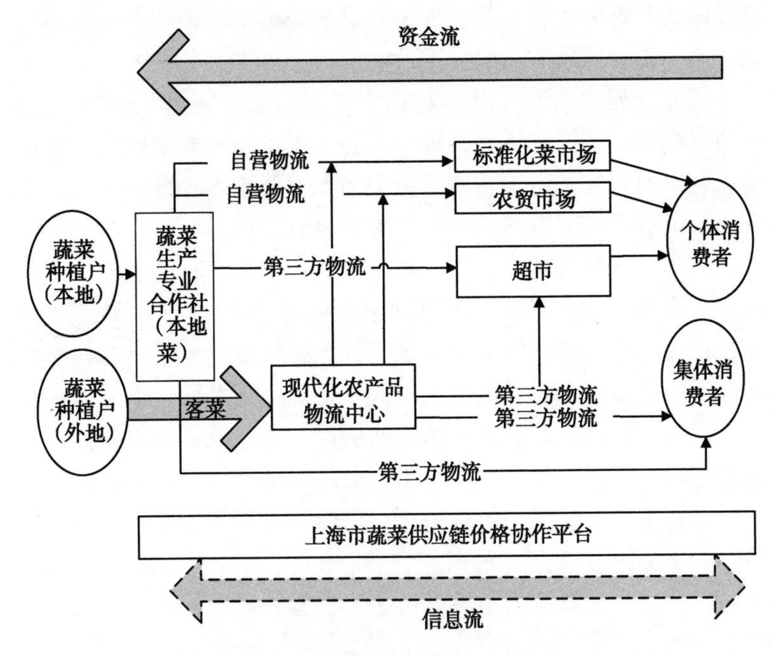

图6　上海市蔬菜供应链优化结构

农产品物流中心→标准化菜场或农贸市场→个体消费者；②外地合作社→农产品物流中心→超市→个体消费者；③外地合作社→农产品物流中心→集体消费者。

4　障碍和政策建议

4.1　障碍

蔬菜供应链整合面临着诸多阻碍包括：一是管理思想障碍，主要表现在涉农企业决策层不能领会供应链管理的思想，忽视企业供应链管理水平的提高，可以提高农产品竞争力的途径。二是组织障碍，由于蔬菜特有的自然属性，导致蔬菜供应链具有物流要求高以及市场不确定性大等特点，导致蔬菜供应链组织模式创新将面临诸多障碍。三是政策环境障碍，主要表现在通讯交通、信息技术、农业管理技术研究及财政支持。四是技术障碍，主要表现在整合技术研究薄弱，并且缺乏总体决策分析研究。

4.2　政策建议

政府在蔬菜供应链中可以发挥的作用有：

一是支持科研院校与企业共同开展农产品供应链管理研究，资助建设蔬菜供应链管理信息系统，解决信息交流的瓶颈。由于蔬菜特殊的自然属性，其供应链有别于工业品或其他农产品，实施供应链整合的难度也高，据此政府应加大农业现代管理技术的推广力度。

二是资助研究机构规划建立有关农产品供应链的知识体系，开发一系列的管理工具和课程，对相关企业进行培训。

三是鼓励并扶持蔬菜种植户加入合作社。绝大部分种植户不懂供应链管理，加入的意愿也不强。政府应加强对农业合作社的监管，提高菜农组织化程度，使合作社真正能全面代表蔬菜种植户的利益。

四是引入民间资本建设现代化的农产品物流配送中心。上海现有的几个农产品大型批发市场至今还保留着传统的交易模式，人员管理混乱，缺少现代物流管理制度。

五是完善并扩展价格信息资源，市场价格监测范围应包含更多的农产品种类。

六是实时监管蔬菜供应链中的合作社、物流中心、超市等规范运作。

七是当蔬菜价格波动时，组织批发商和超市进行价格协调，逐步建立价格协调常态机制。

4.3 结论

综上所述，上海市理想的蔬菜供应链应该是将传统的链式供应链改为效率更高、更灵活的网状供应链，以实现不同的蔬菜可通过不同的渠道实现高效率的流通。同时，也可以通过价格协作的策略实现蔬菜供应链的科学整合。政府应通过投资将传统的批发市场改建成现代化的农产品物流据点，现代化的农产品批发市场可以根据客户的要求，提供采购集货、分拣、包装、仓储和配送等一站式服务，迫使个体菜贩从蔬菜供应链中逐步淘汰或实现组织化的升级改造。其次，较短的、灵活的蔬菜供应链，不但可以大大降低蔬菜的流通成本、交易成本，而且更有利于推行价格的协作机制。在优先保护农民和市民的利益基础上，实现蔬菜各经营主体的成本最低化，利润最大化，这是供应链整合的最终目标。

参考文献

[1] 俞菊生．都市农产品现代物流．中国农业出版社，2006：37.

[2] 洪普庆，等．农产品供应链的组织模式与食品安全．农业经济问题，2009（3）：11.

[3] 吕斌．蔬菜供应链整合研究．福建农林大学博士学位论文，2010：42.

[4] 冷志杰．集成化大宗农产品供应链模型及其应用．中国农业出版社，2006：39.

[5] 庄晋财，等．供应链视角下我国农产品流通体系建设的政策导向与实现模式．农业经济问题，2009（6）：99.

[6] 刘同利，王耀球．蔬菜供应链与价格波动分析．中国物流与采购，2011（22）：52.

[7] 翟欣，黄丹枫．都市绿叶蔬菜价格波动原因与对策研究．长江蔬

菜，2012（14）：2.

［8］赵晓飞．我国现代农产品供应链体系构建研究．农业经济问题，2012（1）：20.

［9］杨志宏．超市农产品供应链流通成本分析．农业经济问题，2011（2）：77.

［10］张旭辉．鲜活农产品物流与供应链理论与实践．西南财经大学出版社，2008：141.

上海市绿叶菜2012—2013年价格波动分析报告

朱为民　杨　娟　钱婷婷　陈建林
（上海蔬菜经济研究会专家委员会）

1　背景分析

近年来，随着上海市蔬菜市场的开放，推动了上海周边地区以及一些以上海为主要市场目标地区的蔬菜生产的发展，但同时也给上海本地蔬菜的生产和销售带来了相当大的冲击，随之而来的便是蔬菜价格的频繁波动，“菜贵伤民”与“菜贱伤农”的现象频繁发生，蔬菜市场价格风险水平总体较高，大多数蔬菜品种市场价格的大起大落成为常态。为了保持蔬菜生产稳定发展，保障市场供应，防止蔬菜价格波动过大，上海市蔬菜经济研究会按照年度工作计划继续推进绿叶蔬菜信息预警体系建设课题研究。课题组成员通过文献的学习对目前影响上海市绿叶菜价格波动的因素进行了分析，通过上海市蔬菜集团调研对上海市批发市场绿叶菜供求关系、流动量以及价格等各方面进行了全面了解。为下一步价格预警工作的开展打下了良好的基础。

2 研究目标

以青菜、鸡毛菜、卷心菜为上海市绿叶蔬菜的代表，通过对预警体系数据库中历史数据的提取、整合，在生产计划制定时为会员单位提供上市期前后详细的历史数据，并以图表形式显示，为生产者制定生产计划提供详细的判断依据；搜集并整理从田头到市场运输过程中的各类信息，构建全面、标准的数据库，为后期价格预测模型构建提供基础；基于有效的预测模型对未来绿叶菜价格走势进行分析、预测，为会员单位的生产计划制定、生产过程调控、上市时间把握提供支持。

3 已开展的工作及阶段性研究结果

目前，通过调研发现，影响上海市绿叶菜价格的主要因素包括：供求关系、生产成本、灾害天气、前期价格和政策导向。

3.1 供求关系

一直以来，供求关系都是决定市场价格的主要因素。从上海市绿叶菜的需求来看，上海市目前现有人口已接近3 000万人，绿叶菜消费量占整个蔬菜供应量的50%左右。对上海地区郊菜、客菜的逐日成交量进行分析，从图1可以看出，上海地区青菜的供应量主要来自于本市的郊区县，在每年的3～4月青菜的成交量都会有大幅上涨，在8月左右出现成交量低谷。从外地进入上海地区的卷心菜在客菜中占有相当大的比例，且成交量波动趋势呈明显的“两峰两谷”特征，即年周期。郊菜成交量最大的蔬菜是青菜，客菜成交量最大的是卷心菜。卷心菜客菜的成交量的波峰波谷与青菜的波峰波谷有明显的负相关性，并进一步比较了其他蔬菜与青菜的相关性，从图2中可以看出，只有卷心菜的成交量与青菜成交量呈负相关，由此可以推断，卷心菜对青菜有替代作用。

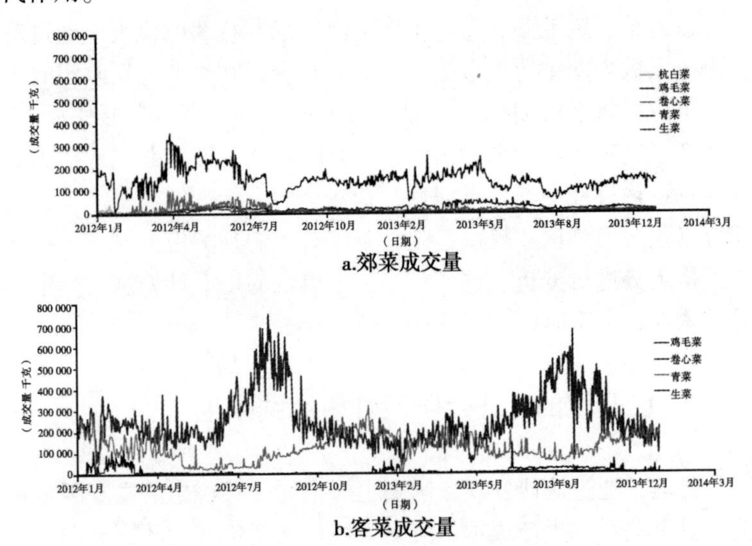

图1　2012—2013年绿叶菜成交量逐日波动图

（数据来源：上海市蔬菜集团）

从2012年青菜、鸡毛菜、卷心菜的成交量供给来看，本地绿叶菜供应量分别为58.9%、86.2%和8.36%，到2013年分别为52%、90.2%、4.77%。从蔬菜集团的成交量来看（图3），以郊菜为主要来源的鸡毛菜成交量在2013年比2012年增加了55.9%，客菜成交量增加了5%。成交量可以从侧面反映出鸡毛菜在2013年的产量比2012年有所增加。卷心菜2013年的总成交量比2012年有明显减少，郊菜成交量减少了49%，客菜成交量减少了7%。青菜则在郊菜成交量减少而客菜成交量增加的情况下，两年的总成交量基本稳定。

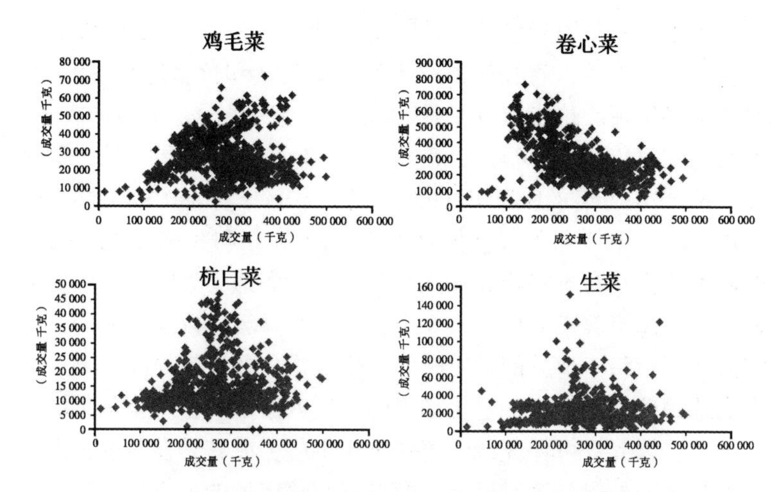

图 2　鸡毛菜、卷心菜、杭白菜和生菜的成交量
与青菜成交量相关性比较

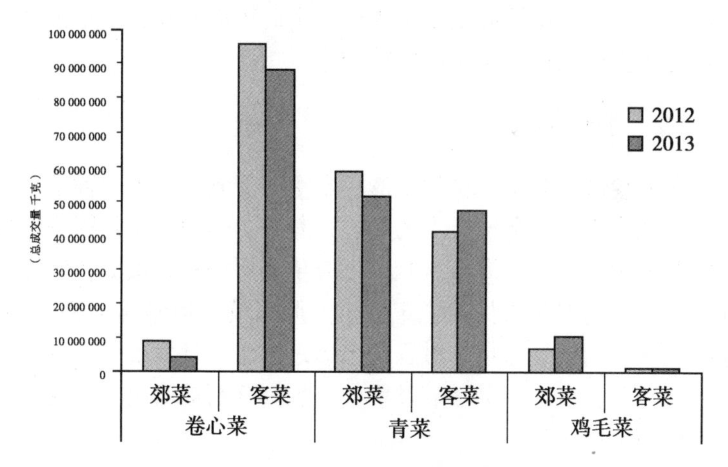

图 3　2012—2013 年各类绿叶菜总成交量柱形图
（数据来源：上海蔬菜集团）

为了进一步明确供求关系对价格的影响，对 2012 年和 2013 年青菜、鸡毛菜、卷心菜 3 种蔬菜的成交量和价格进行了对比，对比结果发现，价格与成交量相关关系最明显的是本地产青菜，尤其是在每年的 8～9 月，价格与成交量有非常明显的线性负相关关系。2012 年 8 月和 9 月的线性拟合 R^2 分别为 0.94 和 0.88，2013 年 8 月和 9 月的线性拟合 R^2 分别为 0.6 和 0.59。几种蔬菜的客菜成交量与价格相关性不显著，从上海蔬菜集团调研的结果显示，上海市客菜的供应主要来源于山东、云南以及上海周边的江浙地区，每个地方的供应时间与供应量主要受气候的影响。云南的地理位置和纬度决定了那里的气候四季如春，适合蔬菜的全年种植，因此，可保证绿叶菜的全年供应，尤其是在冬季，来自云南和海南的绿叶菜对保证上海市绿叶菜市场的上市量起到了重要的作用。目前，上海市绿叶菜的外地供应已形成了稳定的供应链，完全可以保证在上海地区遇到灾害性天气如台风、霜冻等情况时，保证上海市绿叶菜稳定供应。由此可以判断，客菜价格的波动受本类产品供求关系的影响较小。

3.2 生产成本

上海地区绿叶菜价格的生产成本主要受到了人工、种子、肥料、土地成本以及运输成本的影响，其中，运输距离是影响价格的主要因素。尽管上海市绿叶菜供应量能保证稳定供应，但是绿叶菜的价格仍然无法保持稳定。主要原因就是运输成本决定的。绿叶菜在从田头到餐桌的过程中会经过田头、批发市场、零售市场 3 个环节，在这 3 个环节过程中，价格逐渐被增大，形成了明显的价格差额（表 1）。

表 1　2012 年及 2013 年 3 种蔬菜田头价、批发价、零售价的统计值

单位：元

		2012 年			2013 年		
		平均	最高	最低	平均	最高	最低
青菜	田头价	1.72	2.95	0.82	1.85	3.54	0.97
	批发价	2.27	3.95	1.16	2.35	4.02	1.37
	零售价	4.43	6.92	2.93	5.07	7.88	3.13
卷心菜	田头价	0.89	1.31	0.50	0.98	1.54	0.59
	批发价	1.00	1.49	0.51	1.18	1.61	0.75
	零售价	3.00	3.54	2.57	3.43	4.05	2.82
鸡毛菜	田头价	3.30	5.28	2.19	3.09	5.09	1.54
	批发价	4.13	7.01	2.83	3.88	6.1	2.53
	零售价	8.42	11.88	6.63	7.34	9.58	4.98

通过对价格差额的年度数据分析来看，价格差额也存在规律。青菜田头价与批发价之间的差额平均在 0.58 元，在每年的 9 月左右价格差额会增大到 1 元以上，其他时间价格差额均不超过 1 元，而零售价与批发价之间的差额 2.45 元，是批发价 - 田头价差额的 4 ~ 5 倍，在 9 月前后达到差额最大值 5.25 元，且 2013 年零售价 - 批发价差额明显大于 2012 年。卷心菜价格差额变化较小，批发价 - 田头价差额平均在 0.15 元，零售价 - 批发价差额在 2.13 元，与 2012 年相比，2013 年零售价 - 批发价差额明显增大。鸡毛菜的价格差额表现最为频繁和剧烈，青菜田头价与批发价之间的差额平均在 0.86 元，零售价与批发价之间的差额 3.83 元。从运输成本来看，只有当本地菜价超过 4 元/千克时，外地菜进入上海地区才能保证收益。绿叶菜生产的田头价格在 2.4 元/千克左右，运输到上海来之后，批发价格必然要高于 4 元/千克。每年的 8 ~ 9 月上海本地产青菜量降至低谷，市场上

的青菜主要来源于外地供应，因此，此时也是价格最高的时候（图4）。

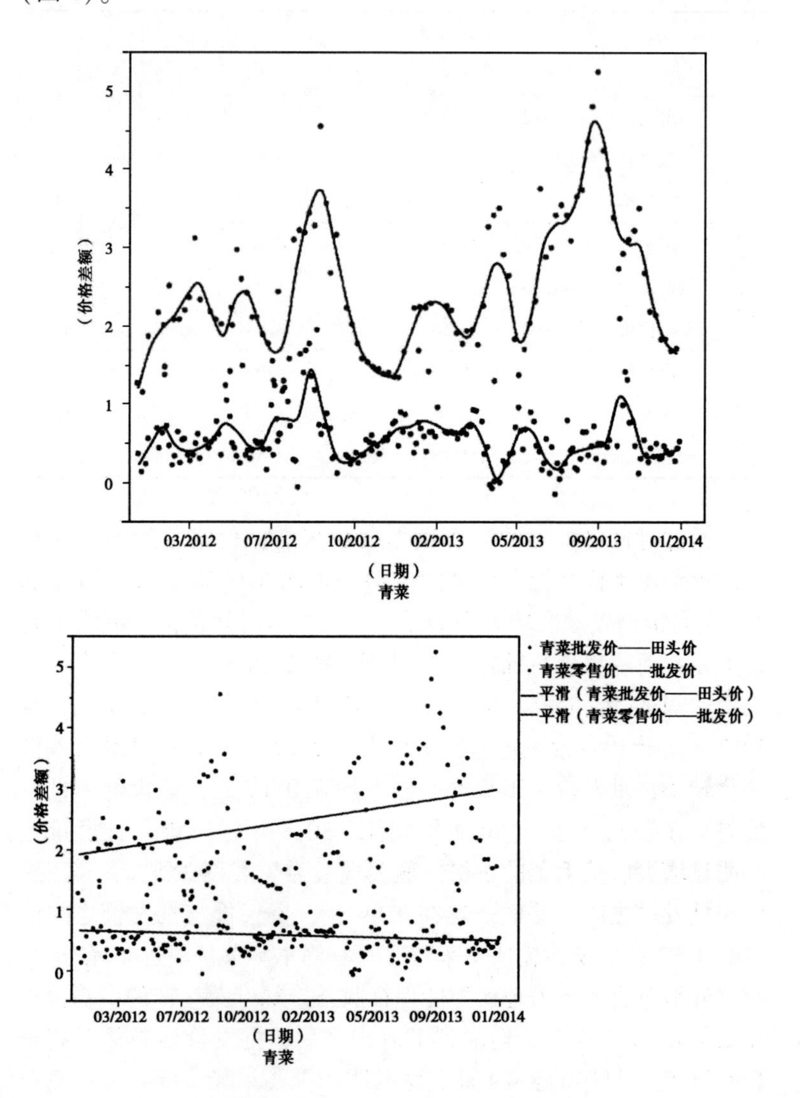

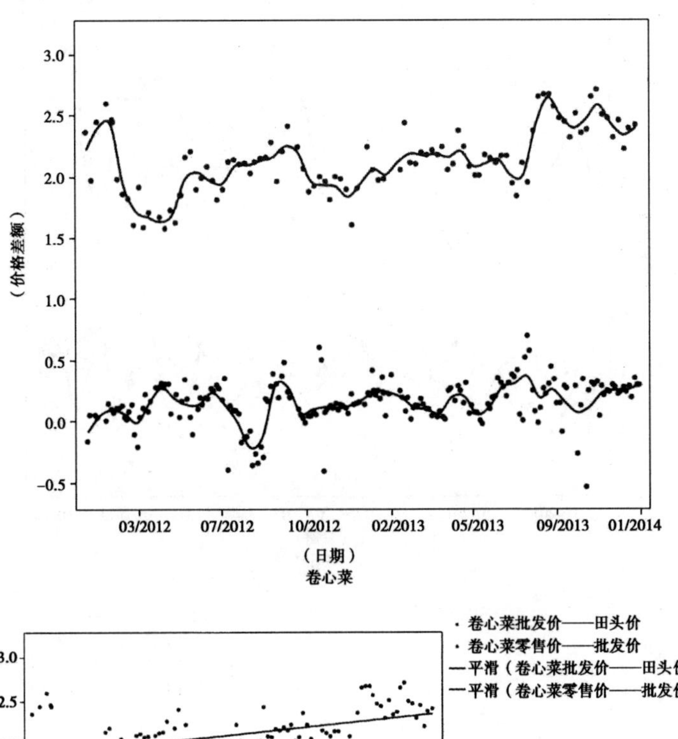
3.0
2.5
2.0
1.5
1.0
0.5
0.0
-0.5
（价格差额）
03/2012
07/2012
10/2012
02/2013
05/2013
09/2013
01/2014
（日期）
卷心菜

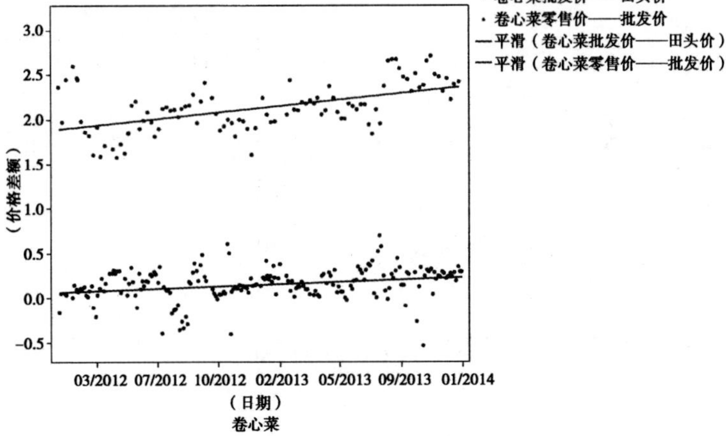
· 卷心菜批发价——田头价
· 卷心菜零售价——批发价
— 平滑（卷心菜批发价——田头价）
— 平滑（卷心菜零售价——批发价）
3.0
2.5
2.0
1.5
1.0
0.5
0.0
-0.5
（价格差额）
03/2012
07/2012
10/2012
02/2013
05/2013
09/2013
01/2014
（日期）
卷心菜

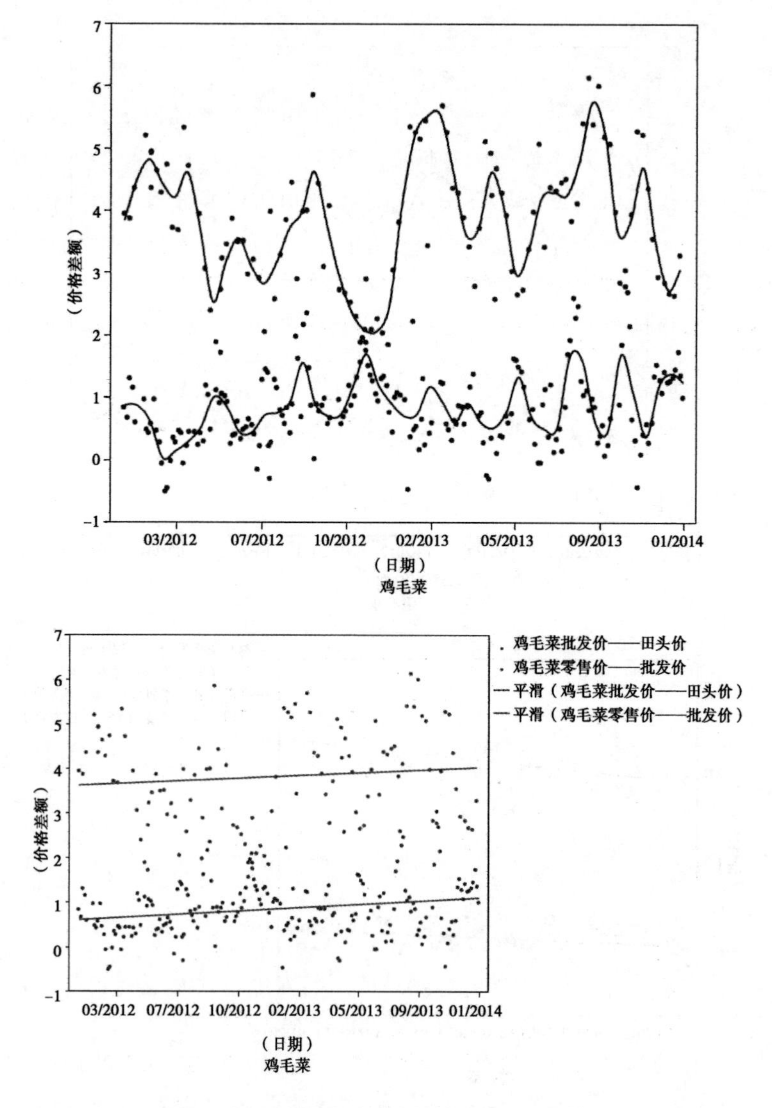

图4　年度价格波动曲线拟合及价格走势图

3.3　灾害天气

在上海，冬季和夏季都会出现产量下降，市场价格升高的现象。产生冬淡的主要原因是低温、霜冻、冰雪；产生夏淡的主要原因是：台风、暴雨、高温、高湿、病虫害以及夏季上海地区可种品种少，可种品种没有外省产量高，多数生产基地只能用作秋收秧苗的培育和绿叶菜生产。从图5价格波动图来看，在夏淡期间的价格波峰和波动频率要比冬季的波峰和频率明显更大，可见夏淡对价格的影响要大于冬淡。

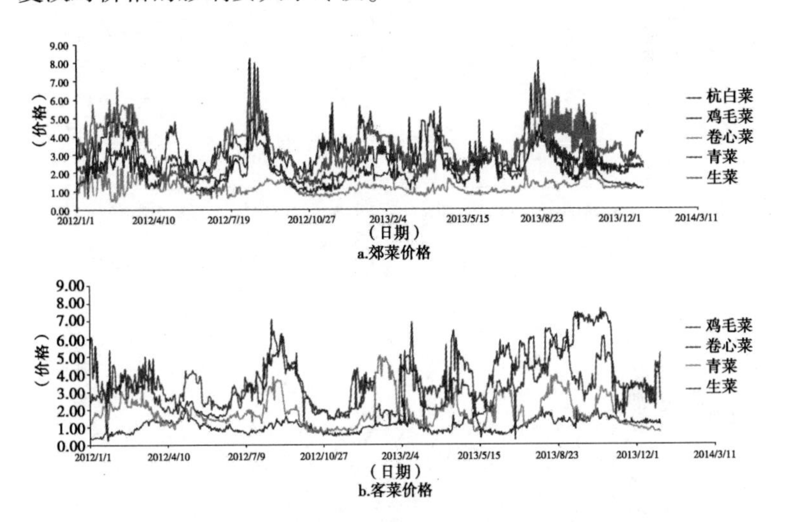

图5　郊菜和客菜价格逐日波动图（数据来源：上海蔬菜集团）

上海地区绿叶菜栽培多以露地栽培为主，在栽培过程和运输过程中冰雪霜冻、台风暴雨等灾害性气候均会严重影响绿叶菜的市场供应量，并造成短期内价格剧烈波动的现象。以2012年8月8日台风“海葵”的影响为例，持续大风暴雨对市郊绿叶蔬菜采收、运输和销售造成不利影响，台风过境后，在8月9～10

日青菜的成交量下跌了56%，价格增长了1.1倍；鸡毛菜成交量下跌了64%，价格增长了76%；卷心菜成交量稍有下降，但价格一直保持稳定。受影响最大的还是青菜和鸡毛菜两种蔬菜。并且在台风过后的20天内，青菜和鸡毛菜的成交量一直处于低位状态，也使得价格一路居高不下（图6）。

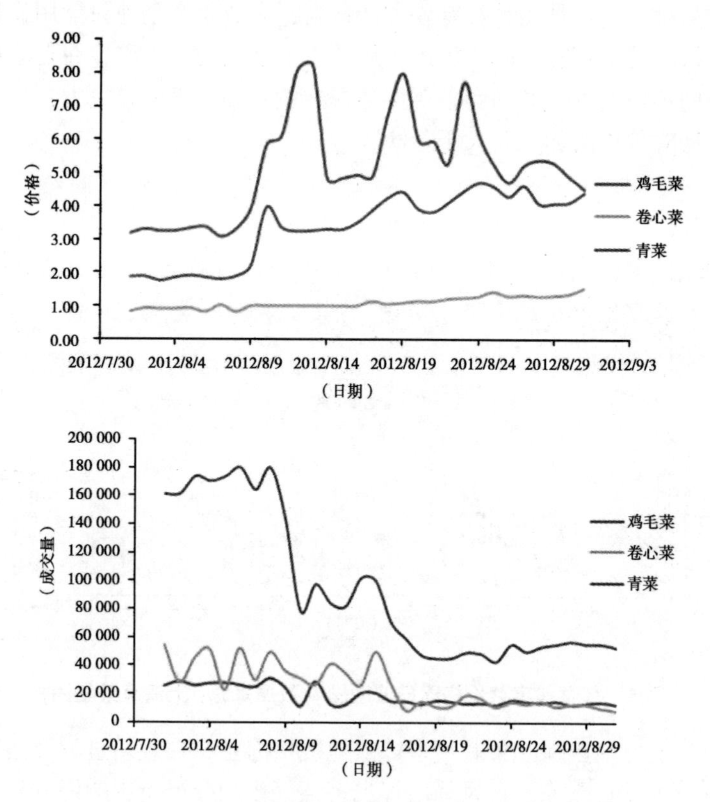

图6　2012年8月期间郊菜成交量及价格波动趋势图

3.4　前期价格

蛛网理论认为，在完全竞争条件下农产品的当期产量取决于上期价格，当期价格又会影响下期产量，如此循环往复。上海地区的绿叶菜生产者给农产品定价时除了考虑生产成本之外，也会考虑到农产品市场供求关系的变化。从2012年与2013年两年的青菜和鸡毛菜价格变化趋势来看（图7），除了7月、8月、9月3个月的波动规律一致外，其他月份的价格波动规律存在完全相反的趋势。目前，出现这种完全相反的现象的原因还有待于进一步对田间生产过程中的各个因素和环节进行分析，但是从图7中可以看出，前一年的价格对后一年的价格存在明显的影响作用。从另一方面来看，生产者判断供求关系时，往往因为获取不到全面的市场供求关系信息，只能依据某种农产品局部范围的前一期丰歉情况来判断，这未必是真实的供求关系，因而往往造成判断失误。另外，在田头收购价格较低时，农民因为无法及时获得更多销售途径，因而被迫选择减少采收，来避开价格低谷时期，但是这种做法往往非但不能解决价格下降，反而会在价格继续下降时，田里剩余更多的产品，进而形成恶性循环，延迟采收还会影响下一茬口的种植，最终走入蛛网困境。

3.5　绿叶菜价格预测方法研究

ARIMA模型全称为差分自回归移动平均模型（Autoregressive Integrated Moving Average Model，简记ARIMA），模型中涉及3个参数，分别是自回归项p，移动平均项数q，时间序列成为平稳时所做的差分次数d。ARIMA模型的基本思想是：将预测对象随时间推移而形成的数据序列视为—个随机序列，以时间序列的自相关分析为基础．用一定的数学模型来近似描述这个序列。这个模型一旦被识别后就可以从时间序列的过去值及现在值

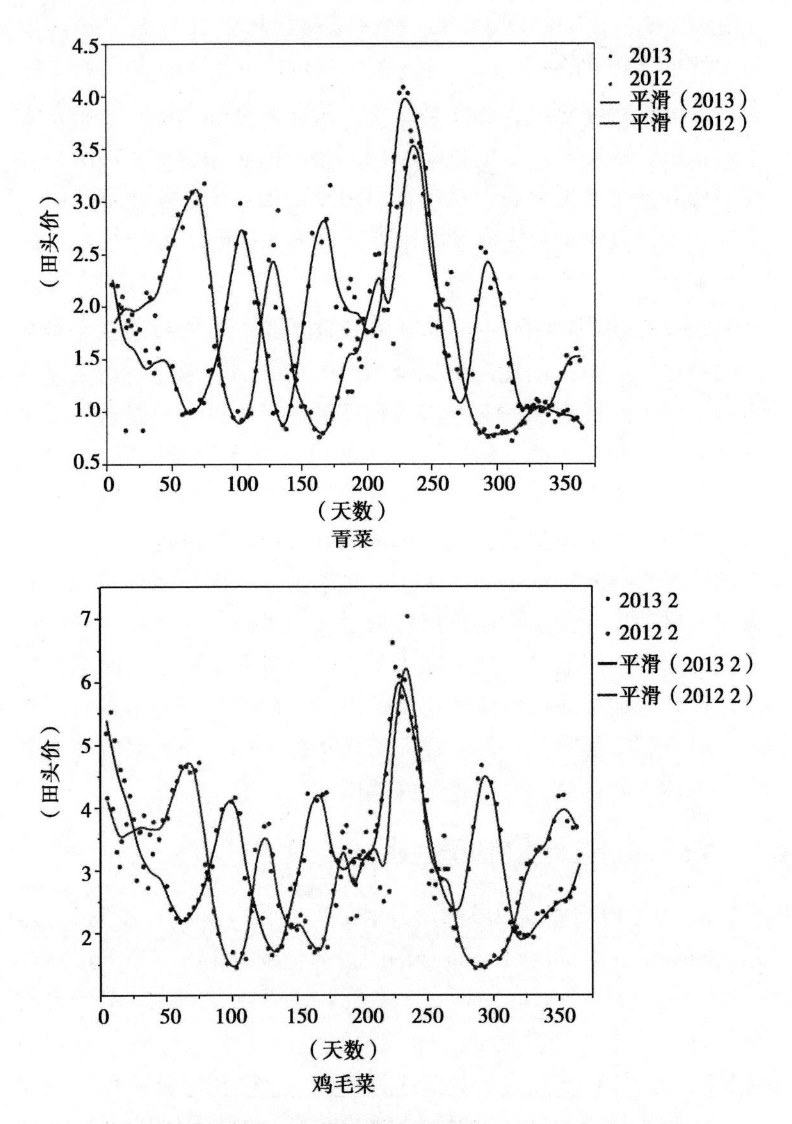

图7　2012年及2013年青菜和鸡毛菜田头价格变化趋势图

来预测未来值。ARlMA 模型在经济预测过程中既考虑了经济现象在时间序列上的依存性，又考虑了随机波动的干扰性，对于经济运行短期趋势的预测准确率较高，是近年应用比较广泛的方法之一。在本研究中，基于 2013 年青菜和卷心菜的价格数据，尝试了利用时间序列分析方法中的 ARIMA 模型对价格走势进行了模拟运算，两种蔬菜价格预测模型的模拟及预测结果分别显示在图 8（青菜）和图 9（鸡毛菜）中。并利用模型预测了 2014 年 1 月 1～10 日逐日的价格。鸡毛菜时间序列模型的参数分别为 ARIMA（3，1，1），模型拟合度 $R^2=0.945$，青菜的时间序列模型的参数分别为 ARIMA（1，1，1）模型拟合度 $R^2=0.947$。预测结果如表 2 所示，青菜 RMSD 为 0.19，准确性为 0.87，鸡毛菜 RMSD 为 0.19，准确性为 0.96。

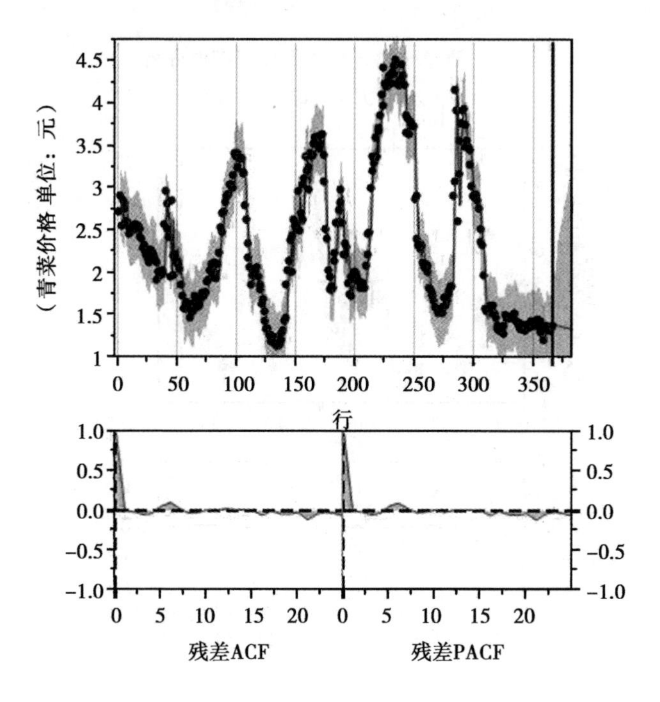

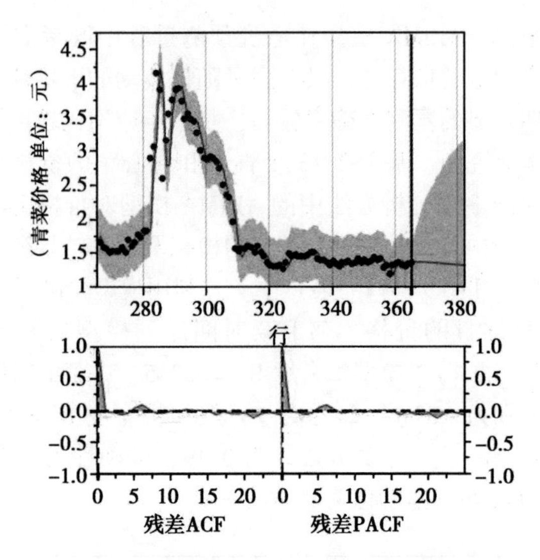

图8 青菜价格走势时间序列模拟分析

(2013年1月1日记为天数1)

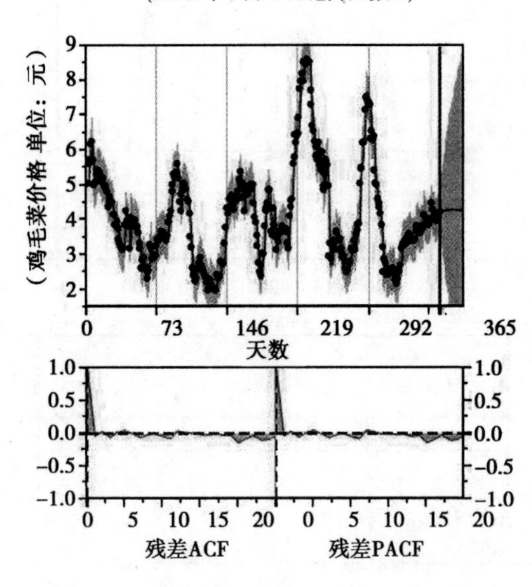

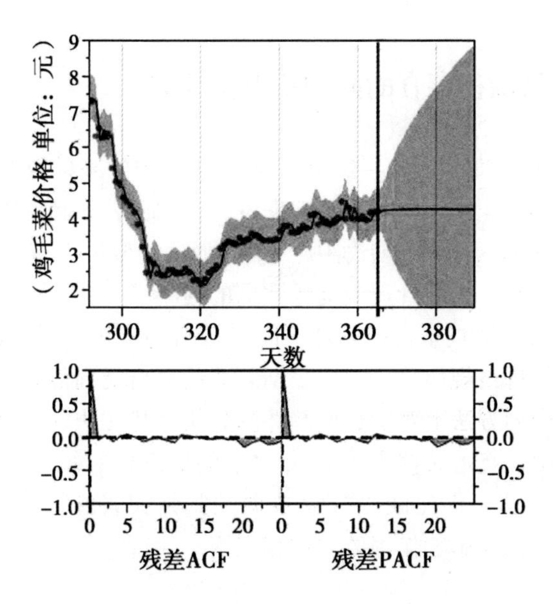

图9　鸡毛菜价格走势时间序列模拟分析

（2013年1月1日记为天数1）

表2　青菜、鸡毛菜2014年1月1日～10日价格预测及实测比较结果

单位：元

	鸡毛菜			青菜		
	预测	实测	误差	预测	实测	误差
1月1日	4.25	4.28	−0.03	1.38	1.59	−0.21
1月2日	4.24	4.16	0.08	1.37	1.38	−0.01
1月3日	4.14	4.35	−0.21	1.31	1.41	−0.10
1月4日	4.32	4.28	0.04	1.42	1.67	−0.25
1月5日	4.17	4.23	−0.06	1.30	1.55	−0.25
1月6日	4.10	4.38	−0.28	1.27	1.40	−0.13
1月7日	4.20	4.33	−0.13	1.34	1.26	0.08
1月8日	4.25	4.35	−0.10	1.34	1.42	−0.08
1月9日	4.10	4.38	−0.28	1.29	1.46	−0.17
1月10日	4.05	4.38	−0.33	1.27	1.64	−0.37

四、目前仍存在的问题及下步计划

（1）仍然缺乏2012—2013年生产过程中的基础数据，生产计划的制定、生产中的投入等数据没有，因此，限制了田头价格波动规律分析。在下步计划中，将增加对大型生产基地栽培面积、播种时间、生产管理制度等数据的搜集。

（2）现有数据量仍然不足，仅2012年和2013年的数据，可以满足短期价格规律分析，但长期趋势的分析受到很大限制，尤其是时间序列方法上对于长期趋势的分析优势无法发挥出来。在下步计划中，将继续搜集2012年之前的价格数据和成交量数据。

（3）目前，仍然缺少气象数据尤其是灾害性天气的数据，并且缺少对灾害影响作用的评估和定级。

第二部分

青年学者论文

浅谈阳台蔬菜和家庭园艺

许　爽　朱为民*　王　虹　王　颖　陆世钧
（上海市农业科学院园艺研究所　上海市设施园艺技术重点实验室）

随着科技的发展，市民生活水平的提高，生活方式和消费观念也产生了极大的改变，人们对生活质量，环境质量，健康问题，内心感受的关注度日益提高，我国在快速的城市化进程中，城市可供绿化的用地紧之又紧，据专家调查，现代人平均90%的时间在室内。居室环境成为直接影响人们生活的关键。而家庭园艺在改善居住环境质量，缓解精神生活压力，美化绿化香化城市，传播市民文化，引领消费新观念等方面都有着巨大作用和潜力，而阳台蔬菜作为家庭园艺有效补充和重要组成部分，兼具美观性和实用性，尽管当前发展还存在技术储备不足，产业链条不完善等问题，但是，它的兴起，对保障农产品质量安全及部分蔬菜农产品供应，推动市民追求健康的品质生活方式，探索休闲养老等方面都具有重要的意义。

* 朱为民为通信作者

1 阳台蔬菜出现的背景

1.1 园艺的功能定位

园艺一词，原指在围篱保护的园囿内进行的植物栽培。是比其他作物种植更为集约的栽培经营方式。园艺植物包括花卉、观赏树木、还包括果树和蔬菜，园艺从精神到物质，有着各个层面的功能。主要包括以下几个方面：美的追求，改善环境、提供营养、园艺疗法和经济效益。随着生活水平的提高，人们更多地追求精神方面的需求。园艺更多地被赋予社会和生态功能。2014 年召开的第 29 届国际园艺大会主题是“园艺——维持生活、生计与园林美化”，而 2014 中国园艺学会主题主要是从“生计、生产、生活和生态” 4 个方面论述，生计主要体现的是园艺的经济功能，生产主要体现的是经济和社会功能，生态符合“十八大”提出的“五位一体”的发展格局，生活主要体现园艺的文化功能，囊括“营养、品质、健康 、体验、劳作和精神（园艺疗法）”等多方面内容，从这些不难总结出，园艺的功能定位是服务于人民，服务于生活。

1.2 蔬菜的功能地位

蔬菜作为人们日常饮食中必不可少的园艺植物，在人们生活中发挥着重要作用。“三日可无肉，日菜不可无”，蔬菜可提供人体所必需的多种维生素矿物质、碳水化合物、纤维素、有机酸、芳香物质等营养成分，对维持人体正常代谢，增强人的体质具有重要作用。如何有效利用蔬菜的营养成分与保健功能，成为注重养生之道的现代人所关注的问题。在注重蔬菜营养价值的同时，蔬菜的文化价值也正在被逐步挖掘。中国具有悠久的传统蔬菜文化，早在《诗经》中就有大量记载蔬菜的文字。“思乐泮水，薄采其芹”、“参差荇菜，左右流之，窈窕淑女，寤寐求之”。这样借菜写景，寓情于菜的句子在《诗经》中不胜枚举，给人以美的享受。当下，传统的蔬菜文化正在逐步回归人们的精神家园，拓展了蔬菜的生态、审美和旅游功能，提升了蔬菜的内涵，促进蔬菜产业的发展。一份来自上海农林职业技术学院的调查报告就很好地说明了这点，对于蔬菜从业者而言，蔬菜已不仅仅是生产，也是生活。调查显示部分从业者已经把种植蔬菜作为解闷的一种方式。与此同时，城市及市民潜意识中需要菜园，市民需要吃菜、买菜，而体验菜园也是市民接触自然的最好途径，蔬菜产业已经逐步发展成为糅合第一，第二和第三产业的第六产业，即集生产、加工流通和产销对接，互动体验于一身的新型产业。上海市要带动城郊蔬菜产业的发展，建立优质优价的诚信体系，需要市民更多的监督和参与。在北京、上海、广州、杭州、武汉等大中城市纷纷出现了都市种菜一族，他们主要是通过以下4种渠道从事蔬菜种植活动。

（1）自留地。城郊结合部一般家庭都有自留地，市民种植蔬菜一部分用来自给，一部分零售，休闲生活两不误，很是惬意，特别受到老人追捧。

（2）郊区租地。很多都市白领在郊区租地种菜，土地实行认领制度，平时由专人负责，周末则有白领自己体验，种植，管理，施肥，翻地，采摘，一批“周末菜农”应运而生。

（3）庭院开辟菜园。相比于长途跋涉去农场租地种，自己家里有个小院种菜显然是件更幸福的事情。为迎合当下市民对家庭园艺的热情，一些高档小区和别墅区内，每栋房子都配有庭院，可以供市民自主选择种植。

（4）充分利用阳台空间种植蔬菜。极易实现，符合人们多种需求，也是城市人更为普及的种菜方式，时下已经成为家庭园艺的新宠，拓宽了家庭园艺的范畴，为家庭园艺的发展开辟了一条康庄大道。

2 阳台蔬菜和家庭园艺发展概况

2.1 阳台蔬菜兴起

随着我国城市化的快速发展和社会的进步，终年沉陷在高楼大厦、水泥路面、车水马龙的城市人越来越有种亲近自然的向往，然而“面朝大海、春暖花开”的梦境很难存于大多数城市之中，网络中 QQ 农场盛行正说明现代生活的重大压力和激烈竞争驱使人们渴望回到那早已失去的乐园……宁静、和谐、优美的大自然。此外，人们的居住观念也从“居者有其屋”到“居者优其屋”的方向发展变化，越来越多的城市将目光转向了身边，以方寸之地的阳台为主的家庭园艺在现代生活中扮演了重要的桥梁角色，现代人与自然有了联系和接触的机会。

王婷婷等的调查结果显示在所有的家庭园艺植物中，53% 的居民更愿意种植蔬菜，白菜类、豆类、茄果类、葱蒜类、绿叶菜类等蔬菜以及特殊香料植物是主要的种植类型，土地的缺乏，生活方式的改变，对城市环境和食品安全的隐忧让阳台蔬菜在各地迅速兴起，在都市中掀起一股阳台种菜热潮。

2.2 国内外发展现状

家庭园艺作为产业最早出现于欧、美、日等发达国家，其中，美国拥有当今世界上最发达的阳台蔬菜产业，据美国居室美化杂志最新公布的一项调查报告说，美国从事园艺活动的人数已达 7 800万，已超过成年人总数的 40% 。每年用于购买种子、肥料、工具和工作服等园艺产品的投入高达 250 亿美元。美国第一夫人米歇尔，把白宫外一片草坪开垦成菜园，在开放日带领孩子们种菜一度成为热点新闻。在英国，2008 年英国皇家园艺协会和英国全国投资和储蓄协会共同发起了一场“自己种菜”的运动“伦敦食品先锋计划（Food up Front Scheme）”，运动主题是如何把阳台变成丰产的菜园，帮助没有任何农活经验的城市人学习如何种菜。王储查尔斯呼吁英国居民自己动手种菜。经过长期发展和技术的不断成熟完善，如今国外一些发达国家的城市居民吃的蔬菜有20%～30%靠自家阳台供给。

在我国，家庭园艺的起源可以远溯到7 000年以前，但是，阳台蔬菜作为产业发展是近些年才开始兴起，阳台技术的相关研究正在逐步展开，新的阳台农业技术也在不断涌现，但较发达国家相比起步较晚，还很不成熟。近年来，在北京、上海、广东等大城市纷纷兴起了在阳台上种植绿化植物形成垂直绿化墙面，或使用较为先进的无土栽培、管道栽培的阳台种菜模式，阳台种菜也越来越受到关注和追捧。据不完全统计，2012 年淘宝上有 197 家店铺专门从事阳台园艺用品、种子、化肥、设计等，家庭园艺类产品一天的交易额超过 200 万元，2014 年淘宝网有 1 500家店铺从事阳台园艺相关产品的销售，这些很好地说明中国已经具备了一定的产业基础和消费人群，国内园艺产品的需求与日俱增，也说明家庭园艺在我国的迅猛发展。吴菲等人称“家庭园艺园是一种适合中国土地现状和性质的国民园艺模式”，江胜德和吴震称“家庭园艺全新时代已经来临”。

3　阳台种菜关键技术

四川农业大学的唐雪松就人们对阳台园艺的了解程度进行问卷调查，其统计数据显示，熟知阳台园艺的受访者为 10. 19%，了解阳台园艺的受访者达到 55. 80%，两者加起来总共占到 65. 99%，在受访者当中还有 34. 01% 的人，在接受问卷调查前完全不了解阳台园艺。这从侧面反映了目前阳台园艺概念的普及和宣传工作还有待加强。此外城市居民很少接触农业，园艺种植知识欠缺，对阳台园艺也会有担忧。唐雪松对居民种植问题的调查问卷显示，害怕病虫害频繁（占44.84%）和担心阳台种植过程中出现问题不知如何管理（26.87%）在受访人群中比例较高。而近年来许多科研院校和公司对阳台种菜关键技术进行攻关研究，着力解决以下几个问题。

3.1 阳台蔬菜栽培装置的研制和开发

阳台是城市楼房建筑中的一部分，通常为水泥结构，植物无法在其上生长，在阳台上进行园艺活动，最常用的就是利用容器进行植物的种植。容器栽培是阳台园艺主要的种植模式。因为是家庭种植，要求栽培容器或装置具有如下特点：节省空间，操作简便，美观安全，品种多样，一些机构对此进行了研发和推广，如北京市农业技术推广站成功推出节省阳台空间的家庭梯架式、壁挂式、立柱式、南瓜式阳台菜园装置；天津滨城龙达集团有限公司开发了现代阳台种菜装置，这些装置不仅造型别致，而且很好地解决了水、气、肥衔接的问题。作为上海最早进行阳台蔬菜研究的上海农业科学院园艺所，也针对性地开发了一系列适合阳台蔬菜种植的装置，如多孔型蔬菜栽培盘及蔬菜栽培钵，具有良好的透气及排水功能，底部的外小内大的孔径设计有利于植物根系的生长，已成功种植了小青菜、生菜、油麦菜等绿叶菜及小番茄、草莓等果菜类蔬菜。

3.2 适合阳台种植的蔬菜品种

综合考虑阳台朝向、光照、风向等因素，科学地选取适宜于阳台无土栽培的抗性强、产量高、生产周期短的品种，目前，适宜在家庭阳台种植蔬菜品种分为叶类蔬菜和瓜果类蔬菜。常见的适合阳台种植的叶菜类蔬菜有生菜、青菜、彩叶甜菜、茼蒿、芹菜等，瓜果类蔬菜主要有番茄、茄子、辣椒、迷你黄瓜、观赏南瓜、袖珍西瓜等。居民可以在一种装置上栽种几种颜色的蔬菜，形成不同风格的景观，增强观赏性。随着城市居民生活质量的提高，一些特菜和保健型蔬菜越来越受到关注，为了满足大众的这种需求，我们也做了一些工作，通过长期试培，我们已经逐步扩大阳台蔬菜种植品种范围，从种植传统常见的果菜、叶菜品种转变为种植名、特、优、新蔬菜品种，在保证产量的同时，提高阳台蔬菜种植品种的质量及价值。大力推广特菜种植，关注具有较高营养价值、药用保健价值以及一些具有特殊芳香气味的蔬菜品种，在阳台蔬菜推广过程中，我们也发现相较于普通常见蔬菜，紫背天葵、迷迭香、叶用枸杞、观音菜、牛至、罗勒等特色蔬菜品种更受城市居民欢迎。

3.3　栽培基质配方的研究

根据家庭种植的要求，研发具有无污染、无异味、有效养分含量高、长效缓释、质轻多孔、防虫驱虫且等特点且价格比较低廉的栽培基质。适合家庭阳台无土栽培种植的基质主要有岩棉、蛭石、珍珠岩和草炭等。目前，椰糠作为优质的无土栽培基质较多地被用在阳台种菜上。科研人员对适于不同蔬菜生长的基质配方进行了大量研究，如张原的试验发现 60% 椰糠 + 10% 草炭 + 8% 硅石 + 20% 商品鸡粪 + 2% 珍珠岩和 100% 水培适宜屋顶阳台种菜，我们的试验结果则发现当椰糠：珍珠岩 = 2：1 及椰糠：珍珠岩：草炭 = 1：1：1 时，基质的理化性质及蔬菜的产量较好。

3.4　节能光源 LED 灯在阳台蔬菜中的应用

与露地栽培相比，阳台由于有玻璃和墙体等遮挡物，光照比露地少，种植蔬菜过程中会发生弱光、有效光质被阻隔等常见问题，因此，补光是阳台蔬菜栽培中的重要措施之一。将 LED 光源引入家庭种植势必是未来家庭园艺发展的必然趋势，而且我们通过大量试验发现适宜的 LED 光源不仅促进蔬菜的生长，提高产量，而且其品质及口感也大大提高，同时，在低温弱光条件下能促进果菜类蔬菜开花结果。日本 U－ING 公司的室内水培蔬菜产品 Green Farm“家用绿色农场”系列已经研究出两款适于家庭种植的 LED 灯具。

3.5 病虫害防治

家庭园艺绝大部分是无土栽培形式，植株长势强、病虫害相对轻、清洁卫生，但是，不可避免还是会发生一些常见的病虫害，特别是夏季高温时候，容易滋生。出于安全、卫生等因素的考虑，家庭种植时病虫害防治主要采用物理防治和生物防治手段，物理防治可以借助黄板和捕虫灯等工具，且覆盖 30 目防虫网是一个防虫和通风效果都不错的选择。北京市农业技术推广站的曹华等人则自制 2 种适于家庭菜园的天然防虫液：①辛香植物萃取液：九层塔（罗勒）、葱、洋葱、蒜头等，取适量用 500 升水煮沸，放凉后用小喷壶喷洒在植株上。用来防治蚜虫、红蜘蛛、蚂蚁等害虫。②酒醋液：食用醋 1 毫升＋米酒 1 毫升＋水 1 升混合使用。也可食用醋以水稀释 50 倍喷洒，还可与大蒜液或辣椒液，这些都有预防病害的作用。

4 阳台蔬菜和家庭园艺发展存在的问题

家庭园艺产业本身就是一个涵盖园林、园艺、建筑、美学和文学等多领域的交叉学科，阳台蔬菜作为其一个全新领域，商业化则对品牌包装、市场推广、运营管理、物流配送等各个商场经营环节提出较高要求。目前，主要制约因素有以下几方面。

4.1　社会各界认识不一致，尚未达成共识

这从根本上限制了阳台蔬菜产业的发展，政府没有正式出台相关文件来引导和鼓励。就上海而言，目前，从事阳台蔬菜示范推广的都为街道、社区以及一些公益性组织和科研院校，推动力有限。且城市居民对阳台蔬菜反映也不一，据对不同职业是否愿意从事阳台蔬菜的调查问卷发现，除了都市白领和事业单位及机关愿意参与的人数比例在70%以上，其余行业愿意参与阳台蔬菜的人数比例在42%～61%，由此可见一斑。田明华等人认为，家庭园艺必须立足城市大众，通过大力宣传激发城市居民的园艺意识，才能拓展家庭园艺的发展空间。当下小区毁绿种菜现象频频发生，政府相关部门及小区物业管理部门都联合予以整治，这使得居民们产生逆反心理，且成效一般，与其用类似强制措施制止，不如引导居民们采用合理的方式进行家庭园艺活动，相信会利多于弊。

4.2　基于现代装备技术的阳台种菜所需的技术和人才不足

传统的土耕阳台农业已不再适应时代的发展与人们的需要，而适应于当下现代阳台农业的无土栽培所要求的设备和技术还在不断地研究与创新，基于小气候农业研究的专业人才储备也缺乏，且在阳台上进行现代化种植的成本比较高，亟须技术和人才的升级，发展产业。人才和技术仍是制约行业发展的两大瓶颈，目前，从事阳台蔬菜作为一个新兴行业，其人才主要来源有以下3个方向：园艺、园林学科和零售商业方向，各有利弊，具有专业背景的人才长期培养的感性思维难以适应现代零售商业快速扩张的发展需要，而零售商业方向人才缺乏的是专业的基础知识。只有多方向融合的复合型高级人才才能带动产业蓬勃发展。要推动阳台蔬菜走向大众、走向零售终端，涉及栽培、设计、运输、

包装等诸多环节的关键技术，因此，技术研发迫在眉睫。

4.3 消费者的消费意识对无土栽培技术接受程度不高，产业发展慢

虽然我国居民都有美化和净化居住环境的巨大需求，但是，居民本身普遍没有家庭园艺消费的意识，中南财经政法大学万娉婷等人2011年对居民家庭园艺产品购买的行为、态度的调查结果很好地说明了这一点，她的调查结果显示没购买过盆栽植物家庭比例为35.75%，在购买过盆栽植物的家庭中，有48.70%的家庭只买过1~2盆，而在最近两年的购买次数为1次（或少于1次）的比例为51.31%。而阳台蔬菜产业发展慢的一个重要原因则是人们对阳台蔬菜在观念和认识上存在不足，他们习惯了传统的在大田中种植各类蔬菜，对现代的新型无土栽培方式有一定的困惑，认为没有土植物怎么可以生长，并对营养液种植出来的蔬菜食用安全性有顾虑，这些对企业的发展非常不利，目前，介入阳台蔬菜的企业比较多，但参差不齐，且很多是零售企业，缺乏行业的领军企业，也没有在市场上过硬的品牌，且没有成功的经验借鉴，也不能照搬国外经验，导致很多企业对阳台蔬菜仍持观望态度，不愿意投入过多财力和人力。

4.4 物流运输的限制

盆栽植物特别是蔬菜的特殊性，运输过程中容易受到损失，运输时间过长，蔬菜也容易死亡，这就对物流运输体系提出了很高的要求，同时，也要求在包装上下工夫。国外这方面比较完善，如在美国，路面运输系统UPS、FedEX等，直接送货上门、网购产品包装非常专业，在运输途中无论如何颠簸都不会出现损伤。而且商家在规定的运输方式上，能够完全保证在运输的时段里植物处于完全健康的状态。但国内购买阳台蔬菜绝对需求人数

不少，但分布范围广，不像国外相对集中，实体店覆盖能力可能达不到，而网络邮购模式虽然容易为更多客户提供服务。但是，其成本将大大提高，当下市民阳台种菜热情高涨，而商家未解囊投入一个重大瓶颈就是居高不下的物流。

5　发展思考与建议

5.1　正确定位

阳台蔬菜作为一门新兴亟待发展的产业，其发展在缓解生活压力、美化环境等方面都发挥着积极作用，其功能涵盖社会文化、生态和经济等诸多方面。社会文化方面主要体现在缓解人们日常生活的压力，不断提高个人修养，增进交流，提高凝聚力方面。生态功能表现在减少碳排放量，调节小气候，有助于保持生物多样性，美化环境，有利于餐厨废弃物的循环利用。而其经济效益除了促进阳台蔬菜产业链发展的同时也可以作为辅助功能，为郊区蔬菜产业作适当的补充，更难得的是的是可以通过市民自身参与，更多的了解蔬菜生产，促进郊区蔬菜产业的发展，发挥互动作用。

5.2　发展模式的探索

许多发达国家大力发展家庭园艺，取得很好的效果。其发展模式也不尽相同，有的是国家大型公益性工程，如新加坡的城市农场，同时，适合于酒店、休闲会所、写字楼、办公室等一些高档场所的装饰和环境的美化。有的利用社区发展模式，如日本的基于空巢老人的植物工厂；韩国的以家庭妇女为重点的厨房小菜园，小装置；中国要发展阳台产业，应该探索出适合本国国情和民情的发展模式，中国许多家庭没有别墅和花园，家庭居住空间相对拥挤，必须实事求是，因地制宜，充分利用庭院、露台、屋顶和阳台等居家必备之所，小空间挖掘大价值，走出一条具有中国特色的发展之路。当下，许多科研院所和推广部门也在积极摸索中，如北京大兴区作为北京市都市农业发展具有代表性的区域之一，首次提出“社区蔬菜技术服务”，以社区来推动家庭阳台蔬菜的发展，且取得不错的效果。

5.3 社会各界的支持

产业的蓬勃发展，离不开各界的扶持。首先政府应该主动介入，积极引导，承担相关的责任，将居家环境绿化及营造美丽城市作为都市农业和城市绿化的一项内容，致力于创造出一个更好的社会氛围，提供形式多样的、内容健康的休闲园艺方式，充分调动各界人士对家庭园艺的积极性。有关职能部门给予政策和经济方面的扶持，可以通过妇联等组织推动。行业协会可以通过举办美家园艺大赛、家庭园艺节等活动来宣传和鼓励。事业单位可以结合本单位的条件，多种方式拓展；社区街道和社会组织应该发挥桥梁作用，组织好市民参与，并进行相关培训；而企业应该以长远规划和扎实的工作，联合科研院所，发挥主体作用，下大力气从各个环节着手，多方宣传，多方推动，这样才能培育起家庭园艺的广阔市场，这样园艺产品进超市、入社区才真正成为可能，中国家庭园艺产业才有足够的和持续的产业需求基础。当然，这要求家庭园艺产业要跳出产业自身，与多产业联动，携手合作创造家庭园艺的发展条件。

5.4 更注重服务

阳台种菜必须要调动广大城市居民的积极性，多方了解市民需求，切实解决阳台蔬菜的技术难点，特别是更洁净更方便的处理废弃物的关键技术，逐步推广无土栽培技术，宣传 LED 补光及营养液栽培技术，更多的做好培训和服务工作，可以以社区为工作单位，邀请专家讲座，做好示范展示阳台、庭院种菜的同时，为提高城市居民蔬菜种植积极性和参与性，可以组织居民去盆栽蔬菜生产基地实地参观，让社区居民对各式各样的盆栽蔬菜有了更直接的了解。在推广过程中，应优先在城郊结合区推广，城郊互动发展，既要鼓励企业入市发展，也要规范市场行为，同时，发挥学校老年大学以及社会机构的作用，全面推动阳台蔬菜产业发展。

5.5　休闲养老相结合

中国社会已经步入老龄化，如何养老已经成为亟待解决的一大社会问题，调查显示绝大部分老人都有一种田园情节，特别是城郊结合部因拆迁搬入社区生活和随子女从农村来城市生活的2类老人群体，大半辈子都和土地打交道，对土地有很深的感情，乍离开土地很不适应，很多小区毁绿种菜现象频频发生就是最好的说明，此外研究表明园艺活动是一服良好的“预防药”，一些老年人由于年轻时忙于工作，退休后清闲有些不适应，容易产生焦虑、烦躁，甚至抑郁等不良的心理，长此以往极易诱发身心疾病。尝试“园艺治疗”可以转移人的注意力，通过挖土、施肥、种植这类运动，让全身肌肉在自然的环境中得到锻炼，值得提倡。同时研究表明“园艺疗法”对防治老年痴呆和各种心血管病有良好效果，因此，呼吁相关部门重视这部分社会力量，可以借鉴日本等国的经验，以社区为单位，基于阳台种菜延伸开展相关农业产业活动，一部分劳动产品用于老人自足，多余劳动产品供应市场，让老人获得健康的同时还能获得一定的经济收入，让老有所依，老有所养，老有所乐，何乐而不为呢。

蔬菜质量安全管理的经济学分析

张莉侠* 马 莹
（上海市农业科学院农业科技信息研究所研究员）

摘要 蔬菜的质量安全问题引起政府、业界和学术界的普遍重视，安全、优质、营养的绿色蔬菜日益受到消费者的青睐。然而，消费者的需求并没有促成真正的绿色蔬菜市场，相反，市场上仍充斥着大量“伪绿色蔬菜”。本文从信息不对称和外部性两个角度分析了绿色蔬菜市场中“柠檬现象①”产生的经济学原因，阐述了影响蔬菜质量安全管理的因

---

* 张莉侠（1978—），女，博士，研究员，现就职于上海市农业科学院农业科技信息研究所，研究方向：农业技术经济；食品安全管理

① 柠檬市场（The Market for Lemons）也称次品市场，也称阿克洛夫模型。是指信息不对称的市场，即在市场中，产品的卖方对产品的质量拥有比买方更多的信息。在极端情况下，市场会止步萎缩和不存在，这就是信息经济学中的逆向选择。柠檬市场效应则是指在信息不对称的情况下，往往好的商品遭受淘汰，而劣等品会逐渐占领市场，从而取代好的商品，导致市场中都是劣等品

素，最后探讨了政府在绿色蔬菜市场中的行为。

关键词　蔬菜质量安全　信息不对称　绿色蔬菜

随着人们消费水平的提高，市民的蔬菜消费观念更注重健康、安全。不仅要求其数量充足和均衡供应，而且更关心花色品种和内在质量，包括新鲜度、营养成分、有毒有害物质的含量等，蔬菜产品的质量安全问题在当前比以往任何时候都显得重要和紧迫。进入20世纪90年代以来，蔬菜的质量安全问题引起政府、业界和学术界的普遍重视。政府在蔬菜行业标准的制定和修订、加强蔬菜质量监督体系建设、加大蔬菜质量安全检测力度，推行蔬菜认证等方面做了大量的工作。虽然蔬菜安全的主要问题农药残留超标情况呈下降趋势，但蔬菜质量安全问题仍然普遍存在。本文利用经济学理论与研究框架分析蔬菜质量安全问题，从信息不对称及外部性角度对绿色蔬菜市场进行经济学分析，并提出对策建议。

上海是国际型大都市，居民的收入水平和生活水平都较高，消费者更加重视蔬菜的质量问题，安全、优质、营养的绿色蔬菜日益受到消费者的青睐。由于蔬菜消费的“经验品”和“信任品”特征，容易造成信息不对称，由此引起的农户、经销商及摊贩的机会主义行为以及消费者的“逆向选择”，最终导致了蔬菜质量安全问题的发生。

出现这些问题的原因是市场经济条件下，由于信息不对称及外部性的存在而导致的市场失灵，这是市场无法解决的问题。本部分将在回顾农户行为、生产者行为文献的基础上，采用经济学方法分析由于信息不对称及外部性的存在而引起的蔬菜质量安全问题，同时对影响蔬菜质量安全的因素进行理论分析。

1 文献回顾

1.1 有关农户行为的研究

1.1.1 国内方面

国内早期对农户行为的研究主要是利用理论分析方法，对农户行为的特征进行分析。韩耀（1995）、张启明（1997）对中国农户的行为特征进行了较早的研究，韩耀（1995）认为，中国农户的生产行为具有理性与非理性行为并存、自给性与商品性生产并存、经济目标与非经济目标并存、纯农业户和兼营性农户并存、行为的一致性与多样性并存等特征。张启明（1997）认为，农户具有独立经济主体地位，根据利益最大化的要求，农户自行决定两种生产的最优决策，在生产决策已定即收入水平已定的情况下，再决定最优消费组合。康云海（1998）通过建立农户和“龙头”企业经营结合的理论模型，分析农业产业化发展过程中农户与龙头企业实现有效结合的存续区间、竞争范围和替代界限以及比较效率的变化趋势，分析发现由于受农户在生产投资上的多样性、农户采用生产技术的现实性和农户生产经营行为的不可分性等影响，农户在进入农业产业化时存在一定的“滞后性”。

除了对农户行为作理论分析之外，已有部分学者采用调查数据对农户的生产行为作计量模型验证。汪三贵等（1996）用Probit和Logistic模型对信息不完备条件下的贫困农民接受玉米地膜覆盖技术的行为进行了分析，认为对技术内容和效果的不了解使许多农户放弃、推迟或减少新技术的采用。刘承芳等（2002）采用江苏省300户农户1993—1999年的历史资料为基础，分别采用Heckman两阶段模型和Tobit模型，对农户生产性投资行为的决定因素进行系统的计量经济模型分析。张文秀、李冬梅等（2005）通过对成都平原的调查，分析了农户非农收入、当前农地的功能、农地流转收益和农民受教育程度等对农户土地流转行为的影响。董晓霞、黄季焜等（2006）通过对北京周边地区的调查，分析了城市农产品零售渠道的变迁对农户果蔬生产和销售的影响，结果显示，北京地区超市经营果蔬的发展并没有直接影响到农户的生产和销售。近年来部分学者开始对农户土地流转的影响因素进行了实证分析。陈美球等（2008）采用江西省的调查数据，运用主成分分析法和 Pearson 相关分析法，定量分析研究了农户耕地流出和流入的主要影响因素及其影响程度。该研究表明，农户耕地流出和流入的影响因素及其影响程度是有明显差异的。

1.1.2 国外方面

国外对农户经济的研究主要有两个学派。一个是以西奥金·舒尔茨为代表的理性小农学派。该学派认为，在一个竞争的市场机制中，农户经济运行与资本主义经济运行并无显著差异，农户的行为完全是有理性的。改造传统农业所需要的是合理成本下的现代投入，一旦现代技术要素投入能保证利润在现有价格水平上的获得，农户会毫不犹豫地成为最大利润的追求者。

另一个是以俄国 A·恰亚诺夫为代表的组织生产学派。该学派认为，农户家庭经营不同于资本主义企业：农户经济发展依靠的是自身的劳动力，而不是雇佣劳动力；它的产品主要是为满足家庭自给需求而不是追求市场利润最大化。所以，在追求最大化上农户选择了满足自家消费需求和劳动辛苦程度之间的平衡，而不是利润和成本之间的平衡。詹姆斯·斯科特继承了恰亚诺夫的学说，认为农民经济的主导动机是“回避风险，安全第一”。

在这些基础上，国外对农户投资、生产决策等经济行为的影响因素作了很多系统的研究，Feder（1980）、Ervin（1982）、Baidu－Forson（1999）等分析了农户的技术投资和推广情况及其影响因素，分析显示，技术潜在接受者的特征可以用社会经济状况、个人变量以及传播行为来表达，因此，早期技术接受者或创新者多为受教育程度高、有较高社会地位、有专长的富裕农户等。他们认为影响农民采用技术的因素包括经营规模、农业技术创新、及社会和政治因素（如农民素质、家庭关系、社会价值观念）等。

1.2 有关生产者质量安全行为的研究

1.2.1 国内方面

国内从生产者角度对农产品质量安全行为方面的研究起步较晚，夏英等（2001）、汤天曙（2002）最早将研究的眼光投入到生产者身上，他们借鉴发达国家质量标准体系建设和供应链综合管理的经验，建议食品安全管理制度安排应建立在农产品安全生产和经营行为的基础上。张耀钢等（2004）通过成本收益的方法，分析农户生产行为所造成农产品质量安全问题的深层次原因。张云华等（2004）利用地区农户调查数据，对影响农产品质量安全的农药施用行为进行了实证分析。认为农户的人口和耕地特征、农户能力特征、农户对农药的认识、农户与涉农企业和农业专业技术协会的联系是影响农户采用无公害及绿色农药的主要因素。胡定寰等（2006）认为，我国农产品质量安全管理的薄弱环节是在生产阶段，认为“直属农场模式”及“农产品加工企业（农民协会）+农户基地生产模式”两种模式是成功的农产品质量安全管理模式。周洁红（2006）实证分析了浙江省菜农蔬菜质量安全控制行为的影响因素，由主到次依次为：菜农关于农药对环境影响的认知、蔬菜种植面积、菜农家庭收入结构、菜农的道德责任感、菜农接受培训和学习的情况等。赵建欣等（2007）采用调查数据分析了农户安全农产品生产决策的影响因素，不仅考虑农户的经济因素和社会因素，还将农户决策的个人因素和心理因素纳入到统一的分析框架。李光泗（2007）采用计量经济方法分析无公害农产品认证制度对农户生产行为的影响。

1.2.2 国外方面

国外学者对生产者角度的食品质量安全控制行为进行了大量的研究，国外学者主要是从企业安全产品供给动机和安全管理规制对企业成本的影响及企业对规制的反应两个方面展开研究，该研究已经建立了比较成熟的理论与实证研究体系。Caswell（1998）、Buzby 等（1999）归纳提出了企业质量管理的动机模型，认为企业安全生产的动机主要源于食品质量的售前要求以及售后惩罚措施。Shvaell（1987）、Annandael David（2000）的研究认为企业对安全产品的供给动机会受到其规模、组织、市场结构的影响、企业管理战略的影响。Starbird（2000）和 Henson 等（2001）的研究认为，食品供应者受市场驱动和食品安全规制来实施食品安全管理。为了有效提高食品质量安全，部分学者从生产者角度分析了农产品可追溯性，农产品可追溯性与生产者行为等主要研究方面取得了众多成果（Galliano D. and Orozco L.，2008），根据“经济人”假设，企业建立可追溯系统所带来的收益大于或等于成本时，企业才有意愿建立可追溯系统（Pouliot，Sebastien，2008）。企业组织特征、所处的竞争环境及产业等因素影响着企业对可追溯系统的选择（Galliano D.，Orozco L.，2008）。采用食品可追溯体系的企业，表现出较好的市场绩效，而且食品可追溯体系的采用强度和企业的市场份额具有紧密的联系（Zuhair Hassan，Richard Green，and Deepananda Herath，2006）。

1.3 文献总结

发达国家在农产品质量安全管理包括生产者农产品质量安全

控制行为的研究上已建立了一套有效的理论和实证研究体系，主要集中在以下几个方面：①安全农产品供给动机的分析；②新技术的采用对生产者成本的影响；③生产者对质量安全管理规制的反应；④农产品可追溯性与生产者行为等（Buzby et al，1999；Starbird，2000；Henson et al，2001；Goodwin et al，2002；Ollinger，2004）进行了深入研究。但是，由于社会条件、政治制度、生产规模、市场结构、产业组织形式、生产者素质等方面的差别，其成果在中国的适用性也有待进一步研究和检验。

国内学者分析农户的经济行为及生产者行为方面积累的大量研究成果，部分学者也对农户蔬菜的质量安全控制行为进行了研究，这些研究成果对规范农户的生产行为、加强农产品供给质量安全起到了积极作用。对于生产者质量安全控制行为，目前的研究主要局限于理论分析和定性描述；尽管有对生产者蔬菜质量安全控制行为进行实证分析的研究，但只是地区的个案研究，由于不同地区的蔬菜生产模式、管理模式、农户特征等的差异，相应的质量安全管理特征具有较大的差异性。因此，从调查和实证分析的角度，现有的研究有待进一步拓展。

2 蔬菜质量安全问题产生的机理分析

2.1 信息不对称

2.1.1 安全蔬菜生产者与消费者的信息不对称

对于菜农向市场提供的蔬菜，多数消费者并不清楚其真实的质量安全水平及是否执行绿色或无公害蔬菜的标准。而安全蔬菜的信任品质特性决定了在生产者和消费者之间存在质量安全信息的不对称。消费者在消费时，由于信息获取不足、不清晰或产生误解，使部分菜农有故意降低质量水平或提供虚假信息从中牟利的动机。加上目前蔬菜生产者大多数是小规模且分散的，这一模式使得买卖双方不能进行重复博弈，信用机制对菜农的激励作用丧失。

2.1.2　安全蔬菜生产者与政府的信息不对称

对政府来说，虽然能够检测出蔬菜质量安全水平，由于受到人力、物力、财力的限制，不可能对蔬菜生产经营者时时刻刻进行监督，特别是在分散生产和分散销售的市场结构下，生产者和销售者的流动性大，蔬菜的安全责任可追溯性差，在此背景下，生产者既难以从改善质量安全上获益，也难以因为违反质量安全法规而受罚，缺乏改良蔬菜安全的激励。

2.2　外部性

高质量蔬菜是在优良的生态环境中生产出来的，没有“绿色”的环境不可能生产出绿色的产品。而大气、水、土壤等环境因子具有流动性，如果一个农户在生产过程中严格按照要求进行施肥和使用农药，即使他本人在生产过程中没有造成污染，但同样要承担由其他生产者污染环境所带来的成本，即不能生产出优质蔬菜。反过来，如果他在生产过程中不考虑环境问题，滥用化肥和农药，不科学使用激素和生长调节剂，追求高产量所能带来的高收入，其所造成的环境污染成本，并不是由他个人来承担，而是由社会来共同承担。环境负外部性的结果使生产者在从事生产和经营时考虑的是眼前利益和个人利益，而不是长远利益和社会利益。

同样，在蔬菜产品市场上，由于蔬菜安全质量的后经验性特性，当消费者不能分辨优质产品和伪劣产品时，就可能凭借着优质蔬菜的供应者留给他们的印象来决定，实际结果是购买了低质量蔬菜，结果给提供低质量蔬菜的供应者带来了收益，这样优质蔬菜供应者对于低质量蔬菜供应者的正外部性就产生了。与之相反，当低质量蔬菜供应者的蔬菜影响了消费者的正常食用，而且还给消费者带来了心理上的负面影响后，消费者会凭借低质量蔬菜在其心目中留下的恶劣印象而对市场上的蔬菜产生怀疑，影响了优质蔬菜供应者的销售。这样低质量蔬菜供应者对于消费者和正规厂商的负外部性产生了。由于优质蔬菜供应者没有因为产生外部利益而得到补偿，而低质量蔬菜供应者没有因为产生外部危害而付出代价，从而导致安全蔬菜市场失灵。

3 信息不对称情况下蔬菜质量安全问题的经济学分析

3.1 绿色蔬菜的需求分析

蔬菜市场上绿色蔬菜和常规蔬菜之间存在着相互替代的关系，由于绿色蔬菜生产成本高于常规蔬菜，因此前者的价格水平也远高于后者。在信息不对称条件下，消费者会做出两种选择：第一，减少对绿色蔬菜的需求，转向普通蔬菜。第二，降低支付意愿和价格。在绿色蔬菜与常规蔬菜共存的市场中，由于信息的不对称使得消费者无法辨别，仅由内在质量不一致形成的差异性鉴别蔬菜产品时，消费者只愿意出相对于预期平均质量水平的价格，优质的绿色蔬菜供给者不愿低价成交而蒙受损失，相对劣质的常规蔬菜供给者却通过交易获得部分额外收益。这样优质的绿色蔬菜被驱逐出市场。当消费者发现市场上所出售的蔬菜质量下降时，其愿意支付的价格也随着下降，从而导致质量水平稍微高的产品也逐步退出市场，形成蔬菜市场质量下降的恶性循环。在均衡的情况下，只有普通甚至劣质蔬菜充斥着整个市场，即出现了“柠檬现象”。消费者每种行为的结果都会直接或间接降低对绿色蔬菜的需求，造成绿色蔬菜市场规模难以扩展。

3.2　绿色蔬菜的供给分析

当交易双方的其中一方对于交易可能出现的风险状况比另一方知道更多时，便会出现逆向选择问题。在蔬菜市场上，质量安全信息的不对称是生产经营者逆向选择的直接诱因。绿色蔬菜安全、生态、优质、营养的特性要求生产中必须采用降低环境破坏程度和提高蔬菜安全的新材料、新技术和新设备，所以绿色蔬菜投入成本远高于常规蔬菜生产成本。由于信息不对称，消费者在购买前不能确切了解购买的产品是否是绿色蔬菜产品并按照平均的质量分布进行支付，使得生产绿色蔬菜的利润远远低于生产常规蔬菜所获得的利润，导致农户不愿意生产那些安全优质的绿色蔬菜。受利益动机的驱使，生产者为增加产量或降低成本甚至会采用常规蔬菜生产技术，如过度地施用化肥、农药、激素等生产“伪绿色”蔬菜，冒充绿色蔬菜。市场中存在信息不对称，当交易双方的一方不可察知另一方行动的情形下，后者实施了有损于前者利益的隐蔽行为时，便会出现道德风险问题在蔬菜市场上，绿色蔬菜生产经营者为了一己之利有可能增加或是放任不安全的因素，比如部分生产经营者过度地施用化肥、农药、激素等，这些都是生产经营过程中由于信息不对称而产生的道德风险。

3.3　信息不对称对蔬菜市场影响的经济学分析

假设市场中有两类蔬菜产品：安全优质的绿色蔬菜 A 和质量安全度相对较低的常规蔬菜 B。如果有关蔬菜质量信息是充分且对称的，蔬菜市场就会分为分别由 S_G、D_G和 S_C、D_C构成的两个市场，见下图所示。S_G、D_G分别表示质量较高的绿色蔬菜 A 的供给曲线和需求曲线，S_C、D_C分别表示常规蔬菜的供给曲线和需求曲线。由于质量较高的绿色蔬菜的成本和价格均高于常规蔬菜，所以，S_G高于 S_C；由于消费者对质量较高的绿色蔬菜愿意支付更多的货币，所以，D_G高于D_C。

在实际的市场交易过程中信息是不对称的，蔬菜的生产经营者较消费者了解更多的蔬菜质量信息。对消费者而言，假定他们开始认为购买质量较高的绿色蔬菜A的可能性为50％，因而他们会把所有的农产品都看做是“中等”质量的。图中D_M表示中等质量蔬菜的需求曲线，它介于D_G与D_C之间。在这种情况下，高质量的绿色蔬菜生产经营者就会由于不能够获得足够的利润或不能够弥补其生产经营成本，会逐步退出市场交易，市场上则会有更多的常规蔬菜。当消费者了解到市场上售出的蔬菜都低于其质量预期时，他们所愿接受的价格预期也随之会下降，进而其新的需求曲线也进一步向左移动，可能是如图所示的D_{LM}，也就是蔬菜是中低质量水平的。如果这样不断地恶性循环，直到质量较低的蔬菜完全占领市场，从而使得蔬菜供给曲线变成了S_C，消费者需求曲线到了一种极端状况D_C。这一过程（由于需求预期的下降而使得较高质量绿色蔬菜的均衡由Q_3缩小至Q_2、Q_1，最后减少为0）揭示了由于信息的不对称而导致的蔬菜生产经营者

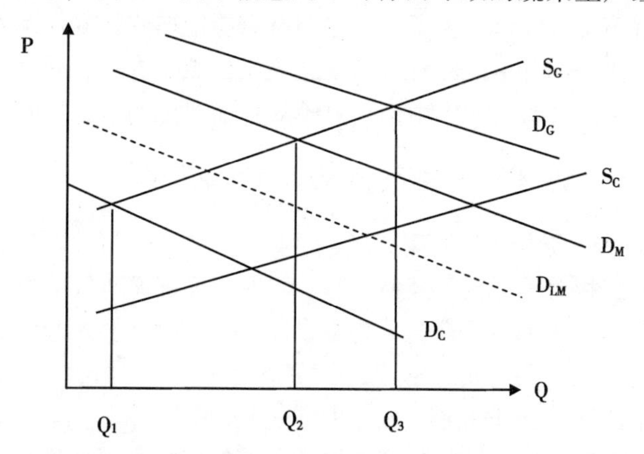

图　信息不对称情况下绿色蔬菜市场的供给需求分析

和消费者的逆向选择，质量较低的蔬菜将质量较高的绿色蔬菜驱逐出市场。由此可见，由于市场信息不对称，消费者对绿色蔬菜需求减少，生产者的败德行为也会减少优质安全的绿色蔬菜供给，最终会造成绿色蔬菜市场规模难以扩张，甚至会出现萎缩。

4　影响蔬菜质量安全管理的因素分析

4.1　生产环境方面

环境是对某一特定生物体（或群体）产生影响的一切外在事物的总和。蔬菜质量安全与环境有着密切的关联，环境的质量决定着蔬菜质量安全的水平。环境质量的下降，如环境污染等，对蔬菜质量安全的影响表现为：环境中的有害物质经由生物食物链条传递并浓缩于蔬菜之中，成为导致蔬菜质量、品质下降的主要原因。环境对蔬菜质量安全的影响主要从3个层次反映出来：一是宏观或国家层面的环境现状（如大气圈、水圈等环境）对蔬菜质量安全的影响，大气污染中有害成分主要是硫化物、氟化物和氯化物等。它们通过叶面的气孔在植物进行光合作用时随同空气侵入植物体内引起毒害，它们能干扰细胞酶的活性，杀死组织，造成一系列的生理病变。二是直接作为蔬菜生产要素的环境要素，如农用土地（壤）、农用水体土壤的营养条件等直接影响着蔬菜的生长发育和品质，土壤重金属污染是土壤污染的重点，也是严重影响蔬菜品质的重要因素，其中，最主要的是汞、镉、铅、砷、铬等重金属元素的污染。

4.2　生产投入方面

从农业生产的角度，没有好的土壤环境和生态条件，即使生产加工技术再好，也不能为产品提供可靠的质量保证。由于蔬菜生长周期短、病虫害较多，利用农药防治病虫害不仅效率高、见效快，而且能够控制大面积流行的病虫害。因此，农药已成为蔬菜生产中不可缺少的生产资料。蔬菜施用农药后，农药可通过两种途径渗透进入蔬菜：一是从植物体表进入。水溶性农药经气孔或表皮细胞向下层组织渗透，脂溶性农药能溶解于植物表面蜡质层里，被固定下来；二是从植物根系侵入。农药进入蔬菜表皮蜡质层或组织内部后，在蔬菜体内酶系统的作用下或外界环境的影响下而逐渐降解消失，但较稳定的农药因分解缓慢而造成残留污染。

此外，化肥是另外一个重要的污染源。带来蔬菜污染的不是化肥本身，而是化肥施用不当或过量施用，特别是蔬菜生产上滥施氮肥，是蔬菜生产的主要污染源。氮肥的超量施用，使环境和蔬菜中的硝酸盐含量增高。

4.3 流通环节方面

蔬菜产品流通领域是指蔬菜从生产者到消费者所经过的包括中间商、运输、贮存等在内的所有环节。蔬菜产品具有品种复杂，易腐败变质、保鲜难的自然属性，如果在蔬菜贮存、运输、销售等环节的冷藏条件和卫生安全措施不力，同样会引起蔬菜的污染。

当前蔬菜产品在流通过程中常见的污染有：第一，生物性污染。常因流通中的配套设施如仓库、冷藏加工、运输车辆等跟不上流通的需要，就会使蔬菜遭受各种微生物的污染，这些微生物在适宜的条件下大量生长和繁殖并同时产生毒素。当人们食用含有大量活菌或毒素的食品，便引起细菌性的消化道感染或毒素被吸收人体内而造成急性中毒，造成蔬菜产品的生物性污染，其中，细菌、真菌、病毒是主要的污染源。另外，有些菜商在贩运、销售蔬菜过程中用污水浸泡和清洗蔬菜，导致蔬菜的二次污染。第二，化学污染。在流通过程中，为了使蔬菜产品保鲜，蔬菜产品经营者有的使用化工制剂处理蔬菜产品，但如果所使用试剂是有毒有害物质，如用硫酸处理胡萝卜、生姜，用氨水催熟番茄等，就会造成蔬菜产品的不安全。另外，蔬菜产品在贮藏、运输过程中，由于经营者违反操作要求而造成微生物、化学物污染。如运输车辆不清洁，在使用前未经彻底清洗和消毒而连续使用，或在运输途中，包装破损受到尘土和空气中微生物、化学的污染。

5　绿色蔬菜市场的政府行为分析

5.1　发挥各种媒体信息传递与舆论监督的功能，向消费者提供充分、真实、可靠的信息

信息具有“准公共产品”的特性，因此有效的途径是由政府为消费者提供，以克服市场失灵，节约交易成本。在信息提供方面，政府可以借助电视、报纸、网络等信息传播渠道，向消费者传递绿色蔬菜生产、消费方面的信息。加强舆论监督力度，对于生产、销售假冒绿色蔬菜的企业，及时向消费者“曝光”、发布舆论指责，以净化市场环境，提高消费者对绿色蔬菜的需求。

5.2　利用补贴等经济杠杆引导绿色蔬菜生产，确保优质必须优价

由于目前蔬菜市场价格的扭曲，导致市场出现了“柠檬现象”。为了推广绿色蔬菜，政府应该适度补贴绿色蔬菜的生产者，使蔬菜生产的外部成本内部化。同时为创立并维护绿色蔬菜市场声誉，防止生产者发生道德风险行为，政府有关部门应在加强对产地环境、产品的质量安全情况进行抽检的基础上，重点对

绿色蔬菜的质量安全指标进行抽检，通过严格的奖惩措施，加大生产者的违规成本，提高消费者对绿色蔬菜的信任度。

5.3 加大政策扶持与宣传，规范菜农的生产行为

安全优质蔬菜生产是一项复杂的系统工程，如果农民的传统观念得不到改变，蔬菜生产中科技含量不高，安全优质蔬菜生产将无法得到保证。调研发现，菜农所受到的外部环境及所了解的蔬菜生产方面的政策等对菜农的蔬菜质量安全控制行为的态度及行为产生一定的影响。因此，宣传普及无公害蔬菜、绿色蔬菜及有机蔬菜生产技术，增强农民对无公害蔬菜、绿色蔬菜及有机蔬菜生产的认识，提高生产者市场竞争意识，给菜农营造出安全蔬菜生产方面的扶持政策，对推动优质安全蔬菜生产具有重大意义，由于对自身力量薄弱的菜农来说，依靠自身力量按安全蔬菜标准生产蔬菜是不可能的，所以，需要政府的引导与帮助，其中，资金、蔬菜价格信息和技术辅导、认证检测和基地申报等是政府最需要扶持的项目。此外，要加强无公害蔬菜、绿色蔬菜及有机蔬菜的市场及消费引导，使得蔬菜实现优质优价，以市场需求拉动生产。

参考文献

[1] 康云海. 农业产业化中的农户行为分析 [J]. 农业技术经济，1998 (1).

[2] 李光泗. 无公害农产品认证与质量控制——基于生产者角度 [J]. 上海农业学报，2007，23 (1).

[3] 宋洪远. 经济体制与农户行为：一个理论分析框架及其对中国农户问题的应用研究 [J]. 经济研究，1994 (8).

[4] 杨金深. 安全蔬菜生产与消费的经济学研究 [D]. 中国农业出版社，2005.

[5] 张小霞、于冷．绿色食品的消费者行为研究——基于上海市消费者的实证分析 [J]．农业技术经济，2006 (6)．

[6] 于爱芝、李锁平．信息不对称与逆向选择——我国绿色蔬菜质量安全问题的经济学分析 [J]．消费经济，2007，23 (3)．

[7] 刘汉成、夏亚华．我国农产品质量安全状况的经济学分析及政策建议 [J]．湖北农业科学，2010，49 (12)．

[8] 胡定寰、Fred Gale、Thomas Reardon. 试论“超市 + 农产品加工企业 + 农户”新模式 [J]．农业经济问题，2006 (1)．

[9] 汤天曙、薛毅．中国食品安全现状和对策 [J]．食品工业科技，2002 (2)．

[10] 夏英等．食品安全保障：从质量标准体系到供应链综合管理 [J]．农业经济问题，2001 (11)．

[11] 郁樊敏．上海菜区蔬菜农药残留速测的思考 [J]．上海蔬菜，2006 (2) 9 - 11.

[12] 赵建欣、张忠根．基于计划行为理论的农户安全农产品供给机理探析 [J]．财贸研究，2007 (6)．

[13] 赵建欣、张忠根．农户安全农产品生产决策影响因素分析 [J]．统计研究，2007. 11.

[14] 周洁红．农户蔬菜质量安全控制行为及其影响因素分析——基于浙江省 396 户菜农的实证分析 [J]．中国农村经济，2006. 11.

[15] 周洁红、姜励卿．农产品质量安全追溯体系中的农户行为分析——以蔬菜种植户为例 [J]．浙江大学学报《人文社会科学版)，2007. 3.

[16] Ajzen, I. and Fishbein, M.: Attitude——behavior Relations: a Theoretical Analysis and Review of Empirical Researsh, Psychological Bulletin, (84): 888 - 918, 1977.

[17] Ajzen, I. The Theory of Planned Behavior, Organizational Behavior and Human Decision Processes, 50 (2): 179 - 211, 1991.

[18] Buzby, J. C. and Frenzen, P. D., Food Safety and Product Liability, Food Policy, 24 (6): 637 - 651, 1999.

[19] Goodwin. H, L, Jr, and Rimma, Shiptsova: Changes in Market Equi-

libria Resulting from Food Safety Regulation in the Meat and Poultry Industries, The International Food and Agribusiness Management Review, 5 (1): 61 - 74, 2002.

[20] Jensen, H. H. , L. J. Unnevehr, and M. I. G \ mez. "Costs of Improving Food Safety in the Meat Sector." Journal of Agricultural and Applied Economics 30 (Jul. 1998): 83 - 94.

[21] Ollinger, M. , Moore, D. , Chandran, R. Meat and poultry plants' food safety investments: Survey findings. Economic Research Service, USDA, Technical Bulletin No. 1911. Electronic report. 2004.

[22] Shiptsova, R. , M. R. Thomsen, and H. L. Goodwin. "Producer Welfare Changes from Meat and Poultry Recalls." Journal of Food Distribution Research 33 (Jul. 2002): 25 - 33.

[23] Starbird, S. A. Designing Food Safety Regulations: The Effect of Inspection Policy and Penalties for Non - compliance on Food Processor. Behavior, Journal of Agriculture and Resource Economics, 25 (2): 615 - 635, 2000.

光调控在蔬菜生产上的应用及展望

张　琴
（上海农林职业技术学院园艺园林系专任教师）

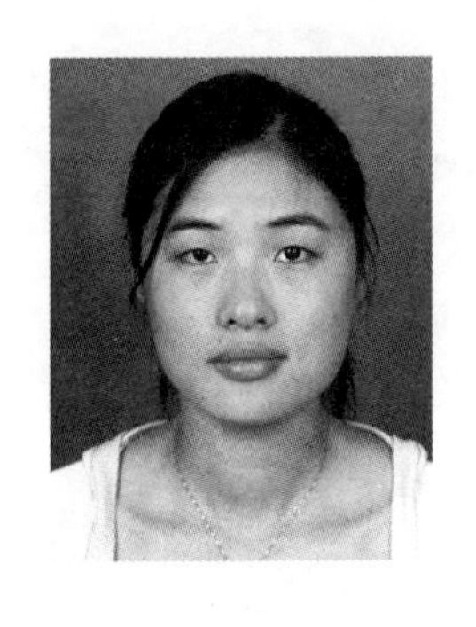

万物生长靠太阳，光照是地球上一切生物赖以生存和活动的基础，自然光照随地理位置、天气状况和季节变化而不同，设施栽培条件下，温室内的光照由于覆盖材料的遮蔽和过滤作用导致设施内部光照不足的现象时有发生。因此，生产上应适时调节光照，为蔬菜创建良好的栽培环境，从而有利于蔬菜高产优质生产。

1　光照对蔬菜生长发育的影响

光是对植物生长过程有深刻影响的环境因子，其作用主要表现为提供能量和作为一种环境信号 2 个不同的方面。首先，光是光合作用的能量来源。在太阳辐射条件下，绿色植物光合器官以叶绿素类、类胡萝卜素等作为光受体，吸收一定波长范围的光能，经光合循环固定 CO_2，把光能转化为化学能贮存于有机物中。其次，作为一种环境信号，光是调节植物重要生命活动光形态建成、向光性运动、光周期反应以及内在生物钟节律性调节的信号来源；光信号激发受体，推动细胞内一系列反应，影响着种子萌发、脱黄化、幼苗的形成及植株生长等。

1.1 光照强度的影响

受覆盖材料和保护设施结构的影响，设施内的光照强度比自然环境下弱很多，而多数蔬菜需要比较强的光照。蔬菜长期处于弱光条件下，不仅光合作用会下降，蔬菜的蒸腾作用也会减弱，植株徒长，影响产量和品质。如弱光条件下，番茄的花粉机能衰退、不育；茄子出现短花柱花，影响授粉；南瓜等瓜类蔬菜的体内营养失调，引起落花、落果[1]。

1.2 光照长度的影响

一般保护地内光照长度（光照时间）要比自然露地光照长度短，因此，通常会影响蔬菜的花芽形成、抽薹、开花、结实，另外还影响蔬菜的休眠、落叶及块根、球茎的形成等[2]。

1.3 光照分布的影响

保护地内，因保护设施方位、采光面角度以及设施覆盖物的影响，使得光照分布不均匀，从而影响蔬菜生长发育的整齐程度。

2 光照调控措施

2.1 提高透光率

薄膜的质量直接影响透过的光照强度和光质，所以必须选用优质的棚膜。要经常排除薄膜和玻璃表面的水滴，棚膜上附着一层水滴，可使透光率下降 30% ~50%，有条件的最好使用无滴膜，无滴薄膜在生产的配方中加入了几种表现活性剂，使水分子与薄膜间的亲和力大大减弱，水滴则沿薄膜面流入地面而无水滴产生。新薄膜使用 2 天、10 天、15 天后，因沾染尘物可使棚内光照依次减弱 14%、25% 和 28%。因此，应保持薄膜和玻璃表面干净整洁[3]。

2.2　人工补光

人工补光是改善温室内光照条件最有效的方法，补光的光源可以采用高压钠灯和日光灯等进行。这些光源的突出特点是能耗大、运行费用高。随着光电技术的发展，带动了 LED 的诞生，使得 LED 光源在农业领域应用成为现实，和其他光源相比，LED 光源不仅具有光电转换效率高、体积小、寿命长、耗能低等优势，而且光质容易调控和组合，采用 LED 光源对温室植物实施补光，能够改善温室内的光谱能量分布，促进植物生长，提高产量和营养品质[4]。目前，LED 已经在我国的蔬菜栽培，尤其是在植物工厂中应用于多种植物的栽培系统[5]，如莴苣、菠菜等。但是，目前 LED 的成本仍然偏高，一个功率 28W 的普通灯管的价格为 20 元左右，而一个功率 15W 的 LED 灯的价格为 200 元左右，极大地限制了 LED 光源在蔬菜生产上应用与推广。

3　散射光特征及研究现状

3.1　散射光特征

散射光是指光通过温室的覆盖材料时，其中，部分的光偏离主要的传播方向，向周围环境形成散射现象，如下图所示。

与直射光相比，散射光具有以下几个特点：①光照分布比较均匀，温室内的植株有更多的叶片来获取光照；②由于散射光向

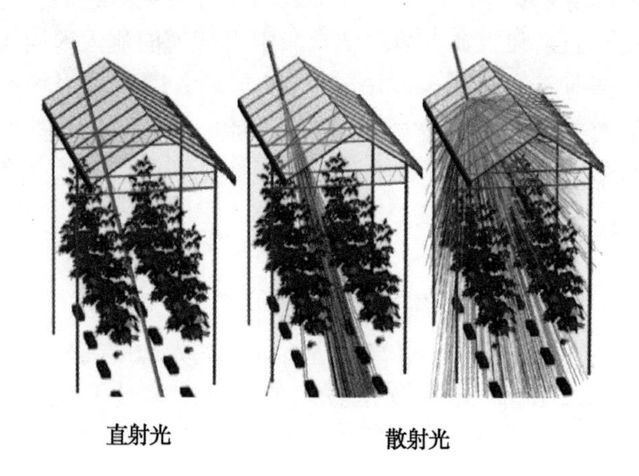

图　散射光与直射光比较

各个地方分散，同时，在一个区域内分布均匀，所以，植株顶端的叶片不容易产生日灼；③温室内各个部分的温度差异不大，减少了某些病虫害的发生。

3.2　研究现状

荷兰瓦格林根大学园艺所首先开展了对散射光的研究，这个研究主要针对散射光对园艺作物的影响以及作物利用散射光的内在机制运行[6]。结果显示出可喜的成果，在有散射功能的覆盖材料下，黄瓜果实的数量增加了7.8%，重量也提高了4.8%，但用来制造散射光覆盖材料下的温室内光照少了4%，这就意味着如果没有光的损失的话，效果可能会更好。研究也同时表明：在冬季（11月），具有散射功能覆盖材料下的植株不再显现出优势，也就是说散射光的积极作用弥补不了4%的光损失。很明显，这个研究说明，在气候温和的区域，温室对覆盖材料要求更高，包括要求覆盖材料具有散射功能，但不会减少光照，以提升温室产量水平。

另外，一些研究表明[7]：在有散射功能的覆盖材料下，PAR（光合有效辐射）比传统条件下高出50%，在这种情况下，植物的生育期缩短了25%。研究者同时还指出：即使在光照比较强的情况下，植物的叶片也不会受到损伤，因为散射光条件下，植物表面接受的阳光与直射光相比柔和了很多。

4　散射功能的覆盖材料

4.1　散射光玻璃

目前，市场上具有散射功能的玻璃有很多种，在不同类型的散射光玻璃下，温室内的PAR能提高1%～8%，对种植者而言，可以根据需要选择不同类型的玻璃。研究表明：在具有散射功能的玻璃温室内，番茄的平均果重增加了5～8克，黄瓜的平均果重增加了10～15克，且黄瓜的坐果率提高，蔬菜的产量能够提高5%～10%。但目前市场上的散射光玻璃缺乏统一的认定标准，且和传统玻璃相比，在清洗的时候要求比较严格，清洗时尽可能地不能降低散射的效果。

4.2　散射光涂层

光泽是物体表面对光的反射特性，当光线投射到涂层表面时，将对光产生吸收、散射、反射折射等作用，而涂层对光的散射作用主要取决于可有效产生涂层表面微观粗糙度的消光助剂性质。

荷兰一家公司成功地研制出了农用散射光的涂层，种类非常多，使用起来非常方便，只需要按照一定的比例和水混合，然后均匀涂在温室的表面。当不需要使用尤其是在冬季时，可以随时清除，每种涂层都有专用的清除剂。和具有散射功能的玻璃相比，涂层的一大优势就是使用和清除比较灵活。

4.3 散射光幕布

上海斯文森园艺设备有限公司研发出一款内用遮阳保温幕—SLS10ULTRAPLUS 幕布，它除了具有透光、密闭、柔软、易折叠等特点和节能、保温、控制湿度的功能外，与以往的遮阳保温幕最大的不同之处在于，它还具有对入射的阳光进行全散射的"特异"功能，其独特的编织结构和材料能让充足的水汽透过，较好地调控温室湿度。幕布非常柔软，很容易折叠，收拢状态时，体积很小，从而保证温室内最大的透光面[8]。试验表明，使用 SLS 幕布可提高花卉 20% 的产量。目前，在北京鲜花港、天津大顺、昆明安祖公司等的几个新建温室项目都采用了这种新型遮阳网，但该幕布的保温性能与现在市场上常用的 XLS 幕布相比要略差一些，因而更适合夏季和冬季白天使用。

4.4 彩网（colored net）

20 世纪 90 年代由以色列农业部下属的农业研究组织和以色列 Polysack 公司合作研发出了一种新型覆盖网材，与普通网相比，该网在生产过程中添加了一些色素，或者光散射助剂和反射助剂。

彩网最早在观赏植物（一些绿植和切花）上进行试验，试验发现与传统的黑色遮阳网相比，覆盖彩网显著改变了观赏植物的生长发育特征。这些植物反应激起了人们进一步研究的兴趣，以以色列为主的各国研究人员开始在多种植物种类上试验光选择性网的使用效果[9]。

彩网的特点在于不仅可以改变光谱成分，也可以增加散射光比例，各种彩网的特点，如下表所示[10]。研究也表明，彩网可以增加某些蔬菜的产量，Shahak[10]报道，与黑网相比，珍珠色网和红网覆盖的甜椒增产16%～30%，单株果实数量增加30%～40%。在叶菜上的试验表明，与铝网、蓝网和黑网相比，红网和珍珠色网显著提高生菜和罗勒的产量[10]。甜椒上的初步试验表明，与黑网相比，红网和黄网提高了果实采后品质，尤其是黄网覆盖下的果实采后腐烂率比黑网显著降低，从而延长了货架期[11]。

彩网在使用过程中，由于阳光的暴晒和农药的使用，彩网会逐渐褪色而影响透光特性。因此，在田间条件下，一般5～8年后需要更换新网。另外，灰尘的积累也会影响彩网的光透性，因此，在使用过程中，要注意清理积灰。

表 彩网的吸光、透光、散射特性

网类型	吸光特性	透光特性	光散射特性
蓝网	UV+Y+R+FR	B+G	++
红网	UV+B+G	R+FR	++
黄网	UV+B	G+Y+R+FR	++
白网	UV	B+G+Y+R+FR	++
珍珠网	UV	B+G+Y+R+FR	+++
灰网	all（+IR）	-	+
黑网	all	-	0

注：UV为紫外光，B为蓝光，G为绿光，Y为黄光，R为红光，FR为红外光，“+”的数量表示光散射特性的相对强弱，“0”表示不具有光散射特性

5 光照调控在蔬菜产业的应用前景分析

5.1 前景

21世纪被誉为是光的世纪，植物光合作用是地球上一切生

命的基础，在蔬菜生产过程中如何对光照进行调控，提高蔬菜的产量和品质是蔬菜产业尤其是设施蔬菜产业发展的重要问题。

5.2 对策建议

目前，我国对光照调控的研究和应用还处于初级阶段，大部分蔬菜生产还是采用传统的方法，LED 光源以及散射光材料在蔬菜生产上的应用还不是很普遍，如何在蔬菜生产中推广，需要从以下几个方面去加强。

（1）加大材料研发。我国对 LED 光源的研究最早可以追溯到 1998 年，但是还是落后于发达国家，成本是制约 LED 应用的瓶颈；具有散射功能覆盖材料的研发还处于起步阶段，目前，市场上本土品牌的产品比较少，在竞争中落后，这样在国际上就丧失了主动权。因此，加大前沿技术的研发与支持势在必行。此外，加大研发资金的投入，提高行业的自主创新能力，全方位提升企业整体素质和行业竞争力，实现新材料产业的协调和可持续发展。

（2）加快材料标准的构建。产品标准化是产品能够健康有序发展的关键因素之一，只有有了标准化的约束，才能使光调控材料更好更快的发展。但是，标准体系的建立，不仅需要理论基础，更需要实际应用基础。所以，要从材料的研发和应用两个方面展开，从而制定出有利于企业和产品发展的行业标准。

（3）扶持企业发展。不管是 LED 光源还是具有散射功能的覆盖材料的研发，不仅需要科研院所和企事业单位的共同努力，而且还需要国家相关利好政策的扶持。目前，我国各级政府已经出台了一系列政策措施鼓励和推动企业发展，但总体来看，关注度还是偏低，因此，培育出一批有核心竞争力的科研院所和龙头骨干企业，显得尤为重要。

（4）开展光调控材料应用的试点。由于蔬菜生产的特殊性，靠蔬菜生产企业本身来完成材料的投入，困难重重，建议集中规划若干个蔬菜光调控材料应用的示范基地，进行光调控材料应用的展示与示范，从而促进光调控材料的应用和发展。

（5）制定价格补贴政策。由于光调控材料的应用会加大蔬菜生产的成本，如将这些材料纳入国家补贴目录，确保蔬菜生产企业能够享受一定的政府补贴，将有助于促进光调控材料在蔬菜产业中的持续健康发展。

（6）加大基础理论研究。目前，各种光调控材料对蔬菜生产影响的文献越来越多，大部分集中在产量和品质方面，而对内在品质的报道相对较少。除了外观品质外，越来越多的消费者开始关注蔬菜的内在品质，包括风味、营养合保健成分，所以，今后重点应该集中在对蔬菜内在品质的研究，除此之外，大多数研究仍然停留在现象的描述，却没有给出机理方面的解释。今后应从个体水平、细胞水平甚至分子水平，逐渐深入展开机理方面的研究，为进一步推广和应用提供理论依据。

参考文献

[1] 张渝洁，李新国，毕玉平．低温弱光胁迫对喜温蔬菜作物生长的影响［J］．安徽农业科学，2007，35（1）：44，56.

[2] 朱涛，臧壮望．光照对保护地蔬菜的影响及调控［J］．农技服务，2007，24（3）：26.

[3] 张敬．温室蔬菜光照管理措施［N］．河北科技报，2012.12.27（5）.

[4] 崔瑾，徐志刚，邸秀茹．LED在植物设施栽培中的应用和前景［J］．农业工程学报，2008，24（8）：249－253.

[5] 魏灵玲，杨其长，刘水丽．密闭式植物种苗工厂的设计及其光环境研究［J］．中国农学通报，2007，23（12）：415－419.

[6] Silke Hemming，Uko Reindere，The effct of diffuse light On crops

[J]. Flower tech, 2007 (6).

[7] Joli A. Hohenstein, Diffuse Light for Better Plants, 2014.

[8] 峥嵘. 散射光幕布让温室光照不再“厚此薄彼”[N] 中国花卉报, 2010. 7. 10 (4).

[9] Shahak Y, Gussakovsky E E, Gal E, et al. ColorNets: Crop protection and light - quality manipulation in one technology [J]. ActaHort, 2004, 659: 143 - 151.

[10] Shahak Y. Photo - selective netting for improved performance of horticultural crops. A review of ornamental and vegetable studies carried out inIsrael [J]. ActaHort, 2008, 770: 161 - 168.

[11] Fallik E, Alkalai - Tuvia S, Parselan Y, et al. Can colored shadenets-maintain sweet pepper quality during storage and marketing [J] Acta Hort, 2009, 830: 37 - 44.

以重点品种目录制度促进蔬菜产业健康发展

李　强
（上海交通大学　农业与生物学院）

摘　要　在农产品中，蔬菜的地位仅次于粮食，但由于不耐贮运和品种繁多，其市场供求关系比粮食更为复杂。复杂的市场供求关系，使蔬菜的生产供给突出存在价格频繁波动、产销价差过大和安全水平不高三大顽疾。三大顽疾，从根本上说是蔬菜的生产供给体系不稳造成的，本研究认为，要解决蔬菜生产供给体系不稳的问题，并考虑到我国目前城市化的趋势，最根本的途径是推进蔬菜的集中连片标准化生产，其切入点是建立重点品种目录制度。

1　蔬菜生产供给的三大顽疾

从生产消费双方利益和资源优化配置的角度讲，我国蔬菜的生产供给存在三大顽疾：价格频繁波动、产销价差过大和安全水平不高。

1.1 价格频繁波动影响低收入群体生活，并打击生产者积极性

价格频繁波动主要表现为不耐贮运品种的短周期波动（月度和季度）和耐贮运品种的长周期波动（年度）。根据图1，可以看出，蔬菜价格在一年内的短周期波动是非常明显的，这是由蔬菜的生产周期较短，一年内可多茬生产决定的，其波动周期与生产周期有直接关系。根据图2，可以看出，如果不考虑年度内的波动（年内求平均值，消除年内波动影响），绝大多数蔬菜的价格是一个平缓的年际变化，只是随着整个物价的变化而上升而已，一般不会出现年际的上下波动。大蒜是一个特例：尽管大蒜属于蔬菜，但大蒜的生产（一年一茬）和贮运特点（耐贮运）更接近粮食的特点，所以，存在年际的上下波动。

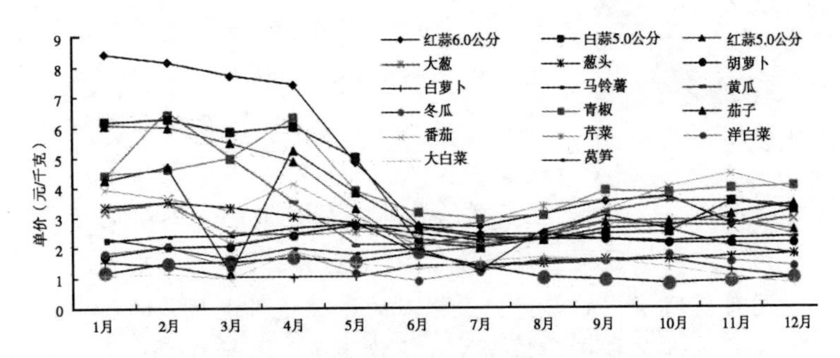

图1 2013年主要蔬菜品种批发市场月度均价变化

注：以上数据来自农业部《全国农产品批发市场价格信息网》

表1、表2更具体地展示了蔬菜的年内短周期波动。

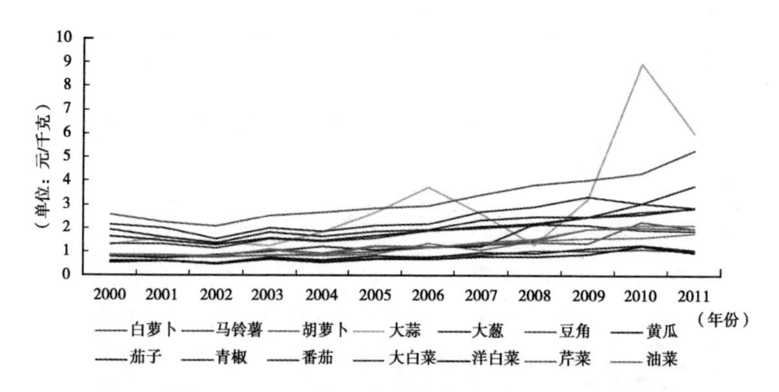

图 2　2000—2011 年主要蔬菜品种批发市场年度均价变化

注：以上数据来自农业部《全国农产品批发市场价格信息网》

表 1　2013 年各类蔬菜价格均值、标准差及变异系数

蔬菜种类	均值	标准差	变异系数
葱蒜类	3. 49	1. 33	0. 38
瓜菜类	2. 40	0. 69	0. 29
茄果类	3. 55	0. 81	0. 23
莴苣菊苣类	2. 09	0. 48	0. 23
叶菜类	2. 94	0. 52	0. 18
白菜类	1. 43	0. 24	0. 16
块根块茎菜类	2. 00	0. 13	0. 06

注：以上数据根据农业部《全国农产品批发市场价格信息网》数据计算

表 2　2013 年主要蔬菜品种价格均值、标准差及变异系数

蔬菜品种	均值	标准差	变异系数
红蒜 6. 0 公分	4. 87	2. 35	0. 48
白蒜 5. 0 公分	3. 97	1. 76	0. 44
红蒜 5. 0 公分	3. 61	1. 56	0. 43

（续表）

蔬菜品种	均值	标准差	变异系数
黄瓜	3.50	1.31	0.38
葱头	2.31	0.84	0.37
茄子	3.20	1.15	0.36
冬瓜	1.29	0.35	0.27
大白菜	1.33	0.32	0.24
番茄	3.36	0.80	0.24
青椒	4.10	0.93	0.23
莴笋	2.09	0.48	0.23
洋白菜	1.53	0.32	0.21
芹菜	2.94	0.52	0.18
白萝卜	1.32	0.23	0.17
大葱	2.71	0.40	0.15
胡萝卜	2.29	0.29	0.13
马铃薯	2.39	0.18	0.08

注：以上数据根据农业部《全国农产品批发市场价格信息网》数据计算

标准差和变异系数是反映价格波动两个重要指标。

标准差：$S=\sqrt{\frac{\sum_{1}^{n}2P_{i}1P}{n}}$ $S=\sqrt{\frac{\sum_{1}^{n}2P_{i}1P}{n}}$ [n 为一年的天数（或月数），P 为每天的价格（如果 n 为 12，价格则为月平均价）]，标准差反映波动的绝对值；

变异系数：$vc=\frac{s}{\bar{p}}$，变异系数反映波动的倍数。

标准差和变异系数越大，说明波动越大。根据标准差的特点，正常情况下，全年 31.7% 的天数（或月数）的价格在平均价格上下浮动 1 倍标准差以上，全年 4.5% 的天数（或月数）的价格在平均价格上下浮动2倍标准差以上。例如，表2中的均值是4.87，标准差是2.35，这意味着，2013年，6.0厘米，红蒜有115天时间的价格高于7.22元/千克，或低于2.52元/千克；有10天左右的时间高于9.57元/千克，或低于0.17元/千克。就变异系数0.48，意味着有115天时间的价格在价格4.87的基础上上涨或下降了48%，也可以说上下浮动超过96%。根据这样的含义，从表1可以看出，除块根块茎菜类的波动比较小外，其他的蔬菜在一年的1/3的时间里的波动幅度都在32%以上（0.16×2），这在一般的农产品中都是难以想象的。

价格波动的主要危害在于：难以预见的价格下跌给生产者造成巨大损失，从而引起生产的减少，生产减少将推高市场价格，这将影响城市低收入群体的生活。而频繁的波动也将意味着市场会频繁得对这两个群体进行打击，更为关键的是这种波动难以预测。蔬菜市场难以预测的频繁波动对生产者的打击类似于不可预测的股市对大多数股民的打击。

1.2　产销价差过大损害社会合理利益分配，不利于产业发展

产销价差过大不仅表现在零售价和产地价几倍甚至十几倍的差距，更表现在：零售价格上升，产地价格不上升，产地价格下降，零售价格却不下降。产销价差过大使消费者和生产者两个最重要群体的利益未能得到合理的体现和保护。从长远来看，扭曲的利益分配格局最终会损害生产者的积极性，危害产业的发展。这类似过度压榨和攫取实体产业利益的虚拟经济，最终会搞垮实体经济。

1.3　安全水平不高损害消费者的根本利益，破坏产业竞争力

经常被曝光的各种损害质量安全的肆意行为和极其可怜的信

息量，使大多数消费者对蔬菜质量（也包括很多其他农产品和食物）的安全水平缺乏信任。购买源于别无选择，只要有能力选择，就会坚决抛弃（进口奶粉价格再高，为了孩子，大多数家庭还是愿意选择）。

2　三大顽疾的直接原因和共同根源

2.1　价格频繁波动原因在于市场供给不稳定

价格决定于需求和供给，需求和供给任意一方发生变化，价格都会发生变化，但蔬菜的需求因人口和消费结构的原因一般变化比较平缓，蔬菜需求一般不会出现波浪式振荡，问题一定出在供给上。但供给也不应该无缘无故的振荡，可能因为一个偶然的因素：自然丰收或歉收，新的加入者或离开者等，一个初始的供给变化就可以引起无休止的供给增加和减少：初始供给减少，导致价格上升，引起供给增加，导致价格下降。只要供给量没有和需求均衡，波动就不会停下来，但价格的滞后性和分散的决策，几乎不可能使供给刚好等于需求。

2.2　产销价差过大原因在于产销环节过多

销售价和产地价的差距大，并不是主要因为运输的成本，随着交通的发达和绿色通道的构建，运输成本在蔬菜价格中的比重已经非常低。但产品从生产结束到零售市场经过了多少人手对价格有着至关重要的影响，随着劳动力成本的上升，中间环节的增加大大提高了蔬菜的交易成本，而且如果单一劳动力所交易的数量越少，分摊到每 500 克蔬菜上的费用就越高。在蔬菜的交易全过程中，面向分散生产者进行的前端收购和面向分散消费者进行的终端零售都极消耗人力，过高的交易成本就可以理解了。另外，过多的交易环节，也容易拉长储运时间，造成产品储运损失。目前，我国蔬菜的平均储运损失率为20%～30%。

2.3　安全水平不高原因在于产销环节多、生产规模小、管理不规范以及机会主义行为

安全原因包括技术的和意愿的。在生产环节，从技术角度讲，因生产规模小，无法按照安全规范进行生产；从意愿角度，有利可图的机会主义行为无处不在，安全规范生产是需要成本的，有什么样的动力或压力促使生产者要付出这样成本？在产销的中间环节，多一个环节，多一个人手，就意味着多一份风险，不论是技术上，还是意愿上，都不例外。

2.4　三大顽疾的共同根源是缺乏稳定的生产供给体系

造成价格频繁波动的不稳定市场供给，说到底就是生产规模的波动性变化，价格高的时候就扩大生产规模，而规模扩大多少往往是盲目的，随着而来的是供给过多，价格下跌，然后就是缩减规模，而规模缩减多少也是盲目的，随着而来的是供给过少，价格上涨。价格一轮轮上涨下跌，规模一轮轮扩大缩减。

导致产销价差过大和安全水平不高的产销环节过多问题，同样也是生产体系不稳的结果。由于生产者和生产规模的不确定性，为了保证销售，销售终端就必须依赖更多的人手和渠道组织产品，这必然导致产销中间环节的复杂化。

导致安全水平不高的生产规模小问题本身就是生产不稳定的表现，小规模生产退出成本低，随时都可退出，也可进入，大量小规模生产使整个供给体系处在变化莫测中。

在质量安全问题上，生产供给体系不稳是造成机会主义行为最主要的原因。生产的不确定性，使生产者没有足够的动力去树立和维护自己的市场声誉，质量安全事故的爆发对其造成的损失

也非常有限。

3 集中连片标准化生产是根本途径

包括生产者和生产规模不确定的生产供给体系不稳是城市化快速推进过程中必然出现的现象，也是蔬菜市场供给三大顽疾的根源，要解决这三大问题，要确保城市蔬菜的安全稳定供给，必须建立稳定的蔬菜生产供给体系，而依据产业基础和资源优势建立蔬菜集中连片的标准化生产基地是建立稳定蔬菜生产供给体系的根本途径。从前面表 2 我们可以看出，土豆的价格波动比起其他蔬菜要格外小（变异系数 0.08，即年波动幅度最大也就在 16% 左右），就是因为马铃薯的生产规模基本稳定，这与马铃薯的露地生产，并主要和大田作物轮作有关，从而保障其生产规模的稳定。

3.1 集中连片标准化生产的基本特征是建立在规模化、组织化和信息化基础上的标准化

这样的规模化主要是指区域规模化，并不要求每一个经营者的规模有多大，区域规模化可以使相关配套服务和设施具有规模效应；相对于庞大的需求市场，一个区域性基地内的生产经营者之间更多的是合作者，而不是竞争者，可以通过强化组织性（采购、技术、销售、品牌等协同）增强在整个市场的竞争能力；为了更好的协调和管控区域性基地，构建关于品种、规模、生产过程、销售等信息的信息化管控体系是非常必要的。在规模化、组织化和信息化的支撑下，标准化生产才是真正可靠的可持续的标准化生产。

3.2 集中连片标准化生产可以解决市场供给不稳的问题

市场供给不稳主要源于价格下跌时部分小规模生产者因无法

承受短期经营损失而退出市场。具有规模化、组织化和信息化特征的集中连片标准化生产，一方面承担风险和损失的能力更强；另一方面，由于投入相对较多，相关配套不易转型，因此，即使有一定损失也不会轻易退出。而正是由于不轻易退出所带来的规模稳定使价格波动的幅度会很小，既使偶然因素造成价格暴涨或暴跌，也因生产规模不随鸡起舞更容易回归稳定，否则，就是一石激起千层浪。任凭市场风生浪起，我自岿然不动，这便是稳定市场的重器。

3.3 集中连片标准化生产可以解决产销环节过多的问题

集中连片标准化生产，可以依托规模化、组织化和信息化进行品牌经营，融入各种关于品质信息的品牌可以大幅减少前段采购和后端零售环节因信息不对称而空耗的各种人力成本，简单、直接的销售将是主要的模式，而且规模化本身可以使单位产品需要分担的交易成本大幅下降。

3.4 集中连片标准化生产可以解决机会主义行为的问题

能够长久经营是诚信经营的最重要动力，集中连片标准化生产的经营者都应该是追求能够长久经营，不诚信带来的损失要比传统小规模经营大得多。另外，信息化也能够最大程度的抑制机会主义冲动。

3.5 产业基础和资源优势是建立集中连片标准化生产基地的重要考虑

不管获得市场竞争优势的方式有多少种，成本优势应当是市场竞争优势的永恒基础。相对较大的投入和关系一大批经营者利益的集中连片生产基地的选择必须考虑持久竞争优势的稳定来源。产业基础是长期市场优胜劣汰的结构，生存检验法告诉我们这样的区域肯定有各种复杂原因汇合在一起的成本优势；资源优势是成本优势的重要来源，因为其他优势都可能被模仿和学习，农业生产的资源优势问题比其他产业都要格外重要。产业基础和资源优势的考虑，使我们在区域布局时不应局限在狭小的城市郊区。

4 重点品种目录制度是有效的切入点

重点品种目录制度是通过筛选部分重点品种，实施相应的配套政策，以确保这些品种的安全稳定供给，从而达到对整个市场的有效调控。

4.1 调控的有效性

对一部分，甚至是总量中少部分的品种进行调控就能实现对菜篮子产品价格整体水平和价格波动有效调控的原因在于大多数菜篮子产品之间都具有不同程度的可替代性，如果能够筛选出对其他品种具有较强替代性的品种，并确保这些品种的价格水平相对较低且稳定，那么，其他品种的成本上升或短期供给变化，也不会带来价格的大幅上升和波动。

4.2 调控的科学性

减少行政干预，充分发挥市场机制的决定性作用是我国经济体制改革的大方向。调控品种越多，行政干预越深、行政成本越大；市场运行中人为因素越多，政策中出现顾此失彼的情况就越多。对少量关键品种进行考核和调控，一方面让更多品种由市场调节，确保市场机制能够发挥作用，另一方面又能保障市场的平稳运行，符合科学行政的要求。

4.3 调控的可靠性

可靠性是对政策实施能够实现政策目标的要求，对重点品种进行调控就能够实现政策的目标，是由市场机制的规律性决定的。只要品种选择科学，调控措施得当，根据市场供求规律，平抑物价、稳定市场等政策目标将能够可靠地实现。

4.4 集中连片标准化生产的推进需要重点品种目录制度的配套

集中连片标准化生产的推进需要政府在基础设施、物流体系、服务体系和财政金融政策方面进行支持，但如果这些支持仅仅着眼于硬件条件，而没有明确的品种引导，生产的盲目性在所难免，对市场的调控作用也将非常有限，但如果能够对品种范围进行引导，并辅之以相应的支持措施，将逐渐确立在市场的竞争地位，从而保障生产的稳定性。同时，明确的品种范围，对设施和服务配套建设以及技术推广和劳动者技能发展也非常有利。因此，集中连片标准化生产基地的建设不是盲目地搞硬件投入，而是需要根据有限的品种范围进行系统规划和推进。

4.5 重点品种目录制度需要通过集中连片标准化生产实施

重点品种目录制度的落实需要稳定的推进渠道，如果围绕重点品种的配套政策仅仅是一般性的政策引导，其规模和质量安全难以保障。重点品种目录制度的推行首先是希望重点品种的规模稳定，质量安全得到保障，而要稳定规模，保障质量安全，集中连片的标准化生产是最有效的渠道。

5 重点品种目录制度的实施建议

5.1 视品种的生产和消费特点不同进行3个层次的优化布局

蔬菜生产的区域布局要考虑3个方面的问题：自然资源、劳动力资源和贮运成本，在具体布局时可考虑3个层次：全国、省级（或城市群）和城市。对于对自然条件要求高，而贮运成本相对较低的小宗产品，可考虑全国性布局；对自然条件要求不高，贮运成本高的大宗产品，可考虑靠近城市布局；但大多数蔬菜生产属于劳动密集型生产，城市劳动力成本高，因此在交通发达的情况下，应考虑省级区域或城市群区域进行优化布局。

从表3的8个城市的批发价格波动程度（变异系数），可以看出不同城市的蔬菜保障水平，这实际上就是反映的是围绕该城市的蔬菜区域布局情况以及所带来的生产稳定情况。昆明和广州的平均变异系数都较小，而实际上，的确两地蔬菜都主要依赖当地的生产（云南省和广东省，不一定是昆明市和广州市）；沈阳、北京和济南3个靠北的城市在冬季的保障水平明显不够，渠道的不稳定导致价格波动水平明显高于其他城市。对比北京和上海两个超大城市，由于上海背靠长三角，近距离的保障水平明显高于北京。

表3 2013年2月至2014年1月各城市月度批发价格变异系数

品种	北京	上海	济南	沈阳	成都	西安	昆明	广州
大白菜	0.31	0.36	0.31	0.41	0.36	0.21	0.21	0.26
洋白菜	0.32	0.22	0.32	0.43	0.27	0.28	0.19	0.13
菜花	0.26	0.45	0.23	0.23	0.38	0.24	0.28	0.27
莴笋	0.23	0.27	0.24	0.28	0.43	0.25		0.24

（续表）

品种	北京	上海	济南	沈阳	成都	西安	昆明	广州
白萝卜	0.25	0.23	0.27	0.26	0.26	0.20	0.14	0.16
胡萝卜	0.18		0.23	0.26	0.21	0.17	0.13	0.14
马铃薯	0.11	0.10	0.20	0.10	0.03	0.06	0.12	0.10
生姜	0.38		0.56		0.50		0.15	
大蒜	0.36		0.32	0.32	0.25		0.11	
大葱	0.19	0.19	0.13	0.39	0.30	0.17	0.20	0.13
韭菜	0.27	0.24	0.26	0.31	0.13	0.19	0.19	0.18
菠菜	0.45	0.34	0.44	0.60		0.31	0.26	0.23
芹菜	0.30	0.26	0.25	0.32	0.19	0.22	0.18	0.18
豆角	0.38	0.22	0.41	0.49	0.34	0.31	0.17	0.24
冬瓜	0.47	0.45	0.35	0.26	0.29	0.19	0.13	0.22
南瓜	0.25	0.08	0.38		0.27	0.14	0.09	0.18
西葫芦	0.42	0.27	0.35	0.28		0.18	0.11	0.35
黄瓜	0.34	0.20	0.43	0.40	0.21	0.31	0.14	
茄子	0.50	0.29	0.41	0.41	0.24	0.30	0.18	0.19
青椒	0.37	0.11	0.29	0.42	0.28	0.29	0.39	0.14
番茄	0.31	0.28	0.25	0.32	0.23	0.26	0.13	0.23
莲藕	0.29	0.30	0.20			0.15	0.16	0.09
平均	0.32	0.26	0.31	0.34	0.27	0.22	0.17	0.19

注：以上数据根据农业部《全国农产品批发市场价格信息网》数据计算

5.2　依据生产和消费特点进行重点品种的筛选

根据菜篮子产品的供求特点和市长负责制的考核模式，宜建立以省为单位的重点品种调控目录，国家以省级目录为基础，选择部分品种作为调控目录，进行全国性监测和和优化布局；市级由省根据具体情况进行省级目录分解。蔬菜品种丰富，自然生产条件差异使得消费习惯具有显著的地域性，从国家层面制定目录并进行分解难度太大，而省域内的消费习惯具有显著的趋同性。大多数菜篮子产品保鲜期短、单位价值运输成本高，因而存在合理运输半径的问题：离城市距离过短，会因土地成本和劳动力成本等因素，生产成本高；离城市距离过远，运输和交易成本又高。考虑到大多数省都已建立3～4小时的运输圈，建立省域内（或城市群）蔬菜生产合理布局更为科学：强行提高以中心城市为单元的产品自给率，会加剧城市用工荒（蔬菜生产很多属于劳动密集型产业）和生态压力（高产出意味着化肥农药的过度投入）；而过度依赖全国性市场调配，不仅会增加运输和交易成本，还会大幅增加贮运损失。

适地适种可以降低生产成本、提高产品品质；集中连片生产便于技术推广、质量安全管控，并可降低交易和运输成本。因此，重点品种的区域布局应主要以省为单位，根据区域内城市的需求和各地资源优势，推进生产的基地化、规模化、专业化和标准化。

重点品种调控目录制度建立后，各种调控措施将主要针对目录中的品种实施，市场是否整体平稳是检验品种目录和措施是否科学的主要依据，因此，品种目录的确定是一个不断实践试错的过程，为此，初期各省可以确定15～20个品种，然后根据实施效果和实施成本对目录进行调整。初期确定的重点品种可依次考虑以下3个因素。

（1）消费重量比重高的品种。由于营养与重量的关系更为密切，所以选择重量比重而不选择货币支出比重。如果消费比重高的品种能够实现市场稳定运行，且质量安全性高，将能有效保障城市消费者的利益。在确定品种范围时，可根据消费比重（可依据近3年的平均产量比重进行确定）从高到低排序，重点选择超过平均比重以上的品种。

（2）贮运成本高的品种。菜篮子产品多属于不耐贮运的产品，贮运成本在总成本中所占比重较高，若能降低贮运成本，将可有效降低价格水平。因此，筛选调控品种时，应在第一条标准基础上，重点选择储运成本高的品种，主要的贮运成本降下来了，菜篮子产品总体价格水平也就容易稳定。

（3）被替代性弱、能替代性强的品种。不容易被替代，就意味着在供给减少时容易出现价格大幅上涨；对其他产品替代性强，意味着当其他产品供给减少时，其他产品的价格也不容易大幅上涨，同时，也意味着该产品供给增加，也不容易价格大幅下跌。因此，重点发展此类产品，市场稳定功能强，价格下跌风险小。

除上述3个因素外，还可综合考虑以下两个因素。

第一，能够补充季节性缺口的品种。季节性缺口是菜篮子产品季节性整体水平升高的主要原因。通过合理的区域布局、基础条件的改善和相关技术的研发推广，大力发展能够补充季节性缺口的品种，将可有效缓解菜篮子产品季节性整体水平升高的问题。但如果这些品种贮运成本低（即不符合前面第二条标准），就不需要考虑了。

第二，生产比较优势大的品种。生产比较优势大，意味着生产成本显著较低，发展此类产品，不仅对稳定本地菜篮子产品价格水平有贡献，还可通过外运，对稳定全国市场作出贡献，并促进农民增收。

确定重点品种后，各地需要从基础设施建设、灾害保险、价格保险、生产信贷、物流体系建设、产地批发市场建设等方面支持和推进重点品种集中连片标准化生产。

5.3　根据重点品种的生产和运输特点完善相应基础设施和物流体系

基础设施主要为了保障标准化生产的进行，物流体系主要为了减少中间环节和降低物流成本。基础设施和物流体系的建设需要结合经营者（企业、家庭农场、农户）的投入和组织形式进行。在建设重点品种标准化基地时可组织相关领域专家结合农业园区建设和标准化生产的技术要求编制相应的建设规范。

5.4 根据重点品种的产销需求建立服务体系和追溯体系

服务体系方面重点是生产资料供给体系、技术推广服务、信息服务。规模化、组织化和标准化为建立追溯体系提供了良好的基础。同时，结合信息化建设和追溯体系的建设，建立产品的生产时间和规模的申报登记制度，可为其他生产者进行科学决策，降低生产的盲目性发挥重要作用，集中连片标准化生产建立等级制度所花费的成本，通过规模化生产可以显著的摊薄。为了激励申报登记，相应的补贴和保险政策应以此为依据。

5.5 出台相关配套财政金融政策

除了在基础设施、物流体系和服务体系的建设上进行财政和信贷支持，更重要的是建立重点品种的价格和灾害保险制度，这不仅可以激励申报登记制度、标准化生产和追溯体系的落实，更重要的是可以确保生产的稳定，生产的稳定是市场稳定的基石。

第三部分

上海蔬菜经济研究会会刊精选论文（2012—2014年）

关于保障上海市绿叶菜生产和供应的几点思考

张四荣
（上海蔬菜经济研究会会长）

上海市经过几轮“菜篮子”工程建设，成效显著，蔬菜供应品种丰富，数量充足，质量有明显好转，虽然有时会有价格波动，但属正常，都在有效可控范围之内。目前，摆在我们广大蔬菜从业人员面前的是蔬菜品种的结构性矛盾、供求的季节性矛盾问题，一些蔬菜品种特别是绿叶菜在某个时段常常会出现过量与不足的矛盾。

1　上海市蔬菜生产和供应面临四大变化

（1）需求总量发生了变化。上海蔬菜的消费人口从 600 万左右已增加到目前的 2 000 万左右，日均消费鲜菜量从约 3 000 吨增加到目前约 1.2 万吨。

（2）菜源结构发生了变化。蔬菜的大市场、大流通格局已经形成，不分东西南北、不分春夏秋冬，蔬菜公司把全国各地的蔬菜源源不断地运进上海市场，满足上海市 2 000万消费群体的需求。现在上海市蔬菜消费市场从总量看，郊菜与客菜各占50%左右，但具体时段、具体品种郊客菜比例变化很大。

（3）运营机制发生了变化。上海市蔬菜经济同其他行业经济一样，已从高度的计划经济发展到政府指导和市场运作双轨制。

（4）蔬菜生产基地的作用地位发生了变化。上海市的许多蔬菜生产基地已从单纯保障市场供应发展到既保障市场供应又增加菜农收入，既是蔬菜生产的基地，又是观光、科普、现代化农业的示范基地。

2 蔬菜属于特殊的商品，蔬菜生产仍然存在几个矛盾

（1）目前，上海市蔬菜市场上总量充足，但部分品种供应时多时少，出现结构性矛盾，这主要是由于突发性天气的变化或市场信息误导造成的。

（2）保障菜农利益和保持物价稳定之间的矛盾。

（3）突发性自然灾害形成的或多与或少的矛盾。

（4）对蔬菜生产的期望和要求与蔬菜生产自身的矛盾。蔬菜生产目前面临着较大困难，如生产成本大幅度提高，劳动力后继乏人，生产过程劳动强度大，生产者的付出和收获不相适应等。

3 历史上供求关系的矛盾分析（1959—1988年）

3.1 总量不足的矛盾

1959—1988年30年中，上海市有4年全年蔬菜供应偏紧，1985年日平均供应0.295千克，1986年日平均供应0.305千克，1987年日平均供应0.265千克，1988年日平均供应0.265千克。

按30 年共360 个月分析，其中，55 个月偏紧。①1 月出现4 次：1985 年上海市蔬菜的日平均供应量为0. 32 千克，1986 年为0. 31 千克，1987 年为0. 305 千克，1988 年为0. 27 千克。②2 月出现11 次：1961 年日平均供应量为0. 215 千克，1962 年为0. 25 千克，1977 年为0. 23 千克，1980 年为0. 205 千克，1981 年为0. 27 千克，1983 年为0. 27 千克，1984 年为0. 275 千克，1985 年为0. 255 千克，1986 年为0. 255 千克，1987 年为0. 195 千克，1988 年为0. 21 千克。③3 月现7 次：1959 年日平均供应量为0. 165 千克，1980 年为0. 17 千克，1984 年为0. 25 千克，1985 年为0. 315 千克，1986 年为0. 28 千克，1987 年为0. 255 千克，1988 年为0. 245 千克。④4 月出现6 次：1983 年日平均供应量为0. 31 千克，1985 年为0. 26 千克，1986 年为0. 285 千克，1987 年为0. 235 千克，1988 年为0. 27 千克。⑤5 月出现5 次：1984 年日平均供应量为0. 32 千克，1985 年为0. 26 千克，1986 年为0. 285 千克，1987 年为0. 235 千克，1988 年为0. 27 千克。⑥6 月出现2 次：1983 年为0. 3 千克，1988 年为0. 315 千克。⑦7 月出现1 次：1988 年日平均供应量为0. 29 千克。⑧8 月出现4 次：1985 年日平均供应量为0. 305 千克，1986 年为0. 325 千克，1987 年为0. 245 千克，1988 年为0. 255 千克。⑨9 月出现5 次：1963 年日平均0. 26 千克，1985 年日平均0. 24 千克，1986 年日平均0. 275 千克，1987 年日平均0. 225 千克，1988 年日平均0. 235 千克。⑩10 月出现5 次：1984 日平均0. 305 千克，1985 年日平均0. 28 千克，1986 年日平均0. 30 千克，1987 年日平均0. 26 千克，1988 年日平均0. 245 千克。⑪11 月出现2 次：1987 年日平均0. 30 千克，1988 年日平均0. 285 千克。⑫12 月出现3 次：1986 年日平均0. 34 千克，1987 年日平均0. 285 千克和1988 年日平均0. 275 千克。

从上可知，蔬菜供应偏紧最多出现在2 月，有11 次，最少在7月，只有1次。

3.2 总量过剩的矛盾

1959—1988年30年中，上海市蔬菜供应有5年偏多，1960年日平均供应量为0.425千克，1961年为0.47千克，1962年为0.55千克，1976年为0.445千克，1982年为0.39千克，其中，1960—1962年3年自然灾害，为以菜代粮时期。

按月份分析，360个月中有33个月总量过剩。①1月出现3次：1971年为0.52千克，1972年为0.60千克，1978年为0.585千克。②2月出现3次：1970年为0.4千克，1971年为0.41千克，1978年为0.415千克。③3月无。④4月出现5次：1970年为0.465千克，1971年为0.495千克，1972年为0.475千克，1976年为0.52千克，1978年为0.47千克。⑤5月出现5次：1960年为0.55千克，1961年为0.645千克，1962年为0.55千克，1971年为0.525千克，1976年为0.50千克。⑥6月出现2次：1978年为0.51千克，1982年为0.51千克。⑦7月出现2次：1962年为0.57千克，1977年为0.515千克。⑧8月出现1次：1976年为0.52千克。⑨9月出现1次：1961年平均0.625千克。⑩10月出现2次：1976年为0.505千克，1978年为0.495千克。⑪11月出现3次：1962年为0.565千克，1963年为0.62千克，1977年为0.585千克。⑫12月出现6次：1961年为0.61千克，1962年为0.52千克，1963年为0.507千克，1969年为0.505千克，1977年为0.51千克，1978年为0.515千克。

由上可知，数量过剩最多出现在4月、5月和12月，最少出现在8月和9月。

3.3 1982—1988年供应总量过剩的主要蔬菜品种

经过几轮“菜篮子”工程的建设和大市场、大流通格局的形成，当时出现供应总量过剩和偏紧的情况，现在已有了很大的好转，但是由于蔬菜生产的特殊性，某时某品种出现紧缺或过剩的矛盾仍时常出现，这就需要我们不断研究新情况、落实新措施，努力保障菜农收入的稳定提高和市场的稳定供应。1982—1988 年供应总量过剩的主要蔬菜品种有：①青菜、小白菜、鸡毛菜：1982 年供应总量为 31 万吨，1983 年为 9 万吨，1984 年为 4. 1 万吨，1985 年为 4. 7 万吨，1986 年为 17. 5 万吨，1987 年为 19. 9 万吨，1988 年为 14. 5 万吨。②卷心菜：1982 年供应总量为 3. 8 万吨，1983 年为 2. 1 万吨，1984 年为 4. 9 万吨，1985 年为 2. 2 万吨，1986 年为 1. 3 万吨，1987 年为 2. 1 万吨。③其他品种较多的有番茄、雪菜、茄子、乌笋、冬瓜、大白菜等。

3.4　1963—1988 年蔬菜返销作饲料处理状况

1963—1988 年在批发市场和零售菜场过剩蔬菜返销作饲料处理，1963 年为 6. 3 万吨，1964 年为 5. 63 万吨，1965 年为 11 万吨，1966 年为 7 万吨，1967 年为 5 万吨，1968 年为 21. 53 万吨，1969 年为 5. 5 万吨，1970 年为 11. 2 万吨，1971 年为 14. 53 万吨，1972 年为 30 万吨，1973 年为 7. 5 万吨，1974 年为 6 万吨，1975 年为 7 万吨，1976 年为 15 万吨，1977 年为 9. 5 万吨，1978 年为 32 吨，1979 年为 28 万吨，1980 年为 11 万吨，1981 年为 12 万吨，1982 年为 55 万吨，1983 年为 18 万吨，1984 年为 60 万吨，1985 年为 13. 5 万吨，1986 年为 31 万吨，1987 年为 33 万吨，1988 年为 24 万吨。占当年郊菜上市量返销最多的有：1972 年占 22. 3%，1978 年占 21. 4%，1979 年占 22. 1%，1982 年占 32. 1%，1984 年占 36. 5%，1986 年占 26. 5%，1987 年占 30. 7%，1988 年占 22. 8%。

4 解决多与少矛盾的主要措施

（1）加强基地建设，提高抗风险能力。从1987年开始“菜篮子”工程建设，到1993年的第2轮“菜篮子”工程建设，到目前正实施的新一轮“菜篮子”工程建设，基地建设发挥了巨大作用。

（2）支持菜农生产，实行返销补贴，上海市财政通过上海蔬菜公司对返销菜和冷藏实行补贴。1980—1988年资料显示，上海市蔬菜集团公司因此亏损，1980年亏2 371万元，1981年亏3 001万元，1982年亏5 849万元，1983年亏4 581万元，1984年亏588万元，1985年亏4 083万元，1986年亏5 691万元，1987年亏5 362万元，1988年亏6 214万元。

（3）发展大市场大流通作用。

（4）“以工补农”实行返税政策，实施风险基金补贴。20世纪90年代中、后期补贴3 000万元左右生产风险基金、4 000万元左右返税政策，有力调动了菜农的积极性，稳定了蔬菜生产基地面积。

5 目前实施的相关政策

（1）市、区县二级政府加大了对菜农的直补政策。

（2）加强了菜田基本建设，提高了抗风险能力。

（3）通过安信保险公司实施的保险工作。

（4）产大于销时通过企业、菜农自身消化承受。

6　建议

（1）继续稳定和提高菜田建设水平，充实菜田建设的内容，如先进的农业机械等。

（2）加大对生产风险的保护力度，特别是加大直补力度，只有保护好生产者利益，才能从源头上保护好消费者的利益，做到蔬菜生产的可持续发展。

（3）提高对短时期个别品种价格偏低或偏高的承受能力。

（4）继续在政策上大力扶持多种形式且行之有效的产销直挂模式。

积极开展规模化建设 推动蔬菜产业化发展

王志良[1]　陶燕华[1]　李雅珍[2]
(1. 上海市宝山区罗店镇农业公司　2. 宝山区蔬菜科学技术推广站)

发展以市场为导向，以经济效益为中心，以主导产业和产品为重点的产业化经营，是推进传统农业向现代农业转变的有效途径。罗店镇通过政府引导、市场导向、龙头带动、多措并举，积极推进规模化种植、品牌化经营、市场化运作，有效促进了农业增效、农民增收，推动了蔬菜产业的健康可持续发展。

1　罗店镇蔬菜规模化建设现状

2006 年 10 月，区农委根据区委《关于统筹城乡发展推进社会主义新郊区新农村建设的决定》的精神，制定了《宝山区加快土地流转推进农业规模经营的实施意见》，对规模经营农场的土地流转费和人员工资都实行政府补贴。根据实施意见，罗店镇在镇政府领导的支持下，从 2008 年开始，在蔬菜生产上开始逐步清退散户菜农，引进蔬菜企业，成立蔬菜规模园艺场、农民蔬菜专业合作社，推进蔬菜规模经营，通过几年的发展，取得了良好成效。现镇所属范围内有蔬菜园艺场和蔬菜专业合作社 15 家，蔬菜规模经营覆盖率为 100%。通过加快土地向集体合作农场集中，有效提高了土地集约化水平和劳动生产率，增加了农民就业机会和收入，也进一步调动了本地农民从事农业生产的积极性。

2　规模化建设推动了蔬菜产业化发展

2.1　加强蔬菜基地建设，产业已初具规模

目前，罗店镇有规模蔬菜园艺场和蔬菜专业合作社 15 家，各蔬菜基地全年上市蔬菜总量达到 3.41 万吨，产值 7 269万元，常年蔬菜品种 35 个，产品主要供应本地和周边区域。

2.2 生产结构不断优化，品种布局进一步提升

近几年，随着规模园艺场的建设，设施栽培面积不断扩大，种植蔬菜种类除了传统的青菜、卷心菜、白菜、黄瓜、番茄等又增添了许多新的特色品种（如黄秋葵、绿宝塔、慈姑等），实现了品种丰富、周年生产，保证商品供应淡季不淡。

2.3　特色园区逐渐形成，区域特点开始显现

每个规模园艺场都有各自的特色品种，如明新农场以绿叶菜为主，建信果蔬专业合作社以出口大葱和卷心菜为主，宝南农场则以种子繁育为主，广万蔬果食用菌专业合作社主要生产食用菌。全镇基本形成了 3 种栽培基地类型，分别为商品性新鲜蔬菜生产基地、出口加工蔬菜基地及特色栽培基地。

2.4　蔬菜质量安全监管力度不断加强

（1）健全监管体系。罗店镇由农业公司具体负责全镇农产

品质量安全监督管理和标准化生产的总体规划。各村实行村委负责制，每个村都有蔬菜安全监管员。目前，全镇形成了一级抓一级、层层抓落实的监管领导体系。

（2）建立蔬菜生产标准化体系。在全镇各蔬菜基地推行标准化生产。各主要蔬菜基地按要求建立和完善无公害蔬菜标准化生产田间档案。

（3）健全检测体系。蔬菜农药残留检测是确保蔬菜质量安全的有效措施，罗店镇农业公司、各蔬菜基地、配送中心、蔬菜农贸批发市场均建立了蔬菜农药残留速测室，共建立标准检测室19个，专业检测员持证上岗；镇检测室负责对各基地蔬菜进行抽检，各基地、配送企业、蔬菜农贸市场进行自检，保证蔬菜不检测不配送，有效确保了上市蔬菜的安全。

（4）健全品牌创建体系。坚持把推进产品认证、商标注册和名牌申报作为实施品牌战略的三大内容，推进品牌创建工作。目前，全镇有25种蔬菜获得无公害产品认证，5个基地通过无公害蔬菜产地认证，面积为160.12公顷，3个基地获GAP（良好农业规范）认证，涌现出了盈灵、祥和、跃科、明新、阳光农庄、秋硕丰盈、翼农、都市菜园等一批蔬菜品牌。

2.5 开展新材料、新技术推广，提高生产水平

通过近几年的发展，各蔬菜生产基地种植水平总体上有了较大提高。①推广了新优蔬菜品种，丰富了市民的菜篮子。②推广了优良的蔬菜栽培技术。③推广了杀虫灯、防虫网、性诱剂、色板等蔬菜绿色防控技术。④大力推广高效、低毒、低残留农药，杜绝了违禁农药的使用。商品有机肥的推广使用，改良了土壤。

3　罗店镇蔬菜产业发展优势

3.1　产业化基础和技术水平较高

罗店镇现有蔬菜种植面积 426 公顷，占全区蔬菜面积 50%以上，目前，已全部实行规模经营，并涌现了一批特色基地、品牌基地，具有较高的生产和管理水平。

3.2　产业化发展政策优惠

宝山区政府对蔬菜产业化发展给予大力支持，并在 2011 年颁发了 27 号文件《宝山区促进农业产业化发展的实施意见》，明确了针对农业企业、集体农场和农民专业合作社的扶持政策和配套资金。

3.3　发展前景广阔

经过了几年的努力，已经形成了一套完整的生产—检测—流通体系，并被越来越多的基地采纳和应用，取得了良好的反馈效果。

4　存在的主要问题

通过近几年的发展，罗店镇蔬菜产业化工作取得了很大的成绩，但也存在一些问题。

4.1　劳动力资源日益短缺和劳动者素质有待提高

目前，在各基地工作的本地农民平均年龄已超过 55 岁，菜农老龄化现象较普遍，制约了农场的发展。

4.2 基础设施薄弱

有些基地栽培设施落后，抗灾防灾能力弱，加上耕作粗放、重茬严重，致使土质劣化、病虫害积累，严重影响了蔬菜生长发育，从而制约了蔬菜产业化发展。

4.3 农资成本上涨，效益下降，种菜积极性不高

近几年由于农资成本大幅提高，劳动力工资不断上涨，土地租金也持续走高，投入成本的大幅度上涨致使菜农增产不增收，甚至亏损。

4.4 蔬菜包装、保鲜、冷藏和加工数量小，延伸增值能力低

当前蔬菜生产以初级产品居多，名优拳头产品少，产业链条短，精深加工尚属空白。

5 罗店镇蔬菜产业发展的思路

（1）科技兴菜，全面提高产业素质。针对目前蔬菜市场出现的新形势，罗店镇蔬菜生产应在稳定面积的情况下，注重提高单产水平，提高蔬菜产品质量和生产效益。

（2）增强蔬菜采后处理能力和加工转化能力，提高产业化水平。

（3）建立市场体系，构筑流通网络平台。

（4）培养营销人才，壮大蔬菜营销队伍。

（5）引导营销组织发挥作用，规范蔬菜订单运作，提高农民组织化程度。

总之，面对目前蔬菜发展的新趋势和蔬菜“大生产、大市场、大流通”的新格局，保持罗店镇蔬菜业健康发展的好形势，

必须以市场为导向，以提高产品质量为核心，以增加农民收入为根本，以特色化、品牌化为突破口，以产业化为实现途径，从科技推广、市场运销、加工转化、基地布局、政策扶持等多方面采取措施，进一步优化产业结构。通过发展无公害生产，提高蔬菜产品质量，进一步增强市场竞争力；通过调整结构，提高产业素质和效益；通过科技突破，增强发展后劲，通过大力扶持和引进蔬菜加工企业，加强蔬菜产品的整理、包装、贮运、加工等产后处理，不断提高蔬菜产品的附加值。现在罗店镇蔬菜基地已经与欧尚、宝钢、大学后勤等一批大企业签订了长期合作关系，都市菜园也将其总部设在罗店镇，希望有越来越多的企业前来落户，共同推动罗店镇蔬菜产业化建设。

农业物联网技术在设施蔬菜建设中的应用初探

胡英强[1] 徐逸寒[2] 樊继刚[1] 张金亮[3]
（1. 江苏省赣榆县农业技术推广中心 2. 赣榆县农村综合信息服务中心 3. 赣榆县政府投资评估中心）

1 项目概述

1.1 背景

赣榆县位于江苏省东北部，地处江苏、山东两省交界处。江苏省沿海经济带和东陇海产业带的东部交汇处。气候温和湿润，四季分明，属暖温带湿润季风气候，年均气温13.2℃，年降雨量976.4毫米，适合各类设施蔬菜生长。赣榆县政府通过地方财政筹措或项目申请经费，结合当地农业特色积极推动农业物联网建设，利用物联网技术对赣榆县农业生产及其配套设施进行信息化升级，建设面向农业生态环境监测、精细农业生产等现代农业信息化设施，以提高当地农业企业科技水平，以提高特色农产品的经济效益，打造现代化农业产业。

1.2 意义

把物联网等信息技术的特点及在农业领域的应用规律运用到现代农业产业上，实现农业生产经营从粗放式、经验性管理到精细化、科学化管理的快速转换，提高农产品的产量与品质，降低农业生产成本，保护农业环境，加快推进现代农业建设，促进农业增效、农民增收、农村稳定。

1.3 项目简介

赣榆县农业物联网工程建设内容具体包括：1 个赣榆县农业生产指挥调度中心，用于物联网各种信息资源整合管理和成果应用，打造成赣榆县现代农业生产信息化服务窗口；1 个行业应用系统，在设施蔬菜大棚开展精细化种植管理的物联网系统。

2 系统组成

2.1 指挥调度中心

充分利用和整合各种农业信息化资源，为政府决策、企业经营管理、基层农业科技人员和农业生产经营主体提供综合服务，包括指挥决策系统、生产管理系统、专家诊断系统和农技培训系统，提供统一用户服务、分析挖掘服务、视频管理服务、数据通信服务、告警通知服务、数据交换服务、传感采集服务和接口服务。

2.2 设施大棚精细化种植系统

利用现代信息技术实时采集农作物温室内的环境参数和视频图像，精确掌握温室内农作物的生长环境和生长状态，对农作物的生长各阶段进行动态的监测和趋势分析，依据监测和分析结果控制远程智能调度指定设备，提高对温室大棚的智能化、精细化、科学化管理能力，并及时发现农作物生产中的问题，以便更好地开展技术指导。促进农业增产增收。

3 设计原则

根据农业生产需求和建设内容，设计具有实用性、先进性和示范性的解决方案。

（1）采用基于 B/S 的设计模式。

（2）整体设计、分步骤实施，预留扩展接口。

（3）使用分布式架构，基于可扩展、易于维护的原则。

（4）平台之间执行统一采集指标、统一编码规则、统一传输格式、统一接口规范。

（5）系统采用技术成熟的终端数据采集设备。信息通过互联网、企业局域网、传感器、视频监控有序集成。

4 解决方案

4.1 总体架构

总体架构一共包含两部分内容。①应用基地：设施蔬菜精细化种植、生猪精细化养殖、大田四情监测应用点。②赣榆县农业物联网综合服务平台：基础软硬件设施、农业数据与应用支持平台、农业应用系统。

4.2 赣榆县农业物联网综合服务平台

（1）基础软硬件设施。主要由实现多源数据存储、管理、计算、交换的物理设备组成。

（2）农业数据与应用支撑平台。应用支撑平台是位于基础软硬件设施之上的基础软件平台，由提供开发通用开发组件与集成环境的应用开发平台、实现上下层数据交换功能的数据交换平台以及通用的感知设备、服务应用终端的管理平台组成。数据库是平台建设的核心内容，通过分布式数据库系统实现农业生产、农业标准、动物疫情、病虫草害、土壤、气象、水情、农民远程教育等数据的集中管理、分类存储和分级共享，是整个平台的数据源。

（3）应用层。应用层主要是各个农业应用系统，主要实现平台的具体业务功能，为赣榆县农业企业、农业主管部门、消费者等最终用户提供应用服务。将各种农业应用软件系统统一部署在服务器上，用户只需拥有能够接入互联网的服务终端，即可随时随地使用服务。

4.3　设施蔬菜精细化种植应用系统

设施蔬菜精细化种植应用系统（图 1、图 2、图 3）通过大气温度、湿度、光照、二氧化碳，土壤温度、湿度、pH 值、肥力状况等传感器，对农作物温室内的光照强度、二氧化碳含量、空气和土壤温度、空气和土壤湿度、pH 值、日照数的环境参数进行实时采集，并进行分析，依据分析结果，自动开启或者关闭指定设备（如远程控制浇灌、开关卷帘等）。同时，在温室现场布置摄像头等监控设备，适时采集视频信号。用户通过电脑或 3G 手机可随时随地观察现场情况、查看现场温湿度等数据和控制远程智能调节指定设备。

（1）系统主要包含的内容。①设施蔬菜大棚视频监测系统：主要是对各大棚进行视频图像监测，一方面满足日常的大棚监控需要；另一方面能够对接远程专家指挥系统，专家可实时在线查

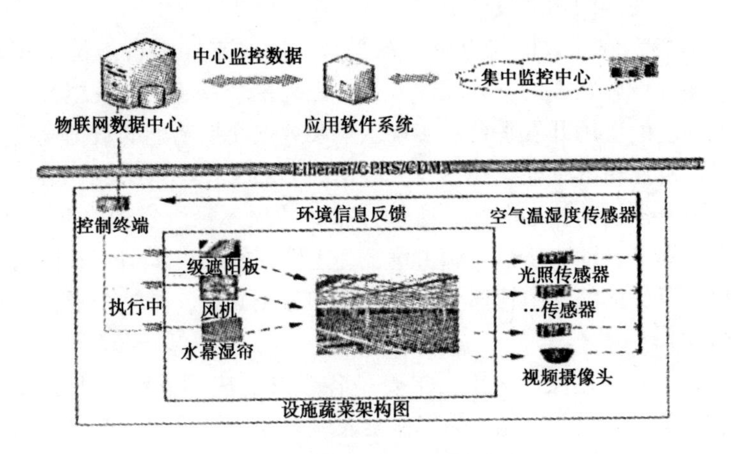

图1　设施蔬菜环境监控图

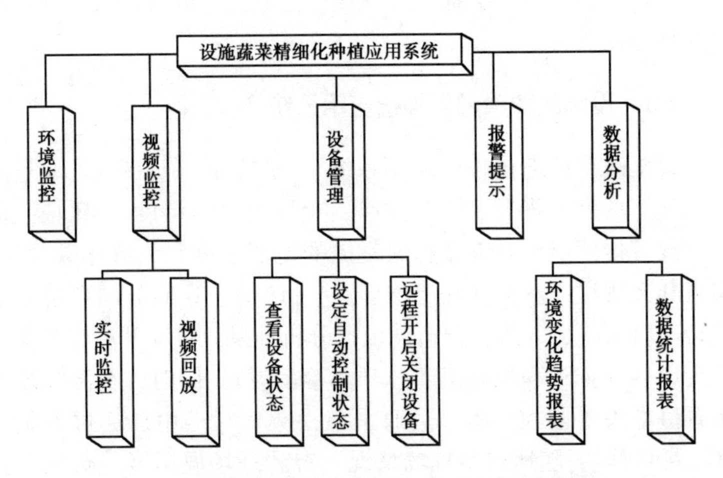

图2　设施蔬菜精细化种植应用系统功能结构图

看大棚蔬菜的长势及病虫害情况，进行远程诊断决策。通过旋转球机的角度，可查看大棚内各区域的蔬菜长势，可查询历史存储的视频信息。②蔬菜生产综合管理系统：主要对各大棚的多个环

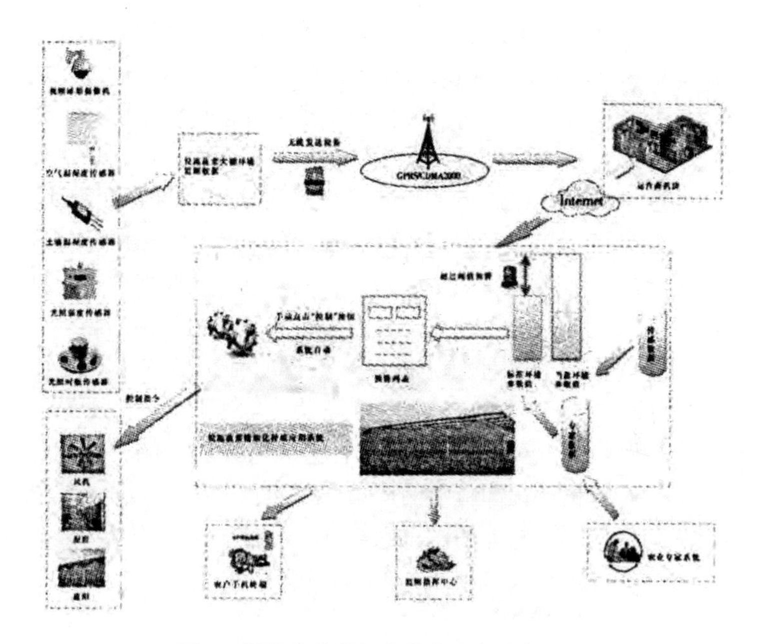

图 3　设施蔬菜精细化种植业务流程图

境参数进行传感器实时监测，并且对这些数据参数进行分析、预警，通过系统消息、手机短信等方式通知工作人员进行手动控制大棚的自动化设备，或者通过在系统里设置自动化调节阈值，超过此阈值将自动触发自动化设备进行相应调节。如超过设置的大棚温度最高阈值，系统将自动启动风机进行通风降温。

（2）系统主要实现的功能。①种植环境数据监测：信息系统对设施蔬菜大棚采集到的蔬菜种植传感器数据进行汇总和分析，信息系统对现场实时采集的温室内空气温度、空气湿度、光照强度、土壤温度、土壤湿度、日照数参数进行分析处理，并以直观的图表和曲线的方式显示给用户。②种植预警：通过在系统中设置各种传感器数据的阈值，如大棚温度阈值，超过设置的阈值进行预警，并把预警信息通过各种渠道发送给用户。③种植视频监控：在系统中可以实时查看蔬菜大棚的视频监控图像，通过高清球形摄像头旋转，拍摄多角度视频图像。④设备管理：通过该信息系统，可查看当前所有自动化设备的运行状态，并可以进行远程自动化控制和管理。点击系统按钮、操作鼠标实现对种植设备的远程自动化控制，如打开风机通风降温、打开卷帘遮阳、打开保温膜等。⑤数据查询：可查看大棚的实时种植数据信息，包括大棚编号、种植蔬菜品种、空气温湿度、光照强度、土壤温湿度、日照数等，可通过选择大棚的名称、种植蔬菜的品种等进行数据查询筛选。⑥种植分析：对获得的种植数据进行对比分析，对比相同蔬菜，各大棚的长势及生长情况（视频图像对比）、分析种植环境因素对蔬菜的长势和产量的影响，形成科学化、低成本种植，提高蔬菜的产量和品质。⑦统计汇总：通过报表形式，根据不同的大棚、不同的种植品种、不同的环境参数等多个维度对种植相关数据进行统计和导出 Excel。

提升“农社对接”蔬菜直销平台 彰显“农居”利益共享

卜顺法[1]　郭火会[1]　张访群[1]　顾春锋[1]　余进安[2]
（1. 上海市闵行区三农综合服务中心
2. 闵行区农业技术服务中心）

上海市闵行区优质地产安全农产品进社区直销工作是区政府在 2012 年开始至今的重点工作。在区农委、区社区办、区房管局、区城管执法局执法大队、区财政局等政府职能部门积极协调和配合下，经多年实践（2009 年 4 月开始至今）探索地产优质农产品进社区直销，从最初设立 17 个社区直销点到 2014 年全区 9 家企业进驻 9 个镇、3 个街道和莘庄工业区 187 个居民社区进行地产优质农产品直销，累计供应次数达 15 000多次，出动销售人员 5 万多人次，年销售总额达 2 000多万元，年销售利润平均 200 多万元，全区地产安全农产品进社区直销工作深受市民欢迎。

1　“农社对接”的体会

“农社对接”通过政府搭台、企业唱戏的方式，对闵行区蔬菜产业发展有三方面作用。

1.1 有利于合理安排茬口和调整蔬菜品种结构

通过优质地产蔬菜进社区直销的方式，为各个合作社打开一个直接和市场对话的通道。通过社区这个窗口，直接面对市场，了解市民需求，根据市场反馈情况及时调整种植品种以满足市民需求。在销售过程中，地产绿叶菜最受社区居民青睐，往往需大于供。各个供菜企业针对这个特点，加大了绿叶菜种植面积。例如，上海市浙林蔬菜专业合作社通过合理安排茬口，比往年增加16.67公顷次的青菜、蓬蒿菜等优质绿叶菜植种面积，同时在7~9月加大对病虫害的预防，应用绿色防控技术，提高绿叶菜质量安全水平，获得较好的成效。

1.2 减少流通环节，市民得到实惠

通过优质地产蔬菜进社区直销方式销售的绿叶菜（如鸡毛菜、青菜），采摘后直销，蔬菜滞留期缩短，其质量品质、新鲜程度明显好于批发市场、农贸市场上销售的同类品种，而且价格低于市场零售价格。通过进社区直销方式，既减少了市场流通环节，让市民购买到优质、新鲜、安全的地产蔬菜，又让市民享受到了现代都市农业发展的成果，解决市民最后1千米买菜贵的难题。

1.3 实现产销对接，提高企业经济效益

优质地产蔬菜进社区直销，为企业拓展市场、打响品牌搭建了良好的平台。借助这个平台，各个企业各显神通，拓展销售渠道。例如，上海敏顺蔬菜种植专业合作社不断创新营销方式，采取每周打特价、电话订货、送货上门和增加季节性农产品等方式，平均每月销售额达50多万元，大大增加了企业的经济效益和活力。

2　“农社对接”的工作措施

2.1　领导重视，工作思路明确

为积极推动闵行区优质地产蔬菜进社区直销工作，区政府、各街镇和各部门积极发挥政策引导和服务工作，全面为企业搭建好平台。区农委、区蔬菜协会在多次召开座谈调研会的基础上，在与区社区办沟通协调之后，区农委制订了《关于闵行区农业企业进社区实施农产品地产地销的工作方案》，对入驻工作做了明确部署，并制定相关扶持政策。各镇、街道和工业区自上而下成立相应的工作领导小组，落实专人负责，具体领导和组织本镇农产品进社区直销工作。

2.2　明确职责，有序推进农产品进社区工作

区农委全面落实农产品进社区的农产品供应工作，组织农业企业（合作社）进驻社区进行直销服务工作；做好企业进社区直销点销售量、销售产值的月报统计工作；做好社区居民对社区直销点的销售情况、产品需求、便民利民等工作的问卷调查；协助企业做好品牌宣传服务工作，设计统一的社区直销点标识牌；监督企业农产品供应的质量安全卫生，确保 100% 合格；监督企业在社区直销服务中，服务行为规范；组织协调企业入驻及农产品供应中碰到的困难和问题。

2.3　合理布局，设立直销流通网点

蔬菜进社区直销，销售价格降低，惠及每个市民的切身利益。从关乎民生的目的出发，区农委、社区办在各镇、街道和工业区的配合下，对直销点进行合理布局，在居民较为集中的社

区，在农贸市场不配套、群众买菜不方便的区域以及居住人口比较密集的住宅小区设立了销售点，直销点的销售价格明显低于市场零售价格。同时，在运行工作中，区农委经常召集企业召开专题座谈会，分析存在的问题，群策群力，有针对性地促进地产优质农产品进社区工作。

2.4 扩大宣传，正面引导居民消费

充分发挥各种媒体的舆论导向作用，如闵行报对农产品进社区工作进行了报道；区农委委托区蔬菜协会制作了宣传易拉宝，向市民宣传我区都市农业发展成果，让广大市民真正得到农产品进社区直销的优惠，正确引导社会消费。各街道、乡镇、莘庄工业区积极配合相关部门，加大对地产安全农产品的广泛宣传，让居民加深了解，使“农社对接”活动能够更好地开展。如马桥镇利用居民周周会、居民代表会议等形式广泛宣传，并在小区宣传栏张贴宣传告示，提高居民知晓度；七宝镇、虹桥镇通过开展需求调查，在各居委召开居民会议征求居民意见，经过筛选确定开展此项活动的小区；颛桥镇通过组织居民参观农产品培育基地，使其更深入地了解农业基地的培植情况，让居民买得放心、吃得放心。七宝镇、梅陇镇还发动社区居民充当志愿者，积极帮助企业维持秩序。

3 “农社对接”工作中存在的一些问题

3.1 种植品种单一，不能满足居民全面需求

由于本区农民专业合作社的规模小、种植品种少、采收期间隔大，因此，不能满足居民的全面需求，部分居民还需走出社区，到农贸市场购买其他农副产品，会对销售产生影响。

3.2　社区居民需求量少，损耗严重

由于部分社区内居民不多，农产品购买量有限，不能符合大数法则，很难预估每次供应品种的数量，导致有的品种供不应求、有的供过于求，损耗严重。

3.3　受天气情况影响严重

社区直销受气候环境影响较大。若遇台风暴雨，来购买的居民数会大大降低；酷暑炎热，又会导致大部分蔬菜萎蔫。

3.4　物流成本过高

由于各个社区分布点不匀，加上企业物流车辆有限，如管理不善，物流成本居高不下，影响企业的经济效益。若社区消费量不大，企业亏损严重。

4　提升“农社对接”工作的建议

4.1　加强领导，使对接更顺畅

要充分认识到优质地产安全农产品进社区直销工作的重要性，增强责任感，切实把它作为一项民生工程来推进。闵行区各职能部门，要明确职责、确定工作联络员，从上到下建立一套完整的运转机制。各街镇、莘庄工业区具体负责本区域内农产品进社区工作的推进、落实和管理工作，及时解决工作中出现的问题，将农产品进社区工作纳入到便民利民服务的工作内容中，加强与各职能部门的协调和沟通，将政策补贴资金纳入部门年度预算，确保此项工作顺利实施与推进。各居委会要负责沟通协调小区业委会和物业服务企业，落实农产品进社区的各项具体工作。

4.2 提高认识，严把质量关

切实加强对地产安全农产品进社区直销工作的组织领导，区农委协同各相关部门要紧密配合，加强工作指导，加大支持力度，建立常态化运行机制，切实将进社区直销这一民生大事办好，让社会各界充分认识农产品进社区直销活动的必要性和重要性，引导广大市民积极参与直销购买。提高企业对农产品进社区的认识，加大农产品的检测力度，做好质量安全把关工作，确保市民购买到新鲜、优质、安全的地产农产品。

4.3 规范运作，探索新思路

目前，有的小区销售额比较高，有的小区受客观因素影响销售额不理想。作为直销企业的主管部门，要进一步整合现有销售点，建立规范运作机制，督导企业加强对员工的管理与培训，进一步提高认识，增强服务观念。同时，要加强学习，积极探索新思路，因地制宜，多形式地支持农产品配送机构的建设，探索农产品专卖店的销售模式，让绝大部分市民每天都能在家门口买到物美价廉的新鲜蔬菜。

4.4 加大扶持，直销常态化

在稳固现有社区的同时增加直销企业（合作社）数量，扩大本区社区居民服务面。从几年运行情况看，部分企业存在亏损。从长远看，亏损不利于企业的发展和直销活动的持续进行。因此，要加大财政扶持力度，并探索政府购买服务等方式，通过在社区安排志愿者协助维持秩序、设摊、宣传等服务工作，降低企业经营成本，实现农产品进社区工作常态化运行。

推进无公害整体认证工作
提升蔬菜质量安全水平

吴寒冰　潘龙金　汪　洁
（上海市浦东新区农业技术推广中心）

2010—2011年，浦东新区按照上海市农委蔬菜办在重点蔬菜生产基地推行无公害整体认证工作，保证2012年全市完成2 000公顷无公害整体认证工作的要求，积极拓展思路，延伸规模效应，推进了蔬菜整体认证申报工作，增加了无公害认证蔬菜生产数量和市场占有率，同时，扩大了无公害农产品影响力，提升了我区地产蔬菜质量安全水平。

近两年来，浦东新区蔬菜园艺场无公害整体认证工作取得了良好成效。2010年通过整体认证企业22家，产地规模273公顷，认证产品993个，无公害蔬菜产量1.78万吨；2011年有16家企业进行整体认证申报，产地规模286公顷，产量1.8万吨左右，大幅度提高了无公害认证蔬菜覆盖率，同时也积累了丰富经验。

1　主要工作

1.1　先试点后总结　推广成功经验

浦东新区农产品认证工作始于2001年，从上海市安全卫生优质农产品到农业部无公害农产品，认证方式从一品一报的产地认定和产品认证分开申报到多品一报的产地认定和产品认证同时申报的一体化认证方式，历经近10年的努力，浦东新区共有26家蔬菜企业65个产品获得无公害农产品认证，产量1.04万吨，占当地蔬菜生产量的6.47%。但也存在着认证效率低，重复劳动多，认证周期长，认证费用大，认证产品用标率低等问题。

2010年，浦东新区以上海世博会为契机，经上海市农产品质量安全中心和浦东新区农口一线工作人员的反复调研、深入分析、多次讨论和专家论证，在全国率先提出了蔬菜园艺场无公害农产品整体认证的设想，经报农业部农产品质量安全中心批准，在我区正式试点。蔬菜园艺场无公害农产品整体认证是在我国现有的无公害农产品认证制度框架内，把每个蔬菜园艺场作为一个整体，将其计划种植的全部蔬菜产品进行一次性整体认证申请，一次性提交申报材料，并在认证后实行全面管理。并统一设计认证产品用标。

2010年实施无公害整体认证企业22家，产地规模273公顷，认证产品993个，无公害蔬菜产量1.78万吨，无公害农产品整体认证试点成功。其成效表现在：①缩短了蔬菜产品的认证周期，加快了无公害蔬菜认证步伐；②减轻了企业的认证费用负担，节省了认证过程所需的人力、物力；③提高了无公害农产品的信誉，扩大了无公害标志的影响力；④对无公害农产品认证具有积极的示范指导作用，为其他产品的无公害认证提供了经验，真正达到了农产品认证工作的应有意义，起到了推动无公害认证工作的效应。正如农业部农产品质量安全中心陈生斗主任所指出的："上海开展的无公害农产品蔬菜园艺场整体认证试点工作，是一种探索和创新，意义重大，效果明显，突破了无公害蔬菜产品认证工作的瓶颈，为全国创造了一种新的模式，找到了一条有效途径，也为上海世博会期间蔬菜产品的质量安全提供了保证。”

1.2 掌握基地信息 完善运转机制

为推进无公害整体认证工作，我们对全区 159 家蔬菜生产企业进行了摸底调查，掌握基地蔬菜生产组织管理、农业投入品采购使用、产品采收销售等基础信息，有计划有步骤地稳步推进无公害整体认证工作。

（1）加强宣传引导。利用下乡指导、培训、科技入户、例行监管检查等平台，宣传无公害认证重要性，引导蔬菜生产基地积极开展无公害认证工作。

（2）遴选适宜基地。在企业自愿提出申请的基础上，按照整体认证的环境和生产管理等方面要求，优先选择积极性高的、有申请资质的、符合认证条件的、认证需求迫切的设施基地。

（3）协助制度建设。协助生产基地建立科学合理的生产管理制度。包括员工培训、投入品、生产管理、采收销售、产品检测、质量追溯等制度，贯穿蔬菜从田头到餐桌的整个流程，把蔬菜产销工作全程制度化，并严格执行，以制度来约束行为，规范日常生产管理工作。

（4）落实控制措施。在生产过程中落实各项无公害蔬菜生产质量控制措施，包括质量保证小组成员分工负责、明确职责的组织措施，以四新技术为主的技术措施，以农药化肥双减、秸秆处理、废弃物回收等为主的提高土地可持续生产能力的产地环境保护措施。

1.3 整合优势资源 加快推进步伐

由浦东新区农委牵头，成立以蔬菜办、农发中心、农技中心、检测中心等成员组成的无公害整体认证工作推进小组，集中行政、生产、认证、技术、监测等资源，明确职责，分工协作，发挥各自职能优势，以创建蔬菜标准园为契机，依托试点工作成功经验，推进无公害整体认证工作。一靠行政推动资金扶持，二靠技术支撑协助指导，三靠上下联动齐心协力，加快推进整体认证步伐。

（1）加强组织培训。组织申报企业推选的内检员参加由市质量安全中心组织的内检员培训，获证后持证上岗。组织申报企业的植保员、生产管理技术员、标准化工作负责人、认证申报工作人员以及镇级农产品认证联络员参加市、区相关部门组织的各类资质、技能和蔬菜生产技术方面的培训，提高基地无公害蔬菜生产和组织管理能力，同时，加强企业管理人员责任感和诚信意识。

（2）印制统一记录册，包括田间生产档案记录簿、投入品采购使用记录簿、产品采收销售记录簿和培训记录册，发放给企业，要求企业档案员如实及时记录日常生产管理工作，纳入浦东新区地产农产品信息追溯系统的企业要及时输入电脑上传记录。

（3）协助材料组织。考虑到企业独立完成申报材料有难度，推进小组根据整体认证材料的要求，利用试点工作的经验，制作了申报材料样本，供企业参考。梳理申报材料的共性部分，编印成册发放给申报企业共享，如执行标准、生产技术操作规程、各项生产管理制度等，协助和指导企业完成申报材料的组织，减少企业组织申报材料的重复劳动。同时，紧紧抓住无公害蔬菜生产的关键控制点，生产操作全过程必须建立田间生产档案，翔实记录农业投入品使用以及产品采收销售情况，使产品质量可追溯，特别是规范农药、化肥购买和使用情况，严禁高毒高残留农药和“三无”产品流入蔬菜生产基地。参考区农技部门的病虫情报，选用高效低毒低残留的推荐品种，不得超范围、超剂量使用。

（4）严格审核检查。对企业上报的申报材料，严格按照无公害整体认证的步骤和要求，认真做好文审工作，查缺补漏，对申报材料的真实性、准确性出具审查意见。组织有资质的检查员组成检查小组，实地检查，严格按照现场检查规范和要求．对基地产地环境、生产管理等方面的符合性进行考证，并积极配合有关部门进行产地环境和产品抽样检查工作。

1.4　强化安全监管　提升质量安全

实施整体认证，强化安全监管力度，提升产品质量安全，从源头上加强对地产农产品产地环境、生产过程、产品质量的控制。

（1）加强投入品监管。每年发布一次安全农药推荐表，并通过技术部门发布病虫害预测预报信息和植保防治指导技术意见，加强用药检查和管理，尤其是仓库管理和用药等投入品的采购使用登记台账。

（2）加强生产过程监管。主要内容有每年年初将当年的种植计划上报备案、投入品仓库和使用管理制度执行、产品销售登记制度执行、颁证后培训制度、产地环境普查及适宜品种推荐制度等执行情况。

（3）加强产品质量监测。我区蔬菜产品质量监测体系施行三级监管制度（自查、区普查、不定期突击抽查）和四级抽检制度（自检、镇速检、区抽检、市飞检），同时接受农业部飞检监管。结合市、区、镇各级对农产品质量安全监管工作的职责，围绕产品质量检测重点，我们依靠市、区、镇三级检测网络，加强对整体认证单位的产品检测，提高抽检和现场检查比例，对认证时未抽检到的品种，在上市周期内对认证农产品检测至少不少于 1 批次，对园艺场的现场检查也要做到 100%，在用药高峰时，增加飞行检查频次。

2 实施建议

2.1 加强宣传，提高认识是关键

蔬菜园艺场的整体认证，一方面是蔬菜产品生产实际的需要；另一方面是蔬菜产品质量安全的需要。这主要是由于蔬菜生产是一项劳动密集型产业，园艺场等基地蔬菜生产茬口多，蔬菜种类品种多。

2.2 加强引导，提高认证产品的市场知名度

市场是导向，为此要进一步加强市场对无公害农产品的消费引导，既有利于无公害农产品获得市场认可，更是提高市民消费水平和意识的关键。

2.3 总结经验，借鉴推广

无公害认证结合基地场的实际生产情况，既要引导农产品质量安全监管的全覆盖，更要实事求是，结合基地场生产品种的实际情况，推广整体认证模式，才能实现农产品质量安全监管的全覆盖，如向其他多品种种养基地场（农民专业合作社、水产场等）的推广。

总之，无公害整体认证工作成果是卓越显著的，工作是面广量大的，展望未来，“十二五”末要达到60%的认证覆盖率的目标，任务艰巨压力重，需要我们解放思想，集思广益，发扬积极进取、开拓创新的精神，进一步加快无公害整体认证的推进步伐，提升浦东新区蔬菜质量安全水平，为全市树立整体认证示范样板。

推行多项举措　确保菜农收益和市场供应

丁惠华　吴寒冰　汪　洁
（上海市浦东新区农业技术推广中心）

浦东新区现有蔬菜镇 24 个，2013 年常年菜田面积 8 368 公顷，季节性菜田面积 706. 5 公顷，合计 9 074. 5 公顷。常年菜田中，0. 13 公顷以上基本农田常年蔬菜种植户 10 081户，种植面积 5 856 公顷，其中，绿叶菜种植面积 2 866. 7 公顷。2013 年，市政府下达浦东新区蔬菜计划种植面积5 533. 3公顷，其中，绿叶菜种植面积2 566. 7公顷，蔬菜实种面积远超出计划面积，造成阶段性蔬菜生产过剩，导致蔬菜集中上市，发生菜贱伤农现象，影响了菜农的生产积极性。

为此，浦东新区农委等相关部门上下联动、积极协调，多次召开蔬菜产销座谈会、洽谈会，研究蔬菜产销动态，合理规划地产蔬菜生产布局，引导农户进行种植品种的调整，抓好蔬菜安全监管，落实各项补贴措施，努力做到让市场满意、市民放心、菜农安心，现将具体措施介绍如下。

1 实行蔬菜种植准入机制

1.1 加强宣传引导

区农业相关部门利用会议、培训、网络平台向菜农提供市场信息、产销对接、技术培训等服务工作，引导菜农适时进行结构调整，避免盲目种植造成种植面积、蔬菜品种等与市场脱节，发生菜贱伤农现象。

1.2 设定准入条件

1.2.1 上报种植户基本信息，纳入镇、村级管理

浦东新区基本农田种植户上报面积一律采用属地化管理，避免发生重复上报、面积虚增等现象。

1.2.2 建立档案管理

种植面积在 0.13 公顷以上的种植户必须进行田间档案记载，特别是肥料和农药的施用情况，要求记载完整、详细，便于追溯，有条件的生产单位必须实施信息上网。

1.2.3 安全使用农药

大力推广使用上海市农技部门推荐的农药品种，杜绝使用违禁农药，农药存放由专仓、专柜、专人保管；建立投入品管理与使用制度，包括植保员签名制度、仓库管理制度等；产品采收上市严格掌握安全间隔期。

1.2.4 加强农残检测

保证每茬上市蔬菜至少抽检 1 次，服从相关部门的监测与追溯不合格样品，检测合格率力争达到 100%，确保上市蔬菜安全卫生。

1.2.5　加强技术培训

蔬菜从业人员每年至少参加 1 次技术培训，不断提高生产水平。

1.3　发挥政策调控

浦东新区外来蔬菜种植人员流动性较大，蔬菜种植单位（人）与面积变动频繁，各镇可根据区下达的种植计划面积与生产实际情况按照种植准入条件下达各生产单位种植任务。特别是地产绿叶菜的生产面积，镇级调整、区级平衡，同时，给予相应配套补贴政策，对一些无序种植、不服从管理的生产单位（人）一律取消补贴或不享受补贴，保证全区蔬菜生产面积基本稳定、供需平衡。2013 年第一、第二季度蔬菜价格总体平稳，与 2012 年相比基本持平略有提升；第三季度由于出现罕见的连续高温天气，蔬菜价格浮动较大，售价略高。

2　加强政策扶持　确保绿叶菜生产

近年来，在市、区政府的大力扶持下，浦东新区先后建设了一批规模化、集约化、标准化、抗风险能力较强的绿叶菜生产基地，同时完善配套设施，包括遮阳降温设施、耕作机械、滴灌微喷设备等，提高了绿叶菜生产能力。进一步改善绿叶菜生产基地水利设施条件，提高菜地排涝抗旱能力，在自然灾害发生时起到了很好的市场调节作用。在政策上对绿叶菜生产进行大力扶持。一是在绿叶菜生产上实施综合补贴，减轻绿叶菜生产成本；二是在绿叶菜生产的市场风险开展农业价格保险，对保险金额给予补贴。政府有关部门在台风等不良灾害发生后，及时发放肥料、种子等救灾物资，确保蔬菜种植面积，提高菜农生产积极性。2013 年市与区、区与镇层层签订责任书，绿叶菜种植计划落实到村到户，确保完成全区绿叶菜生产任务。

3 依靠科技进步 探索蔬菜机械化生产新模式

传统蔬菜生产方式劳动强度大、环境条件差、收入低，种植蔬菜的青壮年劳力严重不足，主要以60岁以上的老年农民为主，造成管理粗放、管理不到位。外来种植户为便于生产、防止偷盗和降低生活成本，在田间搭建窝棚，菜田生产生活安全、菜农身心健康及环境保护存在较大隐患。为此，浦东新区农委及相关部门高度重视，积极研究解决办法。一是提高蔬菜生产组织化程度，散户以村为单位组建合作社，进行统一管理；二是加强安全生产指导，开展技术培训和安全生产检查；三是引导生产单位试验、引进和示范各类蔬菜生产机械装备，通过项目引进等渠道给予一定机械补贴，探索从播种、定植、灌溉、采收及加工、贮运、冷库冷链等新型种植及保鲜模式，以减轻蔬菜种植劳动强度，提高生产效率。

4 推进蔬菜标准园标准体系建设 提高蔬菜产能

从2010年起，国家和上海市政府相关部门陆续开展蔬菜标准园创建工作，浦东新区于2010年也完成了蔬菜标准园的创建规划，并制定了浦东新区蔬菜标准园创建实施细则，至今已有20多家基地被评为市、区级蔬菜标准园，整体产能得到提升。

4.1 推进标准园标准体系建设

落实专业人员，收集地方标准和生产技术规范，结合蔬菜标准园创建要求制定“五化”措施。优化园区生态条件、清理道路沟系，保持环境整洁优化；进一步执行生态栽培技术，按照无公害、绿色、有机农产品生产要求，严格加强监督落实；配全管理人员，加大投入品、田间生产、产品检测、产地准出、质量可追溯制度等管理工作；有条件的生产单位组织管理和操作人员进行商品化处理和品牌化销售知识培训，研讨创建农产品运销体系，做大做强品牌，增加产品附加值。

4.2　辐射带动周边农户提高标准化生产水平

结合蔬菜科技入户工程项目的开展，在生产实践过程中，逐步落实标准化措施，并辐射带动周边农户提高标准化生产水平。

4.3　实施蔬菜能级提升项目，提高蔬菜产能

通过有关部门认真筛选，2013 年浦东新区有 30 多家蔬菜生产基地实施蔬菜能级提升项目，政府在土壤修复、水循环利用、蔬菜种子繁育体系建设、冷链设施装备、废弃物处理和蔬菜绿色防控技术应用等方面给予一定资金扶持，全面提升了浦东新区蔬菜生产能级，提高种植效益。

5　加强生产管理　确保市场供应

5.1　加强技术指导，提供优质品种

浦东新区农技人员在蔬菜生产工作中发挥积极作用，为种植基地提供优质蔬菜品种，加强生产技术指导，确保供应优质蔬菜产品，同时，利用网络向菜农及时发布生产信息，提供适销对路的蔬菜品种。

5.2　优化品种结构，合理安排茬口

根据蔬菜在田的货源和市场需求实际情况，合理安排各类蔬

菜采收、贮运和上市时期，稳定市场供应；让地产蔬菜品种与大市场大流通的供应品种有机结合，满足消费需求。区农技部门抓好以青菜、塌菜、芹菜、卷心菜、花菜等露地蔬菜的播种进度与定植质量，充分利用大棚设施，根据市场需求调整蔬菜品种结构并合理安排茬口，稳定秋冬期间蔬菜市场供应。

6　强化组织协调　促进产销对接

浦东新区农委、区商委等相关政府部门以农超对接、农社对接等工作为抓手，积极引导大型零售流通企业以及学校、酒店、大企业等最终用户与产地蔬菜规模化生产合作社、批发市场和龙头企业等直接对接，提高零售环节产销对接的蔬菜流通比重，降低营销费用。政府通过牵线搭桥提供产销信息，整合资源优势，使具有一定规模的蔬菜营销企业、生产基地同步健康发展，营销企业保证有充足的货源，蔬菜种植基地扩大销售渠道，提高种植积极性。同时，培育和发展从事蔬菜交易的农村经纪人，规范菜市场和超市收费行为，合理调控摊位费的收取额度，引导菜市场提高服务水平，为零售商贩经营创造便利条件，促进蔬菜合理有序流通，确保菜农收入与市场供应。

扎实推进标准园创建工作
巩固提升标准园创建成果

韩小双[1]　孙连飞[1]　高　宇[1]　江　涛[2]
（1. 上海市松江区蔬菜技术推广站
2. 松江区农业技术推广中心）

蔬菜标准园创建，即集成技术、集约项目、集中力量，在优势产区建设一批规模化种植、标准化生产、商品化处理、品牌化销售、产业化经营（“五化”）的生产基地，示范带动本区蔬菜质量提升和效益提高。其目的是通过技术和资源的优化集中，推动蔬菜产业发展方式转变和经营方式创新，逐步实现“五化”，稳步提高蔬菜质量安全水平，提升产业发展的质量效益，增强产业的竞争力。

近年来，松江区在不断深化对蔬菜标准园认识的基础上，积极认真做好创建工作，进一步巩固并提升已创建的标准园各方面水平。2014 年松江区蔬菜标准园启动工作会议在泖港镇上海绿和园艺有限公司召开，此次会议的召开意味着新一轮的蔬菜标准园创建工作火热开展起来。

1　标准园创建的主要做法（总体要求和主要内容）

针对 2014 年创建的 3 家标准园，松江区主要围绕“五化”

以及统一品种、统一购药、统一标准、统一检测、统一标识、统一销售（“六统一”）的总体要求，努力建设符合农业现代化的标准园区，具体做好以下5个方面。

1.1 环境良好，设施齐全

加强标准园基础设施建设，确保场区设施齐全，功能布局合理。园内具备育苗、生产、检测、采后处理等功能区和农资仓库，水、电、路配套设施设备齐全，确保建成涝能排、旱能灌、主干道硬化的高标准菜田。废弃农膜、农药肥料包装物等农业投入品废弃物必须全部回收，禁止使用对环境有严重影响的农业投入品。

1.2 标准生产，严格采收

做好生产工作是标准园建设的关键点。合理安排茬口，科学轮作；选用抗病、优质、高产、适合市场需求的品种，需要育苗的100%采用集约化育苗方式；设施栽培全面应用一膜两网覆盖技术，即防雾滴耐老化功能棚膜和遮阳网、防虫网覆盖技术；应用滴（喷）灌、测土配方施肥技术，实行病虫害绿色防控技术。按照兼顾产量、品质、效益和保鲜期的原则，适时采收，严格执行农药采收安全间隔期，不合格的产品不得采收上市。采收的蔬菜需经过专门的整理、分级、包装，附加标识后方可销售。

1.3 推广先进实用技术

引进新品种，提升竞争力；集约化育苗，降本提效；应用覆盖技术，控温控湿；使用绿色防控技术，提升蔬菜品质；推广蔬菜废弃物循环利用技术，环保增效；使用石灰氮高温土壤消毒技术，改良土壤，克服连作障碍。水肥一体化是松江区2014年重点推广的示范技术，实施此项技术可有效提高灌溉水和肥料利用效率，极大地降低劳动力成本，提高设施蔬菜的产量、品质、生产水平和效益。

1.4　质量管理全程追溯

建立农业投入品进出库档案，统一印发生产档案本，详细记载使用农业投入品的名称、用法用量和使用日期以及病虫草害发生与防治情况、产品收获日期。配备必要的农药残留检测仪器，凡不符合国家或行业食品安全标准的不得采收，检测不合格的产品一律不准销售，售出产品要有准出证明。对标准园内产地和产品实行统一编码管理，统一包装和标识，有条件的应实现产品质量信息自动化查询。

1.5　工作管理规范有序

成立标准园创建小组，确保园区负责人、技术指导员、植保员、田间档案记录员、检测员等人员到位，分解任务，明确责任，狠抓落实。创建方案、产品质量安全标准、技术规程、生产档案、产品安全质量检测报告等文件资料要齐全、完整，并分类立卷归档。整合有关项目和技术力量，保证各项措施到位，协调相关部门，开展创建工作。

2　松江区标准园创建成效

近年来，松江区积极发展蔬菜标准园，2009—2013 年共创建 12 家，其中，2 家农业部标准园、10 家市级标准园。创建面积 251. 13 公顷，验收考核成绩居全市前列，创建工作取得了显著成效。

2.1 标准化生产水平普遍提高

各园区均将提升标准化生产技术水平放在首位，引进了20余种蔬菜新品种，推广集约化育苗、遮阳网覆盖栽培、病虫害绿色防控、蔬菜废弃物循环利用等技术，建立健全各项规章制度，引用或制定多项生产技术规程，同时，结合技术培训，增强农户标准化生产意识，提高标准化生产技术水平，从源头上保障了蔬菜生产的质量安全。

2.2 经济效益显著增长

按照“五化”要求创建标准园，推广应用先进生产技术，提高了基地生产能力，产生了较好的经济效益。2013年6家新建蔬菜标准园蔬菜总产量11 317吨，总产值3 530.2万元，平均亩产值2.1万元，与2012年相比，产量增加1 383吨，平均亩产值增加3 583.6元，总产值提高590.3万元，增幅达20.1%，经济效益明显提高。

2.3 环境改善，生态效益突显

基地设施设备建设完善，农业投入品废弃物分类回收，基地的生态环境和场容场貌得到明显改善。松江区在标准园配置了蔬菜废弃物循环利用堆置场，年均处理蔬菜废弃物3 000吨、堆置有机肥2 000吨，不仅解决了蔬菜废弃物对生态环境造成的不利影响，而且有机肥还田，实现了节本增效的目标。

2.4 示范带动效益不断增强

标准园基地走产业化发展道路，结合新品种、新技术展示和技术培训，带动周边农户参观效仿，起到了很好的示范和引领作用。如上海浦净蔬菜专业合作社通过标准园项目实施，实现年产蔬菜 3 500 吨，带动辐射面积 36 公顷，涉及 4 家基地，起到了很好的示范作用，提升了一定区域内蔬菜产业的整体水平。

2.5　品牌知名度大幅提升

松江区所有标准园都经过了“三品一标”认证，拥有自主品牌。通过提高标准园内的蔬菜产品品质，统一产品包装，同时，加大宣传力度，使消费者了解产品、记住品牌。上海浦净蔬菜专业合作社“三净”、上海欧阁农业有限公司“有机农庄”、上海松丰蔬果专业合作社“精菜坊”等品牌的影响力和知名度得到扩大，品牌效益增强显著。

3　标准园的巩固和发展

面对良好的创建成效，我们不能放松对标准园创建成果的巩固。创建完成通过验收后仍要做好完善工作，继续提升巩固标准园创建成果，达到蔬菜标准园常态化、持续化发展目标。对已建成的标准园在做好生产操作规范、场容场貌整洁、产品质量安全的基本要求下继续完善以下几个方面。

3.1　继续加强培训学习

通过创建学习，各园艺场的种植和管理水平得到了一定的提高，但是农民科技素质的培养是一个漫长的过程，需要长期大量的培训和指导，今后仍应定期组织标准园技术人员参加培训，不断提升技术水平。

3.2　克服完善技术难点

新技术的推广有极大的优势，但也并非一蹴而就。由于各标准园基地的环境和操作人员技术水平不同，还需进一步掌握和克服务各项技术要点和难点，不断提高配套设备使用效率，解决技术实施等难题，进一步提高工作效率。

3.3 巩固加强制度建设

进一步完善蔬菜标准园生产管理规范，蔬菜标准园负责人、植保员、检测员等人员专人专岗、合理分工，设立标准园每年的任务计划，建立计划完成考核制度。区镇两级蔬菜条线负责人继续给予标准园技术指导，并持续监督追踪标准园的生产情况，参考、学习其他地区标准园建设经验，结合本区实际做好标准园生产工作。

标准园创建是一项开拓性的工作，是蔬菜产业发展的目标，努力增强蔬菜标准园创建工作的责任感，抓好在建标准园创建工作，并巩固提升已建标准园，推动松江区蔬菜产业跃上一个新的台阶。

抓好夏淡蔬菜价格保险
保障绿叶菜市场供应

吴寒冰　陈　杰
（上海市浦东新区农业技术推广中心）

夏淡蔬菜成本价格保险是上海市为了促进夏淡期间的绿叶菜均衡生长和均衡上市，保证绿叶菜市场供应、保护菜农利益和提高生产积极性而提出的一项创新型措施，是全国首创的菜价保险机制。2012 年浦东新区根据市《2012 年“淡季”绿叶菜成本价格保险实施方案》要求，积极落实各项措施，圆满完成了夏淡蔬菜价格保险计划任务。

1　基本情况

2012 年上海市浦东新区绿叶菜成本价格保险计划面积为 1 866. 7 公顷，我们按照均衡播种、均衡生产、均衡上市的工作要求，共投保面积 1 866. 7 公顷，涉及 20 个镇，共 5 个品种，分 3 个时段开展绿叶菜价格保险工作。其中青菜投保面积 693. 3 公顷、鸡毛菜 653. 3 公顷、米苋 206. 7 公顷、生菜 66. 7 公顷、杭白菜 146. 7 公顷，圆满完成了下达任务，同时，协助安信农保做好投保和理赔工作。

2 主要工作

2.1 宣传发动 统一认识

根据《上海市人民政府贯彻国务院关于进一步促进蔬菜生产保障市场供应和价格基本稳定通知的实施意见》[沪府（2010）82号]的精神和市农委《关于下发2012年度“淡季”绿叶菜价格保险实施方案的通知》要求，浦东新区及时召开专题会议，组织专项活动，对全区镇村蔬菜专管员和协管员统一思想、落实责任，充分认识地产绿叶菜生产对确保市场供应的重要性。对夏淡期间绿叶菜种植进行全区动员，明确了夏淡绿叶菜生产单位以园艺场、合作社、基地、大户等保护田为种植主体，并作为一项政治任务加以贯彻；同时，加大对投保种植户的宣传，明确价格保险政策是为确保市场供应、保障菜农收入而出台的一项重要举措，消除菜农对一般商业保险理解误区，提高投保积极性，有力确保了夏淡期间绿叶菜生产。

2.2 组建班子 保障工作

浦东新区及时成立了由区农委蔬菜办、浦东农技中心、安信农保等多方组成的保淡保险工作小组，组织领导、协调推进夏淡蔬菜价格保险的各项工作，对各镇的绿叶菜种植情况进行监督、检查，确保各项任务与措施顺利进行。区农委行政、技术部门密切配合，上下联动，采取积极有效措施，成立了新区绿叶菜领导小组和工作小组，由区农委主要领导亲自挂帅，各部门及科技人员通力协作，通过科技入户、下乡指导、专门挂点、划片包干等形式，全方位指导菜农进行绿叶菜生产。

2.3 制定方案 层层落实

根据上海市对浦东新区夏淡蔬菜价格保险的工作要求，在调研的基础上，推进小组制定并下发了 2012 年浦东新区关于落实夏淡期间种植绿叶菜与价格保险实施方案，方案中明确了绿叶菜种植任务、种植对象、计划分解、工作要求及价格保险的保险期间、投保对象、投保面积和时段、保险金额及费率、保费补贴标准、理赔方式等，并依据 2012 年全区各镇保护田生产面积与菜农实际种植情况，将计划面积分配至各镇，再由镇到村、村到户，及时按照实施方案与分配面积落实到田，确保种植与投保任务的全面完成。

2.4 政策支持 技术指导

（1）政府政策资金补贴。按照市制定的 5 个品种的保险费，在市财政补贴 50% 的基础上，区财政补贴 40%、投保人自筹 10% 交纳保费，共计市级补贴 125.96 万元、区级补贴 101.04 万元、农户交纳保费 24.92 万元。

（2）实行物化补贴。在落实市相关政策的同时，浦东新区领导高度重视绿叶菜生产，区财政拨付专项资金进行绿叶菜种植补贴，优先对夏淡绿叶菜种植单位实施物化补贴，共计补贴绿叶菜专用肥 111.6 万元、遮阳网 225 万元。

（3）各项技术依托。区蔬菜技术部门在夏淡期间及时下发夏秋季节绿叶菜品种选择、栽培技术等技术资料，并组织相关培训，引导农户合理安排茬口进行夏季绿叶菜生产，并不定期进行现场指导。特别是 2012 年“海葵”台风时期，及时发布蔬菜防灾技术措施，赶赴现场实地指导生产，做好农用物资储备，及时统计上报灾情。通过技术部门预期发布的相关信息，指导农户均衡播种、均衡生产、均衡上市。

2.5 加强检查 核对信息

在夏淡绿叶菜种植期间，区农委组织各方力量加强检查，同时要求各镇做好自查，及时掌握各个时段5种蔬菜品种的实际落地种植和上市情况，并及时汇总上报。在自查的基础上，区农委对各镇进行抽查核对，实地检查有种植计划任务的村和农户的种植面积、品种及分时段种植情况；检查核实台账，发现问题及时整改；并加强市场信息服务与生产技术指导，针对当前蔬菜生产与供应情况，优化蔬菜品种结构，确保绿叶菜均衡供应。

2.6 农保对接 及时赔偿

浦东新区组织农户和保险公司直接对接。保险公司在每个镇设置了专门保险联络员，坚持见菜承保、上市理赔原则；各镇蔬菜龙头企业、专业合作社和种植大户直接投保，并提供相应账户。面积在1 334平方米以上的绿叶菜种植散户由所属镇统一组织投保，做到“一品、一户、一期、一单”分开投保，计划全面落实到户。保险公司在理赔依据上，依据保险期间18家标准化菜市场的平均零售价格与保单约定成本价，若在保险期间平均零售价低于保单约定价，立刻核实绿叶菜上市情况，对上市遭受损失的单位，经过核实后理赔结算，开通理赔绿色通道，第一时间将赔款发放到园艺场、合作社、种植大户及散户，极大地提高了生产积极性，保障了菜农收益。

目前，蔬菜保险中也存在投保标的与生产实际有所脱节、绿叶菜品种计划分配与当地种植习惯有一定差异、某些农户投保积极性不高等问题，我们将在下一步工作中针对这些问题开展工作，充分发挥夏淡蔬菜价格保险机制在稳定地产绿叶菜供应中的作用。

以蔬菜标准园为抓手
确保蔬菜生产安全

——上海新君宴蔬果专业合作社创建蔬菜标准园的实践

沈立新[1]　周安尼[2]

（1. 上海市青浦区农业委员会　2. 青浦区蔬菜办公室）

2012 年，上海新君宴蔬果专业合作社（以下简称新君宴）被农业部选为创建国家农业部蔬菜标准园。2012 年末，各路专家根据农业部创建蔬菜标准园验收的标准和要求，采用一看二听三问的方法，进园查看台账、田间档案、仓库、各项制度和园地建设、栽培管理、商品处理、品牌建设与质量管理、清洁田园以及工作成效等内容，大家一致认为，新君宴符合农业部创建标准园要求，综合评分取得了 91.7 分的高分，被评为优秀菜园子。

1　创建蔬菜标准园的状况与回顾

2012 年初，新君宴被国家农业部、上海市农委选为创建部级蔬菜标准园。为此，新君宴根据农业部、财政部联合下发的关于《2011 年园艺作物标准园创建项目实施指导意见》的通知［农办财（2011）67 号］精神和实施要求，结合蔬菜标准化生产实际，以推广生态栽培技术、推进标准化生产、建立和完善全程质量安全管理制度为主要抓手，积极创建蔬菜标准园，全面提升蔬菜标准化生产水平和蔬菜产品质量。经过近 1 年的创建，在占地 20 公顷的基地上取得了实绩效益，具体表现在以下几个方面。

1.1 社会效益

让人们了解蔬菜标准园生产的蔬菜是安全、卫生，质量是有保证的，从田头到餐桌严格把关，保证消费者吃上放心菜。新君宴蔬菜标准园的创建就近解决了当地剩余劳动力，推进了蔬菜标准化、规模化、集约化种植，提高了生产技术水平，改善了基地设施条件，同时，通过示范推广带动周边 100 多户农户种植蔬菜，并解决蔬菜销路，带动农民增收。

1.2 经济效益

实施创建蔬菜标准园后，改善了生产条件，确保了产品质量，提高了产品食用安全水平。据测算分析，其经济效益可比创建前节本 9. 5%、增效 8. 7%。新君宴蔬菜标准园创建后，年平均亩产量增加 11. 2%，农药使用量减少 32. 7% 以上，年总产量 2 200吨。通过预冷、包装、加工，实现销售收入 500 多万元，平均亩收入 16 000元，扣除土地使用费、农资、人工、加工费用等9 000元左右，亩年纯收入 7 000元以上。

1.3 生态效益

园内保持整洁，废弃物进行集中无害化处理，达到清洁田园的目的。据统计，2012 年使用化肥量 60 吨，比上年减少 10. 8%，使用农药 1. 32 吨，减少 30. 6% 以上，采用生物、物理手段防治病虫害，产品质量安全可靠。目前，标准园已拥有防虫网 13.5 万平方米（约 13.47 公顷），粘虫色板 560 块，使用杀虫灯 12 台；防雾滴棚膜 13.5 万平方米（约 13.47 公顷），膜下滴（暗）灌设备 11.8 万平方米（约 11.4 公顷），并采用夏季高温闷棚等生态栽培技术。使用高效、低毒、低残留农药，增施有机肥，减少和降低土壤有害物质，培肥地力，改良土壤，改善生态环境，促进基地生态良性循环，改善农民居住环境。

目前，新君宴拥有管型塑料大棚 332 个，面积 13.87 公顷，连体大棚 2 个，占地 0.5 公顷，沟、渠、路配套；拥有加工厂房 900 平方米，蔬菜保鲜库 400 立方米，以及办公、生活用房 650 平方米，并配有菜篮子工程车 2 辆，拥有农用机械 12 套件，员工 98 名；下设 3 个事业中心，即园艺种植（养殖）中心、产品加工中心、超市与物流中心，满足各类客户的需求；年销售额（包括收购）达到 2 200万元人民币，并拥有“君宴牌”商标。

2　创建蔬菜标准园的实践与做法

创建蔬菜标准园，使新君宴实现规模化种植、标准化生产、商品化处理、品牌化销售和产业化经营，极大提高了蔬菜质量安全水平，提升了产业发展竞争力，使新君宴尝到甜头。通过集成技术、集约项目、集中力量，推动发展方式转变和经营方式创新，这种做法与方式仍在实施与改进。

2.1　实行示范生态栽培技术

蔬菜标准园生产推行示范应用蔬菜优良品种、集约化育苗、防虫网、黏虫板、频振式杀虫灯、性诱剂、大棚避雨栽培、防雾滴棚膜、膜下滴灌、高温闷棚等生态栽培技术，提高了蔬菜产品质量安全水平。

2.2 组织实施标准化生产

（1）实施农产品质量安全、种子（种苗）、肥料、农药、新型材料、冷藏、加工、运输等方面的国家标准、行业标准和地方标准。

（2）推行先进、实用、操作性强的主栽作物标准化生产技术规程，并组织实施。

（3）采用国际标准和国外先进标准进行蔬菜生产。

2.3 坚持完善质量安全管理制度

（1）坚持投入品管理制度，确保不购买、不使用禁用限用投入品，科学安全使用投入品。

（2）坚持生产档案制度，确保生产信息可查询。

（3）坚持产品检测制度，确保安全期采收。

（4）坚持产地准出制度，确保不合格产品不采收、不销售，严把产地准出关。

（5）质量可追溯制度，确保产品质量全程可追溯、责任可追究。

2.4 提高产品知名度

提升蔬菜标准园的知名度和产业发展竞争力，目前，新君宴绿叶菜在上海已有一定的知名度。

3 坚持创建蔬菜标准园的措施落实与创新

创建蔬菜标准园的关键是组织领导，为此，实施创建蔬菜标准园后，青浦区组建实施小组和技术指导小组，坚持定期部署和督（指）导标准园创建工作。

青浦区实施小组坚持不定期组织相关人员对标准园生产活动进行督导，重点落实工作责任、关键技术、生产标准和质量管理等工作，确保各项技术和工作措施落实到位。

3.1　坚持园地建设规范化

健全农业投入品管理制度、田间档案管理制度、产品检测和准出制度、质量安全可追溯制度，制定主要产品技术规程和种植规范，定期组织培训种植户；应用蔬菜优良品种、集约化育苗、防虫网、黏虫板、频振式杀虫灯、性诱剂、大棚避雨栽培、防雾滴棚膜、膜下滴灌、高温闷棚等生态栽培技术；制定种植计划，合理安排轮作；加强采后管理，建立加工运输冷链系统；完善产品标签标识制度；通过蔬菜无公害整体认证，制定蔬菜标准园区环境保护措施，创造良好的生态条件。

3.2　坚持栽培管理科学化

在制定全年种植计划时，先确定合理耕作、轮作制度，及时修订和完善先进、实用、操作性强的蔬菜主栽品种标准化生产技术规程。提高良种覆盖率，采用集约化育苗、生态栽培技术，科学水肥管理、病虫害防治，园内土壤、空气、灌溉水均符合无公害蔬菜产地环境条件（NY5010）的要求。清洁田园，集中连片，标准园内应具备农资存放、育苗、生产、检测、采后处理等功能。

3.3　坚持合理耕作、轮作

在前茬清理完毕的基础上，每亩施入农家肥料 2 000 ~ 3 000 千克或商品有机肥 800 千克，然后机械翻耕，深度为 20 ~ 25 厘米；另外，每个大棚都进行合理轮作，如青菜与芹菜轮作、菠菜与小白菜、油麦菜与瓜果类、茎块类蔬菜与青菜等轮作，每年轮转1次，使土壤适应作物的生长，减轻病虫害的发生，减少损失。

3.4 坚持推广生态栽培技术

重点示范应用防虫网阻隔与性诱剂、色板诱杀等防虫技术以及防雾滴棚膜与膜下滴灌控湿防病技术，应用面积24公顷；主要推广应用集约化种苗技术、避雨栽培技术、化肥农药减量增效技术、有机肥使用技术、蔬菜秸秆等废弃物无害化处理技术等关键技术。设施菜园均推广生态栽培技术，即优良品种、集约化育苗、滴管微喷、防虫网、色板、性诱剂、杀虫灯、避雨栽培、防雾滴膜、高温闷棚等，收到良好效果。

3.5 坚持水肥科学管理

根据园内土壤的营养元素含量和蔬菜品种的需肥量，有的放矢进行配方施肥，这样既可减少环境污染，又降低了生产成本，满足蔬菜的需肥量，确保产品质量。新君宴标准园应用禾绿牌生物有机肥、鸡屎（粪）和畜粪，少量应用饼肥，年用量在400吨左右；无机肥主要以尿素、硫氨、氯化钾和磷肥为主，年用量60吨左右。各种营养元素搭配合理、适量、适期，未发现肥害和缺肥现象。塑料大棚内灌水大部分实行浇灌与喷射灌溉。

3.6 坚持病虫草害绿色防控

实行指导性统防统治，根据市、区蔬菜技术推广站的《蔬菜病虫测报》情报对症用药，这样既可减少用药次数，又能降低用药数量，节省了生产成本，减轻了污染。根据病虫特征特点统一发放农药，由农户防治。在安全用药方面，统一供药、统一指导，严禁私自购药。一旦发现违禁用药，本园拒收产品并予以罚款，严禁产品入市。到目前为止，新君宴标准园尚未发生使用违禁农药现象。构建蔬菜病虫绿色防控技术体系，即三诱一网 + 科学用药技术体系。一是大力推广性诱；二是积极推广灯诱，三是适度推广色诱技术，四是科学推广防虫网。夏秋季节来临，采用上述技术防治食叶害虫，发挥其积极作用。

3.7　坚持蔬菜采后无害处理

蔬菜采收后经清洗、加工分拣、分等分级、预冷、冷藏后，由专车配送，并统一商标标识。每天下午开始为挂钩的上海 42 个菜市场日供净菜 6 ~ 8 吨，均以小规格小包装为主，一般每件在 400 ~ 500 克，一家 3 口可吃 1 顿，深受消费者欢迎，并将下脚料进行无害化处理。

按照《农产品包装和管理办法》要求，加强蔬菜产品包装和标识管理，产品包装标识内容包括产品名称、产地编码、生产日期、生产者、产品认证情况等信息，基地要建立详细的备案管理制度，确保产品流向的可追踪（溯）制。

3.8　坚持采取安全间隔期采摘制度

根据不同农药在作物上消失、残留、代谢方式等不同，确定安全间隔期。安全间隔期的长短与农药种类、剂型、施药浓度、环境、蔬菜种类等因素有关，因此，严格执行安全间隔期，确保蔬菜产品农药残留不超标，并采用“五化” + “六统一”制度，即规模化种植、标准化生产、商品化处理、品牌化销售、产业化经营和统一品种、统一购药、统一标准、统一检测、统一标识、统一销售，确保了蔬菜生产质量。一旦发现使用违禁农药，取消其种菜资格并罚款。凡准出的产品均有检测报告，并有植保员、检测员签字。

加强产销管理　保障有序供应

丁惠华　吴寒冰
（上海市浦东新区农业技术推广中心）

2009 年，南汇区正式划入浦东以后，浦东新区现有常住人口 500 多万，约占上海市总人口的 1/6，同时随着浦东新区的不断开发，蔬菜种植面积将越来越少。在人口密集且蔬菜种植劳动力紧张的情况下，浦东新区农委等相关政府部门上下联动，积极协调，多次召开蔬菜产销座谈会、恳谈会，研究蔬菜产销动态，抓好蔬菜安全监管，落实各项补贴措施，努力做到使市场满意、市民放心、菜农舒心，现将具体工作总结如下。

1　浦东新区蔬菜产销现状

1.1　蔬菜生产现状

浦东新区现有 24 个蔬菜种植镇，2012 年常年菜田面积 8 200 公顷，种植户约 1.6 万户。其中，本地菜农 8 000余户，种植面积 1 400 公顷，占蔬菜栽培总面积的 17%；外来种植户近 8 000户，种植面积约 3 800 公顷，占蔬菜栽培总面积的 46%；蔬菜园艺场、合作社、设施基地等 180 多家，种植面积

3 000 公顷，占蔬菜栽培总面积的 37%。浦东新区主要种植蔬菜品种有黄瓜、番茄、辣椒、茄子、扁豆、豇豆、莴笋、青菜、白菜、甘蓝、芹菜、菠菜和茼蒿等。

2012 年浦东新区蔬菜全年总上市量约 70.7 万吨，总产值 14.9 亿元，其中，绿叶菜上市量 33.6 万吨，约占总上市量的 48%。2012 年上海市政府下达浦东新区蔬菜计划种植面积 5 200 公顷，其中，年绿叶菜种植面积 2 100 公顷，上市量 20.8 万吨，夏淡期间（7～9 月）绿叶菜种植面积另增加 346.7 公顷。

1.2　蔬菜销售现状

浦东新区蔬菜主要销售形式是批发市场、田头交易、企业配送和自产自销。以批发市场销售为主，销售量占总上市量的 38.8%，田头交易销售量占总上市量的 30.8%，自产自销占总上市量约 24%，企业配送销售量占总上市量约 6.4%。与 2011 年相比，2012 年批发市场销售量占有率略有下降，田头交易和企业配送占有率均略有上升。2012 年上海市与浦东新区、区与镇层层签订责任书，绿叶菜种植计划落实到村、到户，全区绿叶菜上市量 33.6 万吨，超额完成绿叶菜上市任务。

2　加强生产管理，确保安全上市

2.1　加强技术指导，提供优质品种

浦东新区农技人员在蔬菜生产工作中发挥积极作用，为种植基地提供优质蔬菜品种，加强生产技术指导，确保蔬菜产品优质供应。技术人员把在试验示范基地上筛选出的高产优质、风味好的蔬菜品种，通过培训班、现场会的方式向种植基地和种植大户进行宣传，使菜农能及时了解生产信息，种植适销对路的蔬菜品

种。工厂化育苗场及时把优质蔬菜种苗供应给周边蔬菜园艺场、合作社、设施基地和种植大户，确保蔬菜生产高产优质。

2.2 优化品种结构，合理安排茬口

根据在田蔬菜货源和市场需求的实际情况，合理安排各类蔬菜的采收、贮运和上市时间，稳定市场供应；把地产供应蔬菜品种与大市场大流通的供应品种有机结合，满足消费者需求。区农技部门抓好以青菜、塌菜、芹菜、卷心菜、花菜等露地蔬菜的播种进度与定植质量，充分利用大棚设施，根据市场需求调整蔬菜品种结构并合理安排茬口，稳定秋冬期间蔬菜市场供应。对青菜、鸡毛菜、生菜、杭白菜、草头等在田绿叶菜加强田间肥水管理，提高新鲜时令绿叶蔬菜产量，增加有效供给。

2.3 加强安全监管，确保蔬菜质量

为确保蔬菜安全，区农委下设区农产品检测中心，各镇、菜场设有检测室，每年区检测中心速测蔬菜样本5万多例，精测样本5 000多例，已基本建立了区、镇、村三级蔬菜质量安全检测体系。加大对散户安全用药管理，每户发放联系手册，要求农户及时记载农药、肥料等农事操作。蔬菜生产基地及时做好田间档案记载与上网工作，执行植保员签名等质量保证制度。区农委执法大队等相关部门不定期组织下乡检查，对使用违禁农药、过期农药等行为进行没收并加以处罚。通过近几年的不断建设，浦东新区已基本形成产地有准出制度、市场有准入制度、产品有身份标识、信息可查、风险可控的全程质量追溯体系，做到不检测不上市、不合格不上市、不承诺不出售。

区政府相关职能部门加强对市场的管理，要求市场经营管理者依法审查场内经营者的经营资格，依法亮照经营。建立并落实进货查验、索证索票、购销台账等制度，与场内经营者订立进场

经营合同，明确双方责任义务。

3　加强政策扶持，确保绿叶菜生产

浦东地处亚热带南缘，春季常湿凉多雨，夏季炎热湿润，每年都会受到气温过高过低、光照过强过弱、雨水过多过少、台风暴雨等灾害性天气影响。绿叶菜由于生长速度快，生长周期短，常因风调雨顺而产量剧增，出现阶段性卖菜难现象，造成菜贱伤农；同时也常常会由于灾害性气候的影响而导致紧缺，造成价格居高不下，甚至出现菜比肉贵的现象，进而带动整个蔬菜市场价格上扬。

绝大部分绿叶菜不耐长途运输，经不起长期贮藏，因此，绿叶菜主要以本地供应为主。近年来，在市、区政府的大力扶持下，浦东新区先后建设了一批规模化、集约化、标准化、抗风险能力较强的绿叶菜生产基地，同时完善配套设施，包括遮阳降温设施、耕作机械、滴灌微喷等，提高了绿叶菜生产能力，进一步改善了绿叶菜生产基地水利设施条件，提高菜地排涝抗旱能力，在自然灾害发生时起到了很好的市场调节作用。

浦东新区今后还将建立以绿叶类蔬菜为主的设施蔬菜茬口布局和栽培方式，制定并实施相应的技术规范；建立绿叶蔬菜从播种到餐桌的全过程安全生产标准化技术规范并推广应用。同时，针对蔬菜标准园及标准化生产基地，开展绿叶菜病虫害发生规律的研究，通过选育引进抗病虫品种，应用杀虫灯、性诱剂、防虫网、黄板、高效低毒农药等综合措施，全面建立绿叶菜绿色防控技术体系。

绿叶菜生产在保障城市供应与社会稳定方面作用明显，但由于农业投入品（农药、肥料、种子等）的上涨，劳动力的紧缺与用工成本大幅提高，绿叶菜生产的效益逐年下降，部分规模化生产基地出现亏损现象，这在很大程度上影响了菜农种植绿叶菜的积极性。为此，近两年来，市、区两级政府在政策上对绿叶菜生产进行了大力扶持。一是在绿叶菜生产上实施综合补贴，减轻绿叶菜生产成本；二是在绿叶菜生产的市场风险上开展农业价格保险，对保险金额给予补贴。

4 加强组织协调，促进产销对接

4.1 大力推进蔬菜产销对接

区农委、区商委等相关政府部门以农超对接等工作为抓手，积极引导大型零售流通企业以及学校、酒店、大企业等最终用户与蔬菜规模化生产合作社等产地、批发市场和龙头企业等直接对接，提高零售环节产销对接的蔬菜流通比重，降低了营销费用。为切实解决农民卖菜难和居民买菜贵的问题，相关政府部门对各类蔬菜产销对接活动予以积极扶持，引导产地与销地建立稳定的产销关系，促进蔬菜合理有序流通。

区农委2012年组织召开蔬菜产销对接会，调整上海农产品中心批发市场现有郊菜经营结构，引进本区蔬菜园艺场和合作社性质的客商，使自产自销的经营户比例不断增加；同时，通过引进生产基地的绿叶菜，使绿叶菜销售价格更有优势，对平抑市场菜价起到推动作用。

同时，要求各大园艺场和合作社之间要互相协作、诚信经营、树立品牌、提高效率。进场交易单位做到四个统一，即统一专区、统一管理、统一标识、统一结算。相关政府部门给予进场单位交易费及场地费等一定比例优惠，提高进场单位参与蔬菜交易的积极性。

4.2　发展本土营销队伍

经过几年的发展，浦东新区一些本土的配送公司、营销企业已具备相当规模，随着业务量的增加，客户对蔬菜的品种、数量的需求，特别是本地绿叶菜的需求提出了更高的要求。政府通过牵线搭桥，提供产销信息，整合资源优势，使具有一定规模的蔬菜营销企业、生产基地同步健康发展，营销企业保证有充足的货源，蔬菜种植基地能扩大销售渠道，提高种植积极性。培育和发展从事蔬菜交易的农村经纪人，规范菜市场和超市收费行为，合理调控摊位费的收取额度，引导菜市场提高服务水平，为零售商贩经营创造便利条件。

借鉴荷兰经验　发展金山蔬菜产业

冯春欢
（上海市会山区农业委员会蔬菜办公室）

优化农业产业结构，加大科技兴农力度，强化农产品质量安全监管，大力发展高效生态都市型农业，是金山区农业“十二五”发展规划的主要任务。面对人口多但劳动力不足、生产总量大但综合竞争力不强以及资源环境压力大等因素，借鉴荷兰蔬菜发展的成功经验，提高土地产出率、劳动生产率和资源利用率，成为都市化背景下金山区蔬菜产业发展的必然选择。

1　荷兰蔬菜产业的现状与主要做法

荷兰国土面积415万公顷，土地面积318万公顷，种植面积230万公顷，人口1 640万，是世界上人口最稠密的国家之一。荷兰又是一个低洼之国，一半的国土面积在海平面之下。对于发展农业而言，虽然自然资源并不优越，但保持创新性的战略，使荷兰稳居世界第3大农产品出口国。

1.1　蔬菜产业现状

温室栽培是荷兰蔬菜产业的主要生产方式。近年来，荷兰的玻璃温室作物生产面积稳定在1万公顷，其中，约有50%的面积用于蔬菜生产，种植品种以番茄、甜椒、黄瓜为主，智能化管理、专业化生产、市场化运营为荷兰温室蔬菜发展提供了强有力的支撑。同时，荷兰的温室蔬菜实行一块土地目标多元化，与其他产业紧密结合，满足消费者的不同需求，发挥着生产、休闲、教育等作用。

1.2　主要做法

1.2.1　精细的育种研究

荷兰的蔬菜种子出口额居世界各国蔬菜种子出口额之首，出口份额占到了40%，是美国的2倍，丰厚的种质资源是荷兰蔬菜立于不败之地和保持高效益的根本所在。

（1）注重基础研究。配备进行分子学、生物化学、细胞生物学、病理学和生物信息技术等科学研究的优秀团队和先进设备，创造一个新的、想要的、可以一代代遗传的性状，以快于常规育种3~4倍的速度培育高产量、高品质、高稳定性、高适应性、高抵抗力的品种。

（2）注重专业分工。种子公司之间品种不交叉，各自有主导作物和主推品种；公司内部工作不交叉，在不同的品种研发环节设置的专业人才和设备也不同；育种与种苗生产不交叉，种子公司只负责研发新品种和种子商品化，育苗公司只负责为种植者育苗。

（3）注重结合需求。需要减少或杜绝使用杀虫剂时，培育出叶菜的叶片能产生一种杀死害虫的毒素或吸引天敌的性激素；需要提高单位面积产出时，培育出发芽率能达到100%和生长整齐度高度一致的番茄种子，每粒种子可以卖到1欧元。

1.2.2　紧密的产研结合

荷兰的蔬菜生产与科研紧密结合，思维性的教学使知识充分运用到生产，实用性的科研使成果及时转化为生产力。

（1）整合教学和科研资源。归并九大研究所，做强1个农业方面的大学，成立瓦格宁根大学 & 研究中心，建立1支有国际研究眼光的教授队伍，并善于倾听产业和农民的声音，使得农民一政府一产业的关系更加紧密。

（2）强化企业和科研联姻。企业、科研、政府紧密协作。企业直接投入科研，不完全依赖于政府，科研成果直接为生产服务；科研院校与企业全方位合作，根据需要提供技术支撑；政府鼓励企业完成既定的科研指标给予经费支持。

（3）提高生产和经营者素质。通过教育，造就高素质劳动者队伍。职业教育，学习现有知识，用以解决问题；学术教育，创造新知识，用以分析问题。所有从业人员都有资格执照，5年为期，期满重新学习。对于种植商，创办读物，以论文传播知识并组织交流。

1.2.3 无缝的产销衔接

产业链的合作造就了荷兰蔬菜生产、加工、运销等各环节的专业化和品牌化，同时也使各环节获得了更高的效率和更多的利润。

（1）市场导向生产。以需求来引导市场，以市场来引导生产。如控制荷兰番茄80%销售量的安博涵公司，根据每天的番茄需求量对农民下订单，农民根据定单安排种植、收获的时间，并严格控制生产过程，每一环节都非常精确，不产生任何浪费。

（2）产销分工明确。种归种，卖归卖。种植者自己并不直接销售产品，集中精力从事生产。运销公司为种植者提供分级包装、冷藏保鲜、配送销售等一条龙服务。育种、温室、基质等公司提供蔬菜种植需要的一切投入品。各环节分工又协作，发挥专业优势，创造最高效益。

（3）交易高度诚信。以销定产，生产者和销售者签订严格的协议，严格履行承诺，不论是生产者保质按期的交货，还是销售者保价足量的收购，无不考验着双方对时间精确程度的掌控能力以及自信与诚信。

1.2.4　闭合的绿色种植

闭合的系统，生产内部循环，使资源运用到极限，最大限度减少了浪费和对环境的污染，产品质量安全得到充分保障。

（1）基质循环利用。荷兰的温室蔬菜 90% 以上采用基质栽培，有效地控制作物根部环境和病害发生，并按植物需求提供养分。基质经高温杀菌后循环使用，对不可再利用废品由基质的生产商负责回收。

（2）肥水循环使用。正确地控制水分与养分的供应，数据精确到每株植物、每片叶片，多余的肥水收集处理后再利用，创造了一个闭合回路的水循环系统，5 升水产出 70 千克产品，相比露天种植 60 升水产出 5 千克产品而言，充分利用了水资源。

（3）生物防治病虫草害。使用天敌、色板和防虫网等非化学方法控制虫害，运用植被覆盖控制草害，精确的控温控湿方法控制病害。非化学控制方法和计算机预警监测系统，最大限度地减少了化学农药使用。

1.2.5　智能的机械运用

在荷兰，35% 的生产成本用于劳动力，所以温室蔬菜的课题研究主要围绕如何节省劳动力来开展，最大限度地提高智能化和自动化程度。

（1）规划科学合理。根据生产需要制定建设方案，建造温室之前会先进行周密的设计。经营者首先确定需要种植的作物品种，并与温室公司共同研究确定规划布局后再施工建设。

（2）技术集成运用。综合运用工程技术、机械技术、自动控制技术、信息传感技术、计算机管理技术，将硬件设施与软件技术有机整合，创造理想的人工气候环境，按照工业化方式进行蔬菜生产，延长生长周期，实现周年供应。

（3）全程机械生产。从蔬菜播种、催芽、分级移苗、装盘到产中的移栽、灌溉、内部运输，从产后的分级挑选、传送到转化为商品的纸箱定型、包装、堆垛、捆扎、贴标等，几乎全程自动化，最大限度地运用机械替代人工，降低生产成本。

2 金山区蔬菜产业的现状与不足

金山区位于上海市西南部，南濒杭州湾，陆地总面积611平方千米，耕地面积近2.67万公顷，常住人口73万，是上海市最重要的地产农产品生产区域之一。作为金山农业四大优势主导产业之一，蔬菜产业正向着建设品牌化、休闲化、生态化的方向迈进。

2.1 蔬菜产业现状

金山区是上海最重要的菜园子，全区蔬菜种植面积占全市的10%，绿叶菜种植面积占全市的13%。

（1）产业优势明显。全年蔬菜种植总面积1.33万公顷次、总产量45万吨、总产值8亿元，占全区种植业产值的41%、农业总产值的22%，是仅次于粮食的第二大农业作物，每年都超额完成了市政府下达的考核任务。

（2）设施逐步完善。设施蔬菜栽培面积不断增加，截至“十一五”末，全区共投入4.7亿元建成1 600公顷设施菜田，设施化率达到了51%，为实现周年生产、市场供应淡季不淡提供了保障。

（3）品牌效益初显。银龙、鑫博海和亚太等3大蔬菜龙头企业已逐步成长为国家级、市级和区级农业产业化龙头企业，银龙和亚太的田妞品牌先后荣获上海市著名商标，特别是在出色完成世博会和世游赛蔬菜供应任务之后，金山区蔬菜的品牌效应得到了进一步扩大，知名度和影响力得到了进一步提升。

2.2　主要不足

2.2.1　品种特色不明显

金山区蔬菜产业虽然在总量增长的同时，生产结构得到了不断地优化，实现了追求数量型向追求质量型的跨越，但种植品种过多过散，一般 1 家农场种植 10 余种甚至几十种蔬菜，种植者对栽培技术只懂怎样种得出的“皮毛”，不懂怎样种得好的“精髓”。同时，由于品种分散，难以集中有限资源形成规模效应，尤其缺乏具有高辩识度、明显区域特色的拳头产品或支柱产品。

2.2.2　设施匹配度不够

金山区“十一五”期间建成了 1 600 公顷设施菜田，但保护地栽培面积仅有 666.67 公顷，其中，单体管棚占 98%，连栋大棚占 2.9%，玻璃温室只有 0.1%，且此 5 000 平方米的玻璃温室仅用于蔬菜的工厂化育苗，生产设施较为薄弱，并存在一棚多用现象。由于缺乏专业化生产设计，大棚设施和生产要求不适应。同时，农机和农艺缺少融合、硬件和软件缺少整合，从而造成设施利用率低下，资源损耗率却相对较高。

2.2.3　产销联系不紧密

银龙、鑫博海和亚太 3 大龙头企业与本企业的直属基地联系紧密，与面上生产基地的联结还较为松散，对提高我区蔬菜种植的组织化程度贡献还不够大、带动农民增收能力尚显不足。企业之间的产品相似度高但合作较少，没有形成整体合力，科技研发能力较弱，产品附加值不高，市场占有率和竞争力不够强。

2.2.4　循环利用意识淡薄

蔬菜种植仍以土壤栽培为主，尚不能有效地解决连作障碍问题。灌溉与排涝虽已基本做到自动化，但节约用水、循环利用的意识还不够。浇溉过度造成水混带着药剂和肥料残留物直接流至周边河道，从而使点源污染扩散为面源污染。蔬菜外叶、秸秆等废弃物难以处理，绝大部分农场将其挖坑填埋或集中丢弃在场部角落，任其自然腐烂，废弃物的堆放场所脏、乱、差。

2.2.5 劳动力严重紧缺

蔬菜生产工作环境差、强度高，夏天太阳晒、冬天北风吹，本地年轻人不愿从事蔬菜生产，青壮年劳动力大量转移，一线从事劳作的本地菜农已是祖辈，许多农场10年前工作的爷爷奶奶，10年后仍是这些爷爷奶奶。劳力资源枯竭，老龄化趋势日益严重，从事蔬菜生产的“高级蓝领”处于稀缺状态。

3 借鉴荷兰经验发展金山区蔬菜产业的建议与思考

充分发挥资源优势，因地制宜地进行温室设计和功能开发，是荷兰温室蔬菜生产带给我们的宝贵经验。在工作中设立既定目标，有所作为，共同实现，是荷兰瓦格宁根大学 & 研究中心管理团队留给我们的成功秘诀。

3.1 筛选重点品种，突出品牌建设，增强核心竞争力

在市场调研的基础上，着重筛选有基础、市场前景好的品种，整合优势资源，着力打造拳头产品。如金山的结球生菜在2007年就被列为上海市区域特色农产品，全区种植面积占全市总面积的90%。可以此为基础，在品质上狠下功夫，提高商品性，延长供应期，进行商标注册，建立地方标准，组织绿色认证，力争成为全市乃至全国最好、最有影响力的产品。

3.2 集成技术运用，突出软件建设，提高土地单位面积产出

转变温室设施的建设理念，综合运用工程技术、标准化技

术、信息技术和生物技术，向土地要效益，促进工业、信息技术与蔬菜生产、农艺、环境技术的融合。着力开展具有冬天防止热量散失的隔离层、提高光使用效益的 LED 灯、能将产量提高 10% 的漫反射涂抹材料的新型节能温室的研究。着力研究生态防控技术和精准控温控湿技术，推动蔬菜生产由粗放向集约高效转变，提高土地产出率和劳动生产率。

3.3　紧密产销衔接，突出产业链建设，提高组织化生产程度

促进龙头企业与面上基地、农产的联结，进一步旋紧产业链条扣，以龙头企业加基地的形式，提高组织化生产程度。着力提高龙头企业的带动积极性，在完成“规定动作”的基础上，创新“自选动作”，将部分专项直补资金由补贴种植户转为补贴龙头企业，龙头企业施行保护价按约收购和利润二次分配，保障双方收益，实现龙头企业和基地的合作生产，使农场专注生产、龙头企业专注销售，推进专业化分工。着力发挥蔬菜行业协会的作用，促进龙头企业间的协作，在“接二连三”上分开主攻方向，形成合力，不断提高整体实力。

3.4　构建内部循环，突出生态建设，推动产业可持续发展

着力宣传基质栽培优势，并通过政策扶持来予以引导和推广，提高生产可控性。着力灌输节水灌溉和雨水回收利用理念，积极争取支持，开展试点，建设雨水收集和田间贮水池，实现保护地设施区域用水的初步循环。着力用足用好现有政策，将沼气、沼渣和沼液利用工程建设引入“十二五”设施菜田建设，促进设施菜田废弃物的转化利用，通过沼渣、沼液的合理使用，培育土壤肥力，减轻病虫危害，提高蔬菜产品品质和产量，实现沼和菜的有机结合及循环发展。

3.5 加快消化吸收，突出装备建设，缓解劳动力紧张的态势

着力推动顶层制度设计的完善，充分发挥实施主体企业的积极性、主动性和创造性。着力统筹规划，逐步提高适宜智能化操作的玻璃温室的建设比例；着力推进农业装备的研发应用，特别是在播种、育苗、移栽、耕作、地膜覆盖、植保、水肥一体化、采后包装等方面与金山区生产现状适用性和贴合度较高的农业机械的推广应用力度，缓解劳动力紧张。着力鼓励本地青年投身蔬菜生产，培育善经营、敢创新又会使用计算机管理的农民创业者。着力加强对从业人员的职业教育，增强自律和诚信意识。

4 结语

荷兰的蔬菜产业很先进，但其关键控制点和核心技术其实离我们并不遥远，着力点在于“取精华，为已用，到实处”。引用荷兰瓦格宁根大学 & 研究中心国际合作局亚洲区主任 Jan Fongers 教授的一句话“不是技术决定未来，而是人类决定未来”。金山区蔬菜产业实现飞跃式发展，我们任重但道不远！

学习借鉴荷兰经验　培育金山高素质新型职业农民

冯春欢[1]　李岳忠[2]

（1. 上海市金山区农委蔬菜办公室

2. 金山区现代农业园区管理委员会）

农民是社会主义新农村建设的主体，提高农民的科技水平和综合素质，是现代农业农村可持续发展的重要基础和有力保障。新型职业农民有文化、懂技术、会经营，是我国未来农业生产中的主体，是推进现代农业发展的力量源泉。近年来，在上海市金山区委、区政府的正确领导下，金山区农委花大力气，下真功夫，切实采取措施，在培养高素质农民队伍方面做了积极的尝试，取得了一定的成效。但是，农业生产劳动力资源日益枯竭、人口老龄化趋势日益严重、农民科技文化素质不高等问题，并未从根本上得到有效解决。为此我们参加了金山区《都市背景下的现代农业发展》专题培训班学习后，结合荷兰的经验就培养高素质的金山新型职业农民队伍谈几点粗浅想法。

1　荷兰培养职业农民的成功做法

以荷兰为代表的西方发达国家把培养高素质职业农民作为推

动农业发展的核心力量，虽然职业农民数量不多，占人口总数比例不高，但担负了国家农业生产的重任。他们培养高素质职业农民的成功做法，值得我们认真学习和借鉴。

1.1 提供优越环境，吸引年轻学生投身农业

在荷兰，不论是从事种植业还是养殖业，工作环境都非常干净整洁。由于实现了高度的现代化、机械化和自动化，从事农业劳作无须耗费大量的体力和人力，只需操作机器、设备就可。因此，优越的工作环境吸引了越来越多的年轻学生投入到农业生产这一行业当中，绝大部分的大学毕业生也都愿意到农业生产一线工作。这些学生受过良好的职业教育，掌握丰富的农业科技知识，具有熟练的操作技能，能够快速成长为高素质的职业农民，从而极大地促进了农业生产的发展。

1.2 开展教育培训，推动农业知识更新换代

荷兰对农民的教育培训采用思维性教学方法，通过学术教育，提高其分析问题的能力；通过职业教育，提高其解决问题的能力。自 1996 年 7 月 1 日开始，所有农业从业人员都要取得资格执照，执照有效期为 5 年，期满必须要参加 2 ~ 4 次的培训课程并经考核合格才能延长执照的有效期限。此外，荷兰建立了很多学习网站，每年出版 50 余期刊物，发表 600 余篇学术论文，并组织很多活动进行学习和交流。在荷兰，20% ~ 30% 的农民使用电脑记录每天的生产，他们能够精确地控制生产环境和过程，精确地掌握时间节点，精确地了解每株植物的数据，按时、保质、足量地完成订单任务。

1.3 加强政策导向，鼓励新生农民踊跃参与

在荷兰，与单一生产性农场相比，多功能农场要求经营者必

须掌握了解市场、交流、服务和创新方面的技能，同时，也能获得更高收益，因而受到新型职业农民的欢迎。2000 年，荷兰兴起多功能农业研究，到 2006 年，荷兰以立法形式确立了多功能农业发展的地位，扶持多功能农场发展。截至 2012 年年底，荷兰全国已有 20% 的农场、30% 的土地发展了多功能农场，实现产值 3 亿多欧元，计划到 2020 年，多功能农场将占到荷兰全部农场的 35%，产值将达 20 亿欧元。在这样的政策引领下，通过能力得到提升和获得较高收益的双引力，使拥有较高知识水平的新生农民力量源源不断地参与进来，从而推动了产业的良性循环发展。

1.4　提高违法成本，形成质量安全高度自律

在荷兰，一旦发生质量安全违法事件，肇事者将为此付出高昂的违法成本。在生产环节，若不按标准生产则合作社就不予收购，其产品也就无法销售；在加工环节，对掺假造假、以次充好等行为，监管部门予以严厉处罚。如果产品被检测出农残超标，那么该农户的所有农产品都会被退回并全部销毁，并对其信誉造成难以挽回的损失。高昂的违法成本，使得荷兰农民形成了对质量安全的高度自律，并且这一认识早已深入人心，从而确保了农产品质量的安全可控。

2　金山区培养新型职业农民面临的困境

目前，金山区的农业发展环境不断改善，农业的功能不断拓展，农业的新内涵和新商机不断显现。同时，农业从业人员队伍，特别是管理人员和技术推广人员，呈现出较为明显的“一轻两高”的特点，即年纪轻、学历高、职称高。如近年来金山区已培养 101 名杰出青年农民，其中，“60 后”占 16%、“70

后”占65%、“80后”占17%、“90后”占2%，从文化程度来看，初中占30%、高中占15%、大学及以上占55%。这些杰出青年正成为金山区新一代高素质职业农民的中坚力量，示范并影响着更多年轻人投身于农业热土。

但与此同时，我们也要清醒地认识到，农业从业人员中，年轻人所占的比重依然很小，尤其在农业生产一线中，年轻人的比例更小，连50~60岁的人也很少，大都是70多岁的老人。一方面，农业生产急需大量的高素质青年人才投身其中；另一方面，年轻人却又不愿意从事农业生产和劳作。造成这一困境的原因，主要有以下几个方面。

2.1 观念陈旧，认识有误区

长期以来，农村家庭往往把读书作为改变命运的跳板，强调只有好好读书才能改变世代做农民的命运。他们没有把农民作为一种职业来看待，而是当作一种身份，片面地认为做农民没地位、没面子、没前途，宁愿离家打工，也不愿意从事农业生产。

2.2 条件艰苦，劳动强度高

与西方发达国家相比，我们的农业生产还没有实现高度现代化、机械化和自动化，无论严寒酷暑，绝大多数农业生产环节都需要投入大量的人力、物力和精力，需要进行大量的体力劳动。农业生产太苦、太脏、太累的客观现实，使得年轻人望而却步，不愿意从事农业生产。

2.3 能力不足，收益不稳定

由于缺乏农业生产的专业知识，缺少对市场规律的把握能力和市场预期的研判能力，农民在农业生产的安排上盲目从众，往往导致农产品丰产不丰收。辛勤劳动却无法获得预期收益，极大地打击了新生力量投身农业生产的积极性。

2.4　经营粗放，自律意识差

有些农民安排农业生产无计划性、科学性，有些农民为了提高产量，追求经济效益，置农产品质量安全于不顾，不规范使用化学农药、肥料，对环境和人体健康带来不利影响。再加上违法成本低，对违法者没有震慑作用，导致有些农民的自律意识更加淡薄。这种简单粗放的农业生产经营模式，完全无法获得新生代农民的青睐。

3　感想与启示

农民是农业生产的直接主体，农民素质的高低直接决定着农业生产力发展水平的高低。通过学习荷兰培养职业农民的成功做法和经验，我们愈加明显的感受到，一支高素质的新型职业农民队伍对农业农村的发展将起到无可替代的重要作用，更加促使我们认真思考，应当采取怎样的措施，让我们的农民队伍更加年轻化、职业化?

培养高素质的新型职业农民，关键是抓好两个方面，一是侧重于年龄和学识的优化；二是侧重于能力和水平的提高。具体而言，可以从以下 4 个方面着手并加以推进。

3.1　设立准入门槛，提升职业农民社会地位

打破传统观念，明确农民不再仅仅是一种身份，更多的是一种职业，并且这种职业不再是简单、粗放、没有技术含量的，而是一种新型的、现代化的、充满技术含量的职业。与此相配套，要把好准入关，为造就高素质的新型职业农民奠定基础。要继续推进土地流转，促进适度规模经营，特别是对经营主体的选择，

要在学识、能力、年龄上设立准入门槛，推行农民持证上岗，确定相应的职称、等级，形成良好的竞争机制，从而把从业人员无序进入后的被动管理转变为有序进入前的主动管理。

3.2 改善工作环境，壮大职业农民人员队伍

大力改善农业生产的软硬件环境，加大设施农田的规划、改造力度，提高设施建设和装备配置的标准，不断引入、吸收和消化农业先进科学技术，集成运用，提升农业现代化、机械化和自动化水平，降低劳动强度以留住人，赋予挑战性以吸引人。同时，要为高素质年轻人投身农业生产提供有力的制度保障，形成全社会鼓励、支持、帮助。推动职业农民队伍发展壮大的良好氛围。

3.3 加强教育培训，提高职业农民创新能力

推广和普及农业职业教育，加大农民的培训力度，帮助农民及时掌握新知识、新技术，提高农民的科学技术水平和能力。此外，通过培训，帮助农民及时把握市场最新动态，根据市场需求科学制定农业生产计划，最大程度规避市场风险，实现产量效益双丰收，“授其鱼，更授其渔”。此外，要加强指导服务，将从业转换为创业，着力培养农民的创造力和创新精神，为农业发展注入不竭动力。

3.4 发挥政策引领，增强职业农民自律意识

采用绩效与补贴直接挂钩、行政监督与行为制约相结合的方式，推动农民增强自律意识。例如，对飞行检查或例行监测中查出产品质量不合格的经营农户，一律取消财政补贴的资金和物资，并在3年内不得享受财政支农的补贴项目。与此同时，建立和完善诚信制度，提高违法成本，一旦有失信行为，便将该农户

列入失信黑名单，取消其下一轮生产资格，并将检测结果通报流通领域，加大处罚力度，增强其质量安全的自律意识。

农民是农业生产力中最活跃、最具创造力的因素，在城市化高速发展的今天，发展现代农业，培养高素质的新型职业农民队伍势在必行。我们要以此次培训学习为契机，把培养职业农民、提高农民素质这项工作长期放在重要位置，不断释放内生力，注入新活力，为打造金山品牌农业、休闲农业，生态农业，促进农业可持续发展奠定坚实的基础。

崇明花椰菜生产发展现状分析研究

黄南山　苑建军　祝松蔚　朱爱萍　覃　祥
(上海市崇明县中兴镇农业综合技术推广服务中心)

花椰菜，又称花菜、菜花、椰菜花，为双子叶植物纲五桠果亚纲白花菜目十字花科蔬菜，是甘蓝的变种，其产品器官是由花蕾、花枝、花轴等聚合而成的花球，洁白肥嫩，粗纤维含量少，营养丰富，深受广大消费者喜爱。近年来，花椰菜已成为崇明县名副其实的拳头农产品，种植面积不断扩大，市场不断拓展，经济效益不断提高。

1　崇明县花椰菜生产现状

作为我国主要的花椰菜生产基地之一，2001 年崇明县中兴镇被全国农村特殊经济之乡推荐宣传活动组委会评为中国花菜之乡。2013 年，崇明县花椰菜种植面积逾 6 666. 7 公顷，占整个崇明县蔬菜种植面积的 23. 2%，年产量约 18. 5 万吨，年产值约 3. 2 亿元。随着花椰菜栽培技术的不断提高，我们引进、培育、试验、示范和推广了一批耐贮运、产量高、耐寒性强的优质花椰菜品种，深受生产者和消费者欢迎。

1.1　品种结构

崇明县菜农根据栽培季节和市场需求，选择抗逆性强、适应性广、商品性好的优良品种，目前，所用花椰菜种子约 60% 来自于本地经提纯复壮的中晚熟品种，包括本地 120 天、140 天、160 天、180 天、240 天等品种，10% 由崇明花菜研发中心提供的崇花系列中熟花椰菜杂交品种，其余 30% 由上海长征蔬菜种子公司提供的长征系列早熟花椰菜杂交品种以及从浙江引入的温州系列早中熟花椰菜杂交品种。

1.2　生产布局

目前，崇明花椰菜种植涉及乡镇、农场及垦区共 18 个，但大面积种植仍主要集中在崇明东部地区，如中兴镇、上实公司、陈家镇、现代农业园区、向化镇等。2013 年中兴镇种植花椰菜 1 506. 7 公顷，上实公司种植 1 386. 7 公顷，陈家镇种植 966. 7 公顷，现代农业园区种植 933. 3 公顷，向化镇种植 700 公顷。

1.3　栽培模式

花椰菜属半耐寒性蔬菜，崇明县地处长江中下游地区，一年四季分明，是花椰菜较为理想的种植区域。根据市场需求，采用秋季早熟、中熟和晚熟品种相结合，花椰菜上市期从 10 月能延续至翌年 4 月。同时利用保护地育苗技术，适当增加一些春花椰菜品种，能使上市期延长至 5 月。

1.4　品牌认证

崇明县积极推进花椰菜品牌化建设，通过无公害农产品、绿色食品认证，大大提高了花椰菜市场知名度，目前，已建成无公害花椰菜国家级标准化示范区 1 家，通过无公害农产品认证面积

600 公顷、绿色食品认证面积 1 666.7 公顷，花椰菜注册商标 8 个，其中新健绿牌、心怡牌、汤商牌、申瀛牌花椰菜在全国具有较高的知名度，构筑了以品牌推进规模生产的模式。

2 崇明花椰菜发展存在的主要问题

2.1 组织化程度低，规模化生产水平不高

从全县蔬菜生产总体情况来看，花椰菜生产已有了一定规模，也培育了一些种植大户，但参与专业合作社的仅 1 800多户，占花椰菜从业人员的 5.1%，涉及面积 1 666.7 公顷，占花椰菜种植面积的 25%，花椰菜生产仍处于分散生产经营状态。这种千家万户的经营方式，带来品种布局不合理、科技含量不高、市场信息不畅、产销脱节、管理混乱等现象，与现代农业发展格格不入，生产风险和市场风险较大，对产业发展十分不利。

2.2 科技手段不高，部分品种质量较差

崇明花椰菜常规品种均由农户自己选留，隔离条件差，种子退化，纯度不高，抗逆性差，结球性、光洁度差异很大，品质欠佳。而杂交制种也是通过传统的人工蕾期剥蕾授粉技术完成的，技术落后，用工量大，制种效率低，杂种纯度不高，难以形成规模化生产，不能满足广大种植户的要求，杂交种覆盖率低，导致产品的整齐度和商品性较差，产量难以提高。

2.3 社会化服务相对滞后，产业链条不完整

目前，崇明花椰菜生产还存在产后保鲜运输条件差、销售半径小、市场营销队伍薄弱等问题，没有充分发挥产品的附加值。尽管目前在中兴镇、陈家镇、向化镇、现代农业园区等花椰菜主

产区建设了一些小型的简易冷库，但处理规模较小、冷藏运输条件差。市场营销队伍缺乏，造成客户和菜农直接打交道，而菜农缺乏对全国市场的了解，直接影响经济效益，这是整个花椰菜产业发展的制约因素。

2.4　价格波动较大，市场风险相对较高

崇明花椰菜的正常供应期从 10 月延续至翌年 4 月，只有 20% 进入上海市场，其余 80% 销往北方市场。花椰菜价格受气候、供应量的影响波动较大，如果北方气候温暖、供大于求，就会造成滞销，价格较低，反之价格较高。据统计，2013 年花椰菜最低收购价仅为 0.05 元/千克，最高收购价达 0.9 元/千克，平均收购价 0.425 元/千克，其中，早熟品种平均收购价为 0.2 元/千克，中熟品种平均收购价为 0.65 元/千克，晚熟品种平均收购价为 0.45 元/千克，花椰菜的收购价呈明显的抛物线式。

3　崇明花椰菜的生产发展对策

3.1　加强技术培训与指导，全面推广标准化生产

（1）市、县技术部门和行业协会通过专业农民培训、科普早市、专题讲座等多种形式，加大对崇明花椰菜从业人员的技术培训力度。

（2）加大“四新”技术的研究与推广。通过新品种、新技术的引进、示范和推广，在确保花椰菜质量和产量的基础上，实行以数学模型为基础的蔬菜测土配方施肥新技术。

（3）以中兴镇无公害花椰菜标准化国家级示范区为依托，在全县范围内推进无公害标准化生产，以限制或减少化肥、农药的使用量，改善生态环境，推出崇明花椰菜无公害标准化品牌，

提高市场竞争力。

3.2 落实扶持政策，发展花椰菜营销队伍

（1）依托上海崇明生态农业发展有限公司为主的蔬菜营销公司，以配送、直销的形式带动崇明花椰菜销售，建立固定的产销合作关系。

（2）着力发展崇明本地营销大户、联户，在此基础上着手组建花椰菜营销专业协会，在政策上、资金上给予一定扶持，使之逐步壮大发展。

（3）积极引导、鼓励、支持外省市营销企业、大户来崇明落地经营，落实扶持政策，进一步拓展我县花椰菜的销售市场。

3.3 组建农副产品营销中心，提高产业化经营水平

崇明花椰菜销售的总体情况是本地户小而散，外来户由以往的队伍小型化、销地单一化，随着南北两座大桥的开通，正逐步向队伍大型化、销地多元化扩展。为做大做强我县花椰菜产业，今后将重点转向花椰菜营销中心的建设，全面实施标准化生产技术指导服务，无公害肥、药物资供应，产品宣传营销，加工出口直送、直供、配送为一体的多功能组织，以规范的销售市场整合本地销售力量，提高产业化经营水平。

3.4 提高科学育种水平，合理搭配品种结构

（1）继续加大同上海市农科院等科研单位的合作力度，引进优良雄性不育基因并从中筛选出高产、优质、耐寒性较好的花椰菜新组合，大幅度提升制种效率，实现崇明花椰菜规模化良种生产。

（2）着重做好崇明本地常规品种的提纯复壮与选留种工作，减少农户自留种，增加统一供种率，以提高产量、质量，增强市

场竞争力。

（3）针对崇明花椰菜销往北方市场及早熟品种风险较大这一特点，应注意适当减少早、中熟品种，增加晚熟品种，降低风险率。

崇明特色蔬菜产业的现状及其发展对策

陈志忠[1]　陈泉生[2]
(1. 上海市崇明县城桥镇农业综合技术推广服务中心
2. 崇明县蔬菜科学技术推广站)

蔬菜产业是崇明农业的五大主导产业之一。近年来，崇明县各级政府部门十分重视蔬菜产业的稳步发展，坚持以科学发展观和可持续发展理论指导生产实践，以市场为导向，全面规划和不断推进蔬菜产业的发展。胡锦涛总书记在视察崇明时要求崇明农业走发展生态农业、现代农业、特色农业之路，通过规模化、组织化、标准化经营，大力提高农产品的附加值。面对日益激烈的国内、国际市场竞争，有效地提高农业的综合竞争能力和附加值，发展崇明特色蔬菜产业，不断增加农民收入，是崇明农业实现可持续发展的有力保证。

1　发展崇明特色蔬菜产业面临的问题

1.1　集约化、组织化程度不高，标准化生产水平低，菜农综合素质差

目前，崇明县的特色蔬菜生产多数袭用千家万户、各自为

政、分散经营的传统模式。据统计，本县规模化生产比例仅占特色蔬菜总面积的 23.1%，除花菜、芦笋以外的特色蔬菜优势不明显。此外，崇明县菜农普遍存在年龄偏大、综合素质差的特点，对新技术、新知识、新的管理理念接受能力较低。

1.2　镇、村及规模化基地场服务网络不健全，科技人员力量严重不足

2008 年 8 月，乡镇农业技术推广部门已隶属于县农委，但蔬菜的专职科技人员尚未到位，村级科技推广力量严重匮乏，规模化基地场也缺少相应的技术指导人员，不能及时把“四新”技术贯彻到广大菜农手里，致使技术培训覆盖率、新技术的到位率较低。

1.3　“四新”技术示范推广财政支持力度不足

县财政在新品种、新肥料、新农药、新材料等新技术的示范推广应用上，配套资金的投入严重不足，影响了“四新”技术的推广，蔬菜品质得不到提高，导致产品在市场上的竞争力不强。特别是商品有机肥、BB 肥、新农药、新制剂等市财政补贴的商品，市农委要求各区县政府给予一定的配套资金补贴，而崇明没有这方面的优惠政策。如青浦区推广使用的商品有机肥在市财政每吨补贴 200 元的基础上，区政府再给予一定的补贴，实际菜农购买有机肥只需支付很少一部分钱。因此，造成崇明县菜农生产成本偏高，同类蔬菜产品（芦笋）的市场竞争力不强。

1.4　销售市场错位，缺乏区域性整体进入高档市场的合力

目前，崇明特色蔬菜品质佳、产品质量安全，如白狗牌芦笋、联益牌金瓜、心怡牌花菜等特色蔬菜，多数在普通的标准化菜市场和批发市场交易，混同于普通商品，缺少进入高档市场的

组织和组织者，难以形成区域性整体进入超市、团购等高档市场的合力，优质无优价。

1.5 品牌意识淡薄，只注重蔬菜生产，不注重市场的培育

崇明目前已有 20 家企业 32 个蔬菜产品注册了商标，并有 17 个产品通过了品牌认证，但对于崇明 3.07 万顷次蔬菜来说是小巫见大巫了。由于缺乏宣传和产品的培育意识，除白狗芦笋等少数几个商标具有较好的知名度外，其余品牌都默默无闻。所审报的注册商标和品牌认证大部分规模较小，基本没有把生产加工销售组合成一体。

1.6 农产品加工企业少，规模小，产品转化增值能力和带动产业发展能力弱

目前，全县蔬菜加工企业只有 6 家，这 6 家企业除了上海绿晟实业有限公司可以勉强挤进蔬菜加工行业大型企业行列之外，其余 5 家都属于中小企业，加工能力低，产值比重小，与蔬菜加工业发达地区相比明显存在企业少、规模小、产品转化增值能力和带动产业发展能力弱的问题，远没有形成崇明农业支柱产业。

1.7 加工的农产品科技含量不高，粗加工比重大

崇明县的蔬菜加工总体水平还比较落后，主要体现在大多数企业以初加工为主，精深加工比重小，产品科技含量少，资源综合利用率低。大部分产品仅进行 1 ~ 2 道加工工序，有的只以半成品形式或只经过筛选、包装等简单处理就投放市场，产品的附加值不高，增值率低。

2 发展对策

2.1 加大培育扶持合作经济组织的力度，做强做大崇明特色蔬菜产业，提高其抗风险能力

要以政策扶持、项目支持等多种形式加快科学技术研究，加大崇明特色农产品的宣传力度，形成上下联动的工作机制。采取政府注入资金和社会融资相结合的办法，对合作社经济组织从事特色蔬菜生产、加工和销售等经济实体建立风险基金，实行风险补贴，切实提高菜农抵御自然灾害和市场风险的能力。

2.2 加大技术培训力度，提高劳动力素质

在实行专业农民培训、科技入户指导和特色蔬菜示范区建设基础上，根据蔬菜种植品种结构对蔬菜生产重点乡镇的科技人员、专业户开展有针对性的实用技术、政策法规和市场营销及农业保险等业务培训。政府应增加培训经费预算，扩大培训范围，培养一批懂技术、善管理、会经营的科技人员和新型农民。

2.3 加大县财政配套资金的投入力度，提高市场竞争力

根据目前制定的崇明蔬菜产业发展3年行动计划，在蔬菜基地建设，蔬菜安全生产，新品种、新农药、新材料的推广，崇明名特优产品的宣传，著名（驰名）商标、农产品安全生产认证等方面加大资金投入，降低菜农的生产成本，提高崇明特色蔬菜在国内外市场竞争力。

2.4 组建农产品销售联合协会，打响崇明特色蔬菜品牌

由政府和企业共同组建农产品销售联合协会，通过联合协会

把崇明的农副产品整体推向国内外市场，做强做大崇明特色蔬菜产业。政府应在市场的开拓、特色农产品消费市场的调研、农产品营销人员的培训和农产品质量检测等方面给予资金扶持，形成区域性整体进入高档市场的合力。在销售方法上可采取市场直销、单位直供、基地直销、超市直送等灵活多样的方式，不断提升本县特色蔬菜产品的知名度，逐步打响特色蔬菜品牌。

2.5　科技先导，推进创新，提高蔬菜精深加工水平

加快科技进步，提高科技含量，促进技术创新，是蔬菜加工业持续发展的动力。崇明县要改变蔬菜加工领域存在的“小、低、散”的状况，实现蔬菜由初加工向深加工、由粗加工向精加工转变，关键在于科技进步。依靠科技进步，提高蔬菜加工企业的技术装备水平和持续的技术创新能力，走劳动密集型和技术密集型相结合的道路是崇明县蔬菜加工业发展的必由之路。

2.6　积极培育龙头企业，促进蔬菜加工产业快速发展

要结合崇明特色蔬菜产业的发展，大力培育一批市场开拓能力强、产品竞争力强、带动农户能力强的加工型蔬菜龙头企业。要充分利用崇明特有的地理区位优势，采取优惠政策，吸引外部资金来我县兴办蔬菜精深加工企业。要建立灵活的多元投入机制，引导和鼓励社会资金，投资兴办加工企业。要采取改制、重组、兼并、合并等形式加快对现有蔬菜加工企业的改造，促进企业上水平、上规模，做大做强龙头企业。要加快龙头企业的技术改造、新产品研制与开发，不断提高龙头企业市场竞争能力。

闵行区规模蔬菜园艺场（合作社）的现状及发展对策

张　维　余伟兴　余进安　陆国歧
（上海市闵行区蔬菜技术服务中心）

闵行区蔬菜种植历史悠久，是上海市老蔬菜生产基地。虽然城市化进程较快，土地面积大幅下降，但闵行区始终把蔬菜等大宗农产品的生产保障作为重要民生工作来抓。特别是 2010 年市政府将我区蔬菜种植面积最低保有量从 666.7 公顷提高到 1 066.7 公顷和近期“保淡”绿叶菜生产面积从 466.7 公顷增加到 486.7 公顷以后，区政府高度重视，采取了一系列稳定生产、适当扩大面积、提高农产品质量和实现菜农增收等有效措施，蔬菜产业保持稳中有进的良好态势。截至 2011 年年底，我区蔬菜常年种植面积 1 072.46 公顷，绿叶菜种植面积 486.7 公顷，规模化蔬菜园艺场 37 个，规模化面积 544.2 公顷，规模化率达到 50.74%。蔬菜总产量 8.65 万吨，绿叶菜上市量 6.63 万吨，占总量的 76.7%，蔬菜总产值 22 219.6万元，平均每亩蔬菜产量 5 377 千克，平均亩绿叶菜产量 4 124 千克。

1 规模蔬菜园艺场（合作社）生产经营中存在的问题

1.1 传统园艺场生产管理能力难以满足市场需求

目前，我区有37个蔬菜专业合作社，但真正具有一定规模、辐射面广、带动性强、科技含量高的园艺场还不多，散、弱、小的农业生产经营局面尚未根本扭转。大多数蔬菜园艺场（合作社）只是处于产业链的上游，层次低，如果没有政策扶持补贴，几乎没有利润，甚至出现种植规模越大。亏损越厉害的现象。大多数园艺场（合作社）以种植常规蔬菜品种为主，对市场变化应对能力差，有些园艺场茬口布局不科学，种植模式难以随着市场变化而改变；有些园艺场由于劳动力缺乏，甚至出现了抛荒现象。整体来看，我区蔬菜园艺场（合作社）在适应当前日益加剧的市场竞争要求和能力方面参差不齐。

1.2 菜价波动大、生产成本高，导致园艺场生产利润低

一方面蔬菜价格易受市场流通影响，价格波动较大。2011年初，青菜、甘蓝批发价格连续下跌，导致我区部分园艺场种植的青菜、甘蓝耕翻在地里；另一方面由于劳动力价格、复合肥、农膜、农机用油等生产资料成本上涨，如农膜达到16 000元/吨，较10年前翻了1倍，复合肥较10年前涨了20%，劳动力工资由几年前的10元/天涨到平均40～50元/天，有时短期工达到80～100元/天。

由于受政府调控的影响，近年来蔬菜价格基本保持同一水平。另受自然灾害、市场机制等因素影响，“菜贱伤农”、“菜贵伤民”的现象时有发生，严重影响园艺场（合作社）的发展。

1.3　劳动力缺乏是制约园艺场发展的最重要问题

一方面由于缺乏劳力，有些合作社劳动力以老、弱、妇为主，劳动效率低。例如，闵行区丰南园艺场有70个劳动力，基本是本地老人，其人工成本更是占总成本57.4%。有些合作社只能高价使用外地劳动力，有的合作社已面临劳力紧张、无人种菜的局面，包括没有拖拉机手、紧缺蔬菜技术人员的状况。另一方面由于近几年上海市最低工资和其他行业的工资不断上涨，劳动力流失现象不断加剧，这将成为阻碍我区园艺场发展的瓶颈问题。

1.4　蔬菜机械化水平还有待提高

由于蔬菜品种的差异性和国内大棚的局限性，蔬菜机械化的发展不像水稻那样迅速。目前，全区蔬菜生产机械只有田间整理、管理两类的几种型号，其中，大拖上海-550型5台，中拖250型37台，微耕作业25台，动力植保机20台左右。加工机械更是只有正义、城市、虹桥、恒孚园艺场有少量的清洗、包装机械，大多以人工初加工简单包装为主，尤其在收获机械方面，目前全区还是空白，其他管理类机械也没有适当型号。

1.5　政策扶持力度还有待加强

从6家合作社的调查情况看，虽然近几年政府部门出台了大量扶持政策，如对合作社的土地流转费补贴、合作社补贴、农药肥料补贴、产业项目补贴、生产设施补贴等，企业平均亩投入与政府补贴为2.64∶1，但由于生产资料成本、劳动力成本等不断上涨，园艺场（合作社）的利润空间非常小，只能勉强维持生产。部分园艺场（合作社）自身的资金积累能力非常有限，实力较弱，希望政策进一步加大扶持力度，拓宽扶持范围。

2 发展对策

2.1 坚持把政府指导服务功能作为我区蔬菜园艺场（合作社）发展的新的生长点，提高竞争软实力

目前，闵行区在农技推广、农机、质量安全、农民培训等方面取得了一定成效，但距离实际需求还有一定差距，应该立足于我区实际，一是进一步拓宽服务领域，建立产前、产中、产后较为完善的服务体系，探索建立现代物流配送体系、创新金融服务体系、市场信息服务网络等方式，更好地发挥政府服务功能。二是进一步壮大闵行区蔬菜协会力量。在“十二五”规划期间，政府部门应加强对协会的领导，进一步发挥协会为广大合作社、农户服务功能。三是加大对园艺场（合作社）带头人的培训，帮助农业合作社建立现代科学管理制度，增强市场营销意识，不断提升综合能力。

2.2 坚持把地产主要农产品有效供给作为我区园艺场（合作社）发展的首要任务，优化蔬菜种植品种结构，提高经济效益

在稳定菜田面积的基础上，加强对传统蔬菜品种的管理和改良，淘汰常规蔬菜和效益差的蔬菜品种，扩大优质高产蔬菜品种的种植面积。同时，要加快新品种的选育，以航育基地为平台，依托上海市农科院、上海交通大学的科研力量，加强产、学、研合作和攻关，培育具有自主品牌的名、特、优、新及航育蔬菜新品种，逐步形成产销一体化的种源品牌农业。加大对本地优质蔬菜品种的提纯复壮和选育，如七宝黄金瓜等。加大优质新品种的引进、试验和示范力度，优化我区蔬菜生产的品种结构，努力获

取更大的经济效益。

2.3　坚持把转变蔬菜园艺场（合作社）发展方式作为我区蔬菜产业发展的根本途径，加快发展与“生态精品”现代都市农业相符的农业合作社

蔬菜园艺场（合作社）的发展好坏直接影响我区蔬菜产业能级的提升，所以，加快其转型、打造与“生态精品”现代都市农业相符的蔬菜园艺场（合作社）已成为当务之急。

2.3.1　延长产业链

引进和培育壮大一批起点高、规模大、带动能力强的农业龙头合作社，重点培育蔬菜产销一体化龙头合作社，充分发挥其在蔬菜生产、加工及流通中的积极作用，做好龙头合作社和传统种植合作社的对接工作，探索引导“龙头合作社 + 蔬菜合作社”的合作模式，初步形成农业合作社集群组团式发展模式，实现产销一体化。

2.3.2　继续推进蔬菜标准园建设和老园艺场改造项目

加强对田间生产道路、排灌设施、生产大棚等基础设施的建设和改造，提升软、硬件水平，不断改善蔬菜生产经营条件。

2.3.3　拓展农业休闲功能

坚持因地制宜的原则，将有条件的园艺场（合作社）作为开发建设和经营观光休闲旅游农业的主体，发展农业采摘游、农耕游和田头超市游等，提高经济效益。

2.3.4　加强规模化蔬菜园艺场（合作社）的管理与考核

对连续两次考核在末三位的合作社，建议取消产业扶持政策，逐步淘汰落后产能的园艺场（合作社）。为确保蔬菜种植面积，对蔬果类型的种植合作社设定蔬菜种植比重；针对园艺场抛荒现象设定抛荒比重。凡是出现违规者，建议取消产业扶持政策。

2.4 坚持把提高消费层次、实施品牌建设作为我区蔬菜园艺场（合作社）发展的根本动力，提高农产品附加值

闵行区大部分园艺场（合作社）的销售模式为批发市场、田头超市和配送合作社、学校和食堂，价格比较低，利润空间小。要切实改变现有低端销售模式，不断提升销售层次。

（1）实行品牌策略。以蔬菜协会为载体，整合闵行区现有蔬菜品牌，建立地区品牌，加大宣传力度，提升影响力。

（2）重视农产品包装策略，改变传统的包装模式，不断挖掘蔬菜的文化内涵，增加新的内容、概念和意识，体现农产品特异性等方面内容来吸引消费者，并建议增加农业产业化项目资金总量。

2.5 坚持工业反哺农业、城市支持农村的政策，加大政策扶持力度，为我区蔬菜园艺场（合作社）的发展创造良好环境

（1）生产环节继续加大政策扶持力度。从全世界来看，农业都是弱质产业，政府应继续加大扶持力度，增加农业产业化项目资金总量，扩大农业投入品的补贴范围，对直接影响蔬菜生产质量安全的物化补贴政策应扩大覆盖范围，降低生产成本；对价格涨幅大，但又是蔬菜生产中必不可少的农用物资（如天膜、地膜、遮阳网、无纺布、防虫网等）进行合理补贴，对一些可节省劳动力的、操作简单的设施（如滴灌、喷灌等）在进行设施菜田建设时直接配套上去。在本地劳动力不足、短期内难以提高蔬菜机械化水平的情况下，建议有关部门加大对劳动力补贴力度，加强农机应用培训及补贴力度，加快先进新型蔬菜农机系列的示范进度，大力推广一批适宜闵行区大棚内土地翻耕、蔬菜种植和分段收获的装备，并加强培训和建立蔬菜农机队伍，提高服务质量和技术含量，以解决蔬菜生产中劳动力紧张的瓶颈问题。

（2）建立保障收入制度。在现行的欧美农业补贴政策中，主要有 4 种直接补贴：按现在的出售产品数量与市场价格进行补贴，按现在的种植面积和固定标准进行补贴，根据过去产量和固定标准进行补贴（脱钩支付）和按过去产量和现在价格进行补贴（反周期支付）。脱钩支付是目前美国和欧盟直接补贴的主要方式，具有符合世贸组织规则，操作简便的特点，建议闵行区可以借鉴建立一套科学、合理、操作简便的直接补贴制度。

（3）建立专项奖励资金。建议政府部门安排一定资金，通过项目补贴和奖励等方式，重点扶持对带动农户能力强、发展规模大、利益联结紧密、服务能力强、农民增收明显的园艺场（合作社）。

强基础　重销售　亮品牌
全力推进崇明绿叶蔬菜产业发展

陈德章　陈　磊
（上海市崇明县蔬菜科学技术推广站）

崇明是传统的农业县，在蔬菜产业发展上具有一定的优势，已被《全国蔬菜重点区域发展规划（2009—2015年）》确定为上海市的3个重点区域县之一。根据《上海市现代农业十二五规划》的区域布局，崇明三岛属于绿色优质农产品生产片区，应拓展蔬菜生产，并鼓励崇明三岛生态农业基地片区多种植蔬菜特别是绿叶菜。在这种背景下，崇明县的绿叶菜产业受到各级政府的高度关注，种植规划和自我定位日趋清晰，各类保护政策措施也日趋完善，特别是依托绿叶菜规模化基地项目建设，绿叶菜产业发展取得了明显的阶段性成效。目前，全县蔬菜种植面积约8 933.3公顷，其中，绿叶菜种植面积2 266.7公顷，年产出量不低于19.9万吨，是市区地产蔬菜尤其是绿叶菜供应的重要基地。但是，崇明的绿叶菜产业尚处于转型的初级阶段，必然存在着一些不足和隐患，如何进一步稳定局势、推进发展，值得思考与探索。

1　崇明县绿叶菜产业发展的成效

近年来，在各级政府的推进下，崇明绿叶菜规模化基地建设项目于 2011 年正式启动，现已进行了两轮。3 年以来，通过相关职能部门和行业群体共同努力，产业建设以规模化基地为切入点，进一步理清发展思路，政策从无到有，措施从发散到聚焦，提法从保淡到周年供应、常态化种植，绿叶菜产业建设取得了明显成效。

（1）蔬菜产业沉寂了多年的传统格局被打破，结构调整与优化升级迈出了可喜的一步，岛内菜农绿叶菜的种植积极性空前高涨，先后建成几十家绿叶菜规模化基地。

（2）绿叶菜规模化基地发挥了积极的主导作用，圆满完成了市委市政府下达给崇明县的绿叶菜上市任务。

（3）县政府在市区搭建的 300 余家崇明农产品营销网点运行有序，销路的拓宽为产业发展注入了新的活力与动力，也为崇明县绿叶菜规模化基地的发展带来新的契机，基地变被动为主动，由注重数量转变为重视质量，经营理念随之升级。

（4）崇明县绿叶菜规模化基地逐渐呈现出巨大的引擎功能，辐射带动产业内品种、装备、技术、管理多个方面的更新与升级，安全体系进一步完善，岛内绿叶菜标准化生产水平飞速提升。

（5）依托崇明蔬菜大品牌建设，绿瑞、日鑫、享农、一亩田等多个绿叶菜规模化基地崭露头角，旗下蔬菜产品和配送服务在市区持续增温，品牌建设初具规模。

目前，全县绿叶菜规模化基地的绿叶菜种植比率稳定在 60%～65%，品种数量由原来以鸡毛菜、青菜为主打的 10 余种增加到更为丰富的 30 多种，至少 3 个全新的绿叶菜品种首次在崇明种植并上市销售。2014 年，拟建设绿叶菜规模化基地 32 家，同比增加 6 家；面积增加至 270 公顷，同比增加 10.9%。

伴随着基地自身实力以及辐射带动效应的提升，崇明绿叶菜产业建设将得到进一步推动。

2　当前面临的主要问题

尽管项目建设对产业发展起到了明显的推动作用，但从绿叶菜规模化基地着眼，大部分基地的标准化、科技化、组织化程度不高，设施装备、技术的不足和经济效益上的差距不容忽视。

2.1　设施装备水平低

2014 年拟建设的绿叶菜规模化基地中，设施保护地比率不足 20%，而同为蔬菜产区的松江区，设施菜田比率不低于 50%；机械应用上，基地的前期机械应用率仅为 20%，其他郊区基本超过 50%；后期采收机械应用率基本为零，差距很大。

2.2　技术力量显薄弱

由于处于品种结构转型的初级阶段，绿叶菜技术支撑不足也属必然，绿叶菜规模化基地的新品种引进、高效栽培、人才队伍建设等需求与矛盾尤为突出。

2.3　安全意识有待提高

绿叶菜生产周期短，质量安全风险大，尽管基地的补贴农药、绿色防控物资、田间档案制度已经落实，农资仓库、检测室基本配备齐全，但安全意识的自觉性和制度执行的有效性仍需进一步提高。

2.4　品牌整合不足

崇明蔬菜大品牌已基本建设完成，绿叶菜规模化基地的小品牌数量不足、整合力度不够，整体缺乏亮点，搭建工作亟需进一步推进。

2.5　低效益态势尚未改观

以 2013 年年收益为例，绿叶菜规模化基地普遍为 5 000 ~ 6 000元/亩，仅 1 家突破 10 000元/亩，而其他郊区规模化基地的年收益普遍已经达到 8 000 ~ 9 000 元/亩，部分基地甚至高达 12 000元/亩，差距不容忽视。

2.6　销售难仍是主要矛盾

基地的生产形态与销售方式普遍未能协同发展，均衡上市能力差，销售难仍是绿叶菜规模化基地发展的主要制约因素。

3　进一步加快崇明绿叶菜产业发展的几点建议

崇明绿叶菜产业通过 3 年多的基地项目建设，取得了长足的发展，目前正处于加快结构转型的关键时期，需要政府给予更多的关注与支持。在促进稳步发展上，以政策扶持保护菜农种植绿叶菜的积极性，以装备、技术提升基地绿叶菜的产量和质量，以管理经营助推经济效益的增长，同时，鼓励基地迈开产、销两条腿，最终实现崇明绿叶菜产业的可持续发展。

3.1　坚持统一领导，进一步加大政策扶持力度

领导和政策为产业发展指明方向。

（1）统一领导，坚持产、销齐抓共管，加紧政策制定，加大扶持力度，充分发挥政策在鼓励积极性、保证收益和降低种植风险方面的功能。

（2）增强政策有效性，对象上更加突出重点，加强对优秀

企业、合作社的引导和奖励；内容上层次更加分明，既有的放矢，又正中下怀；发力方式上改扶为推，淡化政府全能色彩。

3.2 加强基础投入，提高设施装备的现代化水平

针对当前基地效率、产出率不高的现状，加大设施装备的投入迫在眉睫。

（1）继续加强规模化基地的水利和道路建设。

（2）增加多功能单体大棚、安全越夏型大棚、节能型日光大棚等多种类型的保护地面积，先提高比率，后优化。

（3）加快生产机械的引进，以青菜采收机为重点，逐步实现1～2个绿叶菜品种从育苗到采收的全程机械化。

（4）完善物流冷链，提高冷库、保鲜车的普及率，逐步实现蔬菜商品化处理、冷藏、保鲜物流的无缝对接。总之，政府协助，自主投资，各绿叶菜规模化基地必须克服投入局限，不断提高基地硬件建设的现代化水平。

3.3 加快科技成果转化，提高综合生产能力

技术是产业的核心竞争力。以上海市绿叶蔬菜现代农业产业技术体系建设为契机，突出县蔬菜站的技术指导和服务功能，发挥龙头企业和核心社的示范效应，重点做好新品种引进、土壤改良、高效茬口、绿色防控、集约化生产、新机械应用等技术的研究和推广，逐步提高基地生产的科技含量。

3.4 强化安全监管，进一步提高蔬菜质量水平

安全是崇明县蔬菜品牌建设的根本，必须加强源头治理，强化全过程监管。从绿叶菜规模化基地的质量安全意识和生产管理水平出发，督促基地落实主体责任，推行责任保险和补贴捆绑制度，发挥行业协同治理作用，提高基地投入品的使用技术水平和

管理水平，完善信息追溯制度，逐步形成一个快捷、规范、层次清晰、责任明确、功能和优势互补的蔬菜安全体系。

3.5　拓展营销渠道，推进产销有效衔接

充分利用市场形成的倒逼机制，把化解基地销售难的矛盾作为工作重点。各有关职能部门要加强和行业群体的互动，完善信息共享，发挥绿联会纽带功能，搭建好销售平台，更好地推进产销对接。此外，基地要突破生产型组织的自我定位，主动积极地自谋出路，除了加大品牌蔬菜进入崇明农产品网点销售的力度，在分级销售、中高档配送、体验式采摘上也要多做文章，逐步形成产销两旺的生产和销售格局。

3.6　加快品牌建设进程，提高综合竞争力

打响品牌是绿叶菜规模化基地发展的基本要求和必然趋势。品牌建设：一要以地标特色为出发点，继续打造本土蔬菜生态、绿色、安全大概念；二要聚焦品牌，通过升级商品化处理、完整品牌文化、创新体验模式，不断提升知名度和品牌层次；三要积极引导和鼓励基地参与无公害农产品、绿色食品、有机食品、地理标志登记等不同层次的认证。同时，完善信息上网，逐步打造产品质量高、市场信誉好、核心竞争力强的诚信企业和亮点品牌。

3.7　提升整体实力，促进绿叶菜产业可持续发展

队伍建设是提升整体实力的根本，要充分重视产业队伍中人员的培养，加快新型职业农民中等职业教育工作的进程，着力培养会种菜、有技术、懂管理、善经营的高复合型人才，促进崇明绿叶蔬菜产业又快又好发展。

青浦区绿叶菜发展的建议与设想

戴平平
(上海市青浦区蔬菜技术推广站)

以青菜为主的绿叶蔬菜是上海市场蔬菜种类中需求量最大的一个种类。由于绿叶蔬菜单位体积重量轻、表面积大容易失水造成品质下降，因此，绿叶菜不便贮运，一般都在城市近郊生产。

青浦区位于上海西部，相对充裕的耕地资源、便利的运输条件使青浦绿叶菜种植面积位列上海郊区前列。本文从青浦区绿叶菜生产的现状与存在的问题着手，对绿叶菜生产提出几点建议与设想。

1 青浦绿叶菜生产的现状

1.1 种植面积与区域分布

青浦区现有耕地面积2万余公顷，常年蔬菜面积4 533.33公顷，其中，绿叶蔬菜面积2 533.33公顷，占蔬菜总面积的55%。绿叶菜有较大的市场需求，1年种植茬次多，市场价格风险小，对设施要求与生产技术要求不高，是一般菜农种植品种的首选。青浦绿叶蔬菜生产的区域主要集中在东北部靠近上海市区的5个镇，运输距离近是其种植面积较多的主要因素。

1.2　生产与销售方式

1.2.1　保护地为主要种植形式

一般绿叶菜有大棚栽培和露地栽培两种，其所占比例分别为 80% 与 20%。大棚基本上是钢管结构，除了政府投资的设施菜田外，其余由菜农自己出资搭建。大棚生产有明显的产量优势，主要体现在夏季避雨和冬季增温两方面。近年来，由于菜田租赁价格不断提升，而大棚价格相对合理，绿叶菜大棚生产已占主导地位。

1.2.2　散户经营占主体

青浦区农户经营方式是蔬菜生产的主要形式，农户（基本不雇工）、规模经营（雇工为主）两种经营方式分别占绿叶菜生产总面积的 80% 和 20% 左右。规模经营的模式由于劳动力成本的上升、上市蔬菜价格偏低等因素，近年发展缓慢。而大部分蔬菜园艺场承租菜田后一般也通过分包方式由农户经营。

1.2.3　批发为主要销售模式

绿叶蔬菜销售方式中，批发市场占 30%，田头交易占 30%，零售占 10%，超市、食堂占 30% 左右，前 2 种批发交易方式占总交易量的 60%。

1.2.4　青菜为主要种植品种

上海地产 10 种主要绿叶蔬菜品种中，青菜（包括鸡毛菜）是种植面积最多的品种，占 40% 以上，其他如杭白菜、生菜、草头等种植面积占 10% 左右。

1.3　成本与收益

2013 年青浦区绿叶菜年每亩产值平均 1.6 万元左右，每亩生产成本（不计人工支出）4 000元左右，生产成本包括土地租金、肥料、农药、农膜、机耕、电费等。绿叶菜生产每亩年收入1.2万元左右，按每户农户种植3 333.3平方米左右菜田计，年收入6万元左右。

种植绿叶菜的收益与蔬菜价格有直接关系。菜价波动主要是受到气候、种植面积、市场流通的影响，暴雨、台风、极端高温、严寒与雪灾等造成减产或采收困难是菜价上升的主要因素。

2 存在的主要问题

青浦区绿叶菜生产能够在全市保持较多的面积、提供较多的菜源，在于其具有一定的地理优势、相对较多的耕地面积，但也存在持续发展的瓶颈问题。

2.1 种植面积有减少趋势

蔬菜生产带来大量外来人口，他们因生产生活需要在田头搭建临时设施，这些简陋的设施和蔬菜生产安全问题，地方管理部门觉得比较难以管控，只要经济条件许可，宁可补贴经费种植其他作物，造成菜田面积减少。

2.2 现有蔬菜生产管理模式存在缺陷

我们现在实行的区、镇、村三级蔬菜生产管理模式，包括合作社、配送企业、联户组等组织形式在实际运行中存在缺陷，尤其是镇、村级蔬菜生产管理存在人员不足、经费不足、缺乏专业化管理手段、责任难以落实、效率不高等问题。这些问题直接导致生产信息难以准确及时传到、安全监管存在盲区。虽然在蔬菜安全生产上投入了很大的人力、物力、精力，但由于农资市场、蔬菜交易环节的不规范，种植户众多且分散的诸多原因，蔬菜生产始终存在安全隐患。

2.3　部分田块排涝能力差，遇暴雨等灾害天气易严重减产

许多菜田是直接由粮田改种的，排涝能力不能满足暴雨后田间短时间内排干积水的要求，成为蔬菜绝收的直接原因。

2.4　组织化程度较低

大部分菜农自种自卖，有些外来菜农与本地农民直接联系租种土地，游离于监管体系之外。即使一些新建设施菜田也由承包人转租给分散农户经营，承包人仅仅着眼于收取土地租金差价、出售农用物资获利，难以承担生产管理职能。品牌化生产销售比例受到配送和运销企业规模较小、市场交易对产品标识要求不严的影响而发展较慢。

2.5　产后整理加工、贮存、销售能力差

蔬菜主要通过田头交易和批发市场销售，由于受流通环节多、零售市场租金高、人均销售量低等因素的影响，蔬菜零售市场的价格往往是产地价格的 2～3 倍。同时，加工整理场地和必要设备的缺乏，使蔬菜的产后质量受到影响，遇到灾害性天气与收获过多的时候，市场菜价就会大幅波动。

2.6　生产技术改进较慢、种菜用工量大

受种植户规模小、适用机械缺乏等因素的制约，绿叶菜生产中除耕地、浇水外，一般都采用人工作业，生产效率低，大棚盐渍化、根肿病等危害逐年加重。绿叶菜品种的更新换代、栽培技术的改进、适用机械设施的推广应用等进展不快。

3 建议与设想

确保绿叶菜生产是保证蔬菜供应的关键。完善绿叶菜的生产流通环节，应在认识、政策、人力资源、技术、服务等方面全方位加以考虑，创新机制才能开创新局面。

3.1 做到绿叶菜生产基地的规模化

做好规划达到菜田连片，避免菜田散乱给生产、管理带来困难。菜田规划连片有利于面积的核实、生活生产配套设施的建设，同时，也方便管理人员对安全用药、生产档案、产地准出制度等监管措施的落实。

3.2 加强对生产的管理

绿叶蔬菜是蔬菜中最容易造成农药残留中毒事故的一类蔬菜。由于青浦区80%以上的绿叶菜为分散种植，蔬菜安全监管难度较大，需要在蔬菜安全生产相关的宣传、签约、培训、检查、推荐农药使用等方面做好切实的工作。同时，要大力提高绿叶菜标准化生产的覆盖面。

3.3 提高组织化程度

配送企业、合作社、合作社联社是提高蔬菜组织化程度的有效形式，应进一步探索合理有效的运行机制，树立品牌意识，使分散的菜农愿意加入组织，并保证其在加入组织后得到相应的利益。力争使青浦生产的蔬菜在不长的时间内全部挂牌上市，提高市场竞争力。组织化程度的提高也有利于蔬菜产前、产中、产后服务的提升。

3.4 改善菜田的抗灾能力

绿叶菜不耐涝，菜田的排涝抗灾能力弱是蔬菜大面积减产的主要原因，目前，青浦区大部分菜田的排涝能力较低，应从长远目标考虑，在规划菜田落实后，加强排涝能力的改进。

3.5 提高产后整理加工、贮存能力，减少销售环节

应根据绿叶菜的特点加强产后处理的研究和投入，如蔬菜的田头预冷、清洗、分级、包装等。建成的各项设施应让菜区的农户共享。

3.6 提高绿叶菜生产装备与技术水平

提升蔬菜生产效率是缓解蔬菜生产劳动力紧缺、规模经营发展缓慢的主要措施，是今后几年要解决的重要技术问题。重点应在绿叶菜新品种、省工化栽培技术、科学施肥、病虫害防治、机械化生产等方面开展攻关，使绿叶菜生产总体装备与技术水平上一个层次。

开展地产蔬菜安全监管之拙见

庄卫红
（上海市浦东新区农业服务中心周浦站）

随着社会的发展和进步，人民生活水平日趋提高，人们对蔬菜的需求不再仅仅满足于数量，而是更加注重品质和安全性，其中，最主要的就是在蔬菜生产过程中如何安全使用农药的问题。保证地产蔬菜安全，让市民可以放心大胆地食用，这是各级政府和领导多年来一直在探讨的问题。在多年从事基层地产蔬菜安全监管工作中，笔者深深地体会到，做好日常的安全监管工作是解决这一问题的最有效途径。要做好此项工作，构建安全监管网络、落实工作责任是保障、掌握生产实情、开展培训宣传、提高安全防范意识是基础，做好农残检测、强化专项检查是手段，指导农户科学合理地使用农药、确保地产蔬菜的品质和安全是目标。

1 构建安全监管网络，落实工作责任

地产蔬菜安全监管工作是一项自下而上的系统工程，实行属地化管理，严格执行“谁出事，谁负责”的安全首问制度，可以进一步明确镇、村、蔬菜生产基地或菜农的工作责任。因此，镇级层面应当配备一定人数的专职监管员，有固定的办公场所和

必要的办公设备，负责对本镇范围内的蔬菜生产基地或菜农开展日常监督、指导、检查和培训等工作；村里要有专职的协管员，协助镇里的监管员开展一系列工作，如建立好本村的菜农名册信息，指导蔬菜生产基地或菜农合理使用农业投入品，并开展生产档案记录、取样送农残检测部门进行农残检测等工作；蔬菜生产基地要配备信息员，专门指导农业投入品的管理和使用，开展生产档案记录，落实蔬菜生产质量可追溯制度和信息上报工作。镇监管员、村协管员和基地信息员按照隶属关系层层签订工作责任书，并以此作为考核和奖惩标准，使各级监管人员都明确各自的监管区域、工作职责、工作任务和考核目标，进一步有效落实各项监管措施。

2 掌握生产实情，开展培训宣传，提高安全防范意识

对全镇范围内所有有销售行为的菜农、菇农、以村为单位进行逐户登记造册，统一编制追溯编号，并且做到逐户签订《食用农产品安全生产用药承诺书》，掌握本地区蔬菜生产第一手资料，如菜农户数、种植面积、种植种类、分布区域、菜农的文化程度、年龄和户籍情况等，为制定本地区的监管措施提供依据。如周浦镇2012年共有蔬菜面积334.9公顷，其中，外来菜农862户，种植面积312公顷，本地菜农198户，种植面积22.9公顷；种植面积在13.34平方米以上的有884户，为322.3公顷，种植面积在13.34平方米以下的有178户，为12.6公顷。针对我镇外来菜农多，生产规模小而散，监管范围广、难度大的现象，全镇实行了联户制度，将862户外来菜农组建为60个联户组，推选其中有责任心、愿意牺牲部分个人利益并且有一定文化的菜农为联户组长，让这60个人帮助我们一起管理862户菜农，大大地降低了管理难度。同时各村和各个联户组长签订了联户组长工

作责任书，根据平时的工作表现和年终考核评比，给予这些联户组长适当的补贴和奖励，提高他们的工作积极性。针对大部分菜农年龄偏大、文化程度偏低的特点，我们在发放《蔬菜生产中禁用和限用农药明细表》《蔬菜安全用药告知书》《农药使用安全间隔期》《使用农药后安全采收间隔期》等安全监管资料的同时，通过举办菜农专业培训班、田头现场指导、个别走访等形式进行宣传培训，提高广大菜农合理使用农业投入品意识，既解决了一些菜农在蔬菜生产中的技术难点，提高了大部分菜农的安全生产防范意识，又节省了菜农时间，常常会收到事半功倍的效果。

3 做好蔬菜农药残留检测工作，强化专项检查

蔬菜农残检测是防止农残超标蔬菜流入菜市场的一项最直接、最有效的措施，因此，对于开始上市或即将上市的蔬菜必须进行农残检测，做到不检测不上市、检测不合格不上市。在取样方法上也要严格按照规定的方法取样，每个检测样品的取样量一般为 1 千克，比较大的个体如大白菜、花菜、茄子等样品取 3 个。在菜地里可根据实际情况采用对角线法、梅花点法，S 形法等取样，每块地的抽样点不应少于 5 个。夏季高温干旱用药高峰期更要加大绿叶菜类和豆荚类蔬菜的农残检测频率。在加强农残检测的同时更要注重各类专项检查，如对农资经营户的专项检查，可以有效阻止剧毒、禁用农药流入菜农手中；对菜农的储药箱、菜农丢弃的农药包装物进行检查，可以清楚地知道这个菜农曾经用过的药、可能用在哪个蔬菜品种上、防治了哪些病虫、这个农药是不是我们蔬菜生产上可以使用的。如果发现藏有或已使用不可以使用的农药，给予警告、没收、罚款、销毁菜地、取消种地承包资格等。经常如此进行不定期专项检查，可以有效阻止

菜农使用不安全农药现象。

在当今，人们的安全意识和社会公德意识还不是很清晰，各项法律、法规的制定和执行还不是很完善，部分政府官员的责任意识、轻农思想还没完全扭转的情况下，地产蔬菜的不安全隐患仍然存在，稍有疏忽必将酿成大祸，危害人民的身体健康，引起社会骚动。各级政府和领导应高度重视、本着警钟长鸣、防微杜渐的原则，健全相关法律法规，完善监管制度，构建网络队伍，配备专管人员扎扎实实开展地产蔬菜的安全监管工作，为市民提供安全、卫生、优质的蔬菜。

如何应对200 万人口蔬菜消费压力

——松江区地产蔬菜今后发展方向的思考

李向军[1] 孙连飞[2]
(1. 上海市松江区蔬菜技术推广站
2. 松江区农委蔬菜办公室)

194 万！这是最新的松江区实有人口统计数据，并且还在不断“膨胀”，每年 10 万的人口导入速度，使松江区成了一座“大城市”。松江区的蔬菜生产如何应对 200 万人口的消费压力，是摆在蔬菜行政管理和技术服务部门面前迫切需要考虑和解决的问题。本文就松江区蔬菜生产现状、存在的问题以及今后发展方向提出一些观点和看法。

1 加快蔬菜生产发展，是人口社会经济发展的迫切需要

蔬菜是人民群众每天生活必需品之一，随着膳食结构和饮食理念的转变，消费者对蔬菜的需求量越来越大。面对 200 万人的庞大市场消费群体，以松江区地产蔬菜现有的生产规模、生产水平和生产方式远不能满足市场需求。

1.1　人口急剧扩大，消费大量增加的压力

按每人每天消费蔬菜 600 克计算，全区 200 万人口平均每天消费量为 1 200 吨。尽管蔬菜已实现大市场、大流通，但在一般情况下客菜与地菜供应量的比例为 4∶6，则地产蔬菜每天供应量应为 720 吨，而目前地产蔬菜实际每天上市量为 500 吨 左右，缺口较大。蔬菜消费量中，绿叶菜消费量占 60% 以上，而且绿叶菜不耐贮藏和运输，必须由本地菜区供应，因此，保障绿叶菜供应是本地菜区的首要任务。

1.2　菜地面积逐渐减少的压力

随着城市建设的不断发展和工业化程度的不断提高，耕地资源相对紧缺，蔬菜种植面积不可能扩大，只能维持甚至减少。松江区常年蔬菜种植面积最大时达到 2 666. 7 公顷，而目前仅为 1 333. 3 公顷，已减少了近 50%。目前，只能依靠提高单位土地产出率，从而增加蔬菜总产量来满足市场需求。

1.3　蔬菜消费结构变化、消费层次多样化的压力

随着人们生活水平的不断提高，蔬菜消费结构也发生了明显变化，除了传统的蔬菜品种外，高档精细蔬菜消费需求也在不断提高，对绿色、有机蔬菜的需求也越来越多。同时，提高种菜效益、增加菜农收入也是迫切需要解决的问题。

2　松江区蔬菜生产现状及存在的问题

截至 2012 年年底，全区现有常年菜地面积 1 533. 3 公顷，全年蔬菜上市量为 20. 5 万吨，全区现有市级蔬菜标准园 6 家，规模化园艺场、蔬菜合作社 45 家，蔬菜专业种植大户 74 户，蔬菜

营销配送公司12家。由于上下相关各级部门的努力，2012年我区蔬菜工作取得了较好成绩，圆满地完成了保淡、保绿、保安全以及成本价保险等各项任务，得到上级相关部门的肯定，但是我区蔬菜生产还存在不少问题。

2.1 专业化生产水平不高

虽然我区蔬菜生产实现了规模化种植，但专业化生产水平不高，与现代农业的要求相比差距较大。

2.2 机械化程度不高

目前，蔬菜生产还是依靠人工作业，一定程度上制约了劳动生产率和种菜效益的提高。

2.3 菜地抗灾能力有待进一步提高

现有的菜田设施，虽然改善了蔬菜生产条件，但如遇特殊灾害性天气（如短时强降雨、台风等），其抗灾能力尚显不足。

3 蔬菜生产发展方向的几点思考

为了应对200万人口庞大的市场消费压力，更好地为城乡居民提供丰富、优质、安全的蔬菜产品，必须要抓住机遇，转型发展，促进松江区蔬菜生产可持续发展。

3.1 如何满足不同消费层次的需求

针对不同层次消费者要提供不同的蔬菜产品，对普通大众应以叶菜、茄果、瓜豆类等常规、无公害蔬菜为主，增加供应量，满足市场需求，对这些蔬菜产品的生产政府要加大扶持力度。而对一些高端消费者，应以高档、精细、绿色、有机蔬菜为主，对这些蔬菜产品的生产以企业化市场运作为主，政府应制定相关政策加以引导。

3.2　要全力确保蔬菜种植面积相对稳定

增加蔬菜有效供应，种植面积是关键。因此，全区蔬菜常年种植面积要稳定在1 333.3公顷左右，绿叶菜面积要确保在533.3公顷以上。要种足种好蔬菜，努力确保夏淡、冬淡期间绿叶菜市场的供应。市、区两级财政投资建设的蔬菜基地必须姓“菜”，要千方百计利用冬闲地、杂边地、果园地等地方种菜，以提高蔬菜产能，增加有效供应。

3.3　要积极探索适合松江区蔬菜生产的经营模式

大力发展蔬菜标准园和本地家庭型蔬菜生产专业大户。从已经建成的6家市级蔬菜标准园情况来看，他们在标准化生产、产销一体化、蔬菜质量安全等方面具有明显优势，因此要积极发展这种经营主体，在未来3~5年内，要把我区现有的19家规模化蔬菜园艺场全部建设成为蔬菜标准园，使其成为松江区蔬菜生产的主力军。本地家庭型蔬菜生产专业大户也是我区今后蔬菜生产经营的主体之一，要积极做好培育和发展工作，要加大清退外来菜农力度，为本地蔬菜专业大户腾出空间。区、镇相关部门要在财政补贴、种植技术、产销对接、生产设施等方面给予大力支持，使其成为松江区蔬菜生产不可缺少的重要力量。

3.4　进一步提高蔬菜科技水平

科技兴菜是振兴农业的必由之路，为此要做好以下几个方面的工作。

（1）加强农技推广服务体系的基础建设，进一步完善区、镇、村（场）三级科技服务网络。

（2）加大蔬菜科技创新，在生产栽培技术、病虫害防治等方面不断加强科研攻关，同时，要示范推广新技术。

（3）加大推广应用蔬菜废弃物生态循环技术，其不仅可解决废弃物的出路，更能美化生态环境。

（4）提高蔬菜机械化程度，引进和推广适合松江地区蔬菜生产的小型农机具，以提高劳动效率，减轻用工成本。

（5）积极引进推广蔬菜新品种，优化蔬菜品种结构，同时，挖掘地方特色蔬菜品种，丰富菜篮子，满足不同消费层次的需求。

（6）注重实效培训菜农，提高蔬菜从业人员素质。同时要促进区、镇蔬菜农技推广人员能力提升，包括基础理论水平和专业技术水平，牢固树立为农服务思想，进村入户开展面对面科技服务，解决蔬菜生产中的实际问题。

3.5 如何兼顾市民和菜农利益

菜贵伤民、菜贱伤农，这两个问题看似不可调和，其真正原因是蔬菜田头交易价格偏低，中间流通成本大，造成农贸市场价格偏高。要解决这两个问题，可以从两方面着手。

（1）从生产一头。建议提高财政农资综合直补标准，适当降低土地承包费用，种菜效益得到提高，以保障菜农利益。

（2）从市场一头。农贸市场要逐步实现公益化经营，减轻摊位租赁费用，降低销售成本。同时，要积极探索蔬菜直供、直销、配送、宅送等经营方式，降低交易成本，使市民得到实惠。

3.6 全力确保蔬菜质量安全

民以食为天，食以安为先。要积极推广应用高效、低毒、低残留农药，应用蔬菜绿色综合防控技术，扩大提高杀虫灯、防虫网、性诱剂、黄板等技术的使用范围和效率；巩固和完善区、镇、村（场）三级蔬菜安全监管网络，层层签订蔬菜安全监管责任书，安全使用农药告知书、承诺书要发放签订到每一个菜农；完善区级农残抽检三方联动机制，加大农残抽检力度，加强蔬菜安全现场大检查，使我区上市蔬菜质量处于可控状态，不出现群体性农产品质量安全事故。

3.7　巩固和加大政策扶持力度

为了推进蔬菜可持续发展，要继续加大政策扶持力度，建议政府对蔬菜农资综合直补资金和绿叶菜补贴资金在现有的基础上再提高 1 倍，区级财政在市级财政补贴基础上按 1∶1 进行配套，对列入保夏淡、冬淡的品种和面积要另外进行专项补贴，同时对安全农药补贴标准也要相应提高。对参加淡季绿叶菜成本价格保险的种植户继续进行保险补贴，市、区两级财政补贴额度占保险费 90%，菜农自负 10%，保障菜农因市场菜价波动造成的风险，提高菜农种菜积极性。

总之，通过政策扶持、资金补贴、技术服务等各种有效措施，经过松江区广大蔬菜从业人员的共同努力，我们相信，一定能应对 200 万人口的蔬菜消费压力，确保松江区蔬菜市场平稳供应，确保上市蔬菜质量安全。

第四部分

附　件

附件 1

上海蔬菜经济研究会获得省部（市）级以上奖励的先进单位或个人名单（2012—2013 年）

（按获奖时间排序）

2012 年全国总工会授予上海市农业委员会蔬菜办陈德明—全国农业先进个人称号

2013 年农业部授予上海市青浦区农业委员会蔬菜办公室王桂英—全国农业先进个人称号

2013 年农业部授予上海市奉贤区蔬菜技术推广站任荣美—全国农业先进个人称号

2013 年上海市人民政府授予上海蔬菜（集团）王永芳—上海市劳模年度人物

2013 年上海市人民政府授予上海市农业科学院园艺所陈幼源等—上海市科技进步二等奖

2014 年度上海市委、市政府授予上海市农业委员会蔬菜办公室—上海市人民满意的公务员集体称号

附件 2

上海蔬菜经济研究会获“2014 年上海名牌产品”榜单

2014 年 12 月 16 日，“2014 年上海名牌推荐委员会全体会议暨 2014 年度上海名牌审定会”召开。上海市国资委、市经信委、市商务委等上海市名牌推荐委员会全体组成单位代表和评审专家组组长参加了会议，上海市名牌推荐委员会常务副主任、上海市质监局副局长沈伟民等出席了会议。

会议全面细致地总结了上海名牌战略实施 20 年的发展路径和经验，肯定了上海名牌推荐工作规范体系、评价规范体系及专家管理体系的进一步完善，确保了上海名牌推荐工作科学、规范、公正地开展。上海名牌战略的有效实施，推动了产业结构的优化转型，推动了产品和服务总体质量水平的提升，推动了全社会质量意识、品牌意识的增强。

结合党中央和国务院将名牌作为实现由经济大国向经济强国转变、促进国民经济持续快速发展和全面建设小康社会的一项重大战略工作要求，会议还探讨了如何从“上海名牌”的扩张，研究走向“上海名牌”、“上海制造”、“上海服务”等无形资产保护的必要性和迫切性。

本次会议讨论并审定了 2014 年上海市名牌推荐名单，共推荐了 411 项产品、173 项服务和 6 项明日之星。其中，上海蔬菜经济研究会会员单位有以下品牌被认定为“2014 年度上海名牌产品”。

附表　2014 年度上海名牌产品

排序	区县	企业名称	商标	产品
1	浦东新区	上海多利农业发展有限公司	多利农庄（图案）	有机蔬菜
2	闵行	上海城市蔬菜产销专业合作社	图案	城市蔬菜
3	奉贤	上海都市农商社有限公司	星辉	蔬菜
4	奉贤	上海丰科生物科技股份有限公司	丰科、Finc	蟹味菇
5	青浦	上海弘阳农业有限公司	HYAP	新鲜蔬菜
6	嘉定	上海惠和种业有限公司	Wells	植物种子
7	嘉定	上海原野蔬菜食品有限公司	菜博士	豆芽
8	闵行	上海正义园艺有限公司	天寿 TASTESO	新鲜蔬菜、鲜食用菌、鲜水果等

附件3　企业介绍

上海灿虹企业投资管理有限公司

Shanghai Canhong Enterprise Investment Management CO.，Ltd.

公司简介

公司创建设于1985年，成立之初单位名称为上海虹桥自动化控制设备厂（2005年，更名为上海灿虹企业投资管理有限公司）。30年来，该公司遵循“抓管理，打基础，上质量，创信誉”的十二字方针，在奠定良好基础后公司进一步提出争创5个一流，即：一流的产品、一流的质量、一流的设备、一流的管理、一流的环境的目标。公司靠着“敬业、务实、勤奋、高效”的企业精神，以一流的管理为客户提供一流的质量、服务和诚信，赢得了全国广大用户的信任和赞誉。

上海灿虹企业投资管理有限公司位于久负盛名的上海市闵行区金虹桥地区，距上海虹桥交通枢纽仅5千米。

管棚温室制造

自20世纪80年代中期，该公司加入上海蔬菜经济研究会成为了研究会的理事单位。

同期，该公司被上海市政府蔬菜办和市菜篮子工程指定为园艺设施定点生产厂家以来，逐渐开发生产蔬菜保护地的管棚和形状诸多的各种温室，有些产品不仅是在农业上被使用，还些产品被一些建筑物、景观点上采用。

上海灿虹企业投资管理有限公司的工厂占地面积2万多平方米，厂房面积1.8万平方米，拥有中、高级职称的技术人员、管理人员和一批专业的训练有素的职工队伍；本厂机械加工能力较强，有各类生产设备120多台（套），其中，有从美国引进的具有九十年代先进水平的多工位数控转塔冲床、数控折弯机、液压剪板机及多台大型冲压机、折弯机、油压机等，具有先进的综合设备的优势和长期生产制造、施工安装管棚、温室的丰富经验。在上海市蔬菜工作领导小组领导的指导下以及各区县蔬菜办支持下，先后为上海地区生产安装了各种规格型号的塑料温室大棚30万余亩，为上海菜篮子工程作出了一定贡献。

由于该公司的自动化设备是和国家许多重点项目配套产品，所以，市场意识、质量意识都比较强，制定了一系列切实可行的规章制度。这些制度对规范该厂产品生产的全过程，甚至对规范职工从业责任性，提高职工素质都有很大意义，并使广大用户对

该公司生产的产品都留下较好印象。2000年该公司取得的ISO9002质量体系认证，2004年11月通过了ISO9001：2000版质量管理体系认证，2010年11月通过了ISO9001：2008版质量管理体系认证，质量管理更加完善严格。2006年，该公司加入上海温室制造行业协会，并且该公司从加入上海温室行业协会至今一直为协会的理事单位。

20世纪90年代以来，该公司多次被评为上海市市级先进企业，连续13年被评为“重合同、守信誉”企业，相关产品曾荣获上海市优质产品称号及国家机电部颁发的优质产品证书。2000年以来，一直被授予上海市文明单位称号。2014年经上海市“企业诚信创建”活动组委会审核，荣获上海市“诚信创建设企业”称号。

历年来，该公司管棚温室产品遍布全市各大小园艺场和现代农业示范区，有相当数量产品外销到广东、四川、安徽、浙江、江苏、陕西、东北等地区。至今累计生产安装温室大棚60万余亩。该公司的管棚、温室产品的制作加工质量和施工安装质量及售后服务，均获得用户和上级有关领导的一致好评。

目前，该公司主要以玻璃温室、连栋温室、连栋管棚和单体管棚等系列产品为主，通过多年来在管棚温室设计制造的经验，公司内部建立了从事管棚温室设计、制造、安装和售后服务的专业管理人员。为最大限度满足用户的特定要求，该公司可以根据用户要求自行研发、设计、生产和制造异型农用管棚温室。同时，该公司可以为用户提供特定咨询、设计、定制、运输、安装、棚内设施配套、技术指导、栽培指导等一条龙服务。

长风破浪会有时

——九星市场转型发展迎接新的腾飞

上海市闵行区九星村，是闻名全国的中国市场第一村、上海首富村，他们抓住城市化进程给近郊农村带来历史性的发展机遇，立足村情探索出路，以市场兴村，不仅改变了一个村庄的传统面貌，也使村民的生活形态从根本上得到了改变，特别是在农村长效增收、实现共同富裕方面不断探索。

党的十八届三中全会的召开，九星村看到了机遇。九星人决心把资源与资本、技术、品牌相融合，向深化改革要动力，发展混合所有制经济，实施走出去战略，探索村民长效增收新机制。日前，由该村村民持股成立的28个公司已入股到位，并以“集体、村民、社会自然人”三者交叉持股的新方式开启九星发展混合所有制经济的新征程。九星人在谋划新的腾飞。

“以商兴村”带动村民成功致富

九星村以“大市场”、“大流通”兴村、富村，已连续10年被上海市统计局列为沪郊特色亿元村第一名。

九星村老书记、上海九星（控股）集团有限公司董事长吴恩福为这些成就的取得，付出了20年的心血和汗水。他荣获了中国功勋村官、全国十大杰出村官、全国农村十大新闻人物、全国优秀商业创业企业家、全国侨界先进个人、全国劳动模范等殊荣。

吴恩福认为，地处大都市近郊的九星村，要发展村级集体经济，就必须跳出传统的农村经济发展模式，结合自身的区位特点和村情特点，走自主创新的路子，开发具有高度成长性、抗风险能力较强、又便于自我积累和自我发展的项目，通过更新产业结构，充分挖掘和提升土地的单位产出价值，在极其有限的非农用地上，满足村民日益增长的物质、文化和精神需求。他下决心实施以“市场兴村”为核心内容的富民强村战略，大刀阔斧地进行产业结构调整，经过十多年的辛勤耕耘，在昔日的农田上建起了车水马龙、红红火火的大市场。

九星市场的主营业务是经营以建材装潢材料为主的大型综合批发市场，市场建筑经营面积 90 多万平方米、年销售额 280 多亿元，是名副其实的“中国市场第一村”。这个“九星帝国”，2013 年农方收益 10. 4 亿元，上缴税收 3. 8 亿元，净利润 3. 1 亿元，村民福利 4 620万元，劳均收入 6. 59 万元。成为一个闻名全国的大型建材、家居综合型批发市场，是上海乃至周边地区的一个重要的商品交易集聚中心，市场每天都呈现着一派欣欣向荣的兴旺景象，这种兴旺的景象在近几年市场林立、超市遍布的激烈竞争的环境中，实属鲜见。特别是近两年，市场在各级领导的关心支持下，不断地创新管理制度，提升业态档次，提高商品质量和管理水平，特别是将先进的电子、信息科技运用于市场管理之中，取得了显著成绩。市场规范化管理和诚信经营得到了显著提升。

上海作为国内城市化进程最快的地区之一，上海市的农村、特别是上海市近郊的农村普遍都失去了原本赖以发展农业和兴办大工业的基础，都或主动、或被动地需要解决好转型的问题。九星在这方面的实践所能证明的，就是挑战同样可以成为机遇，困境也可能正是转型的契机。20 年来，他们直面城市化浪潮的冲击，不是被动退守，更不是把自己的命运交给别人安排，而是积极主动了把握住了这一历史性机遇，主动完成了城乡差距的融合。这种融合，包含了产业的融合、就业的融合、环境的融合、文化的融合、社会保障的融合以及制度的融合等诸多方面，是在完成城乡面貌外观上的一体化的同时，也完成了从经济结构到生活方式、从管理功能到思想观念等内在的一体化。

目前，九星市场已发展成为占地 106 万平方米，入驻商户 8 000多家，拥有五金、灯饰、陶瓷、酒店用品、锁具、不锈钢、家具、茶叶、文具等 26 个大类的市场集群，其规模堪称上海市场中的“航母”，也是全国最大的村办市场。2010 年，九星市场顺利通过 ISO9001：2008 国际质量管理体系认证，年的销售额 280 多亿元，被誉为上海的市场航母。市场国际国内品牌 2 500 多个，品牌专卖店 1 300多家，品牌商品经营户 5 000多家。其中，国际知名品牌近 200 多个，中国驰名商标、中国名牌 600 多个。

九星村自 2003 年以来，一直位居上海市综合实力百强村第一名，并相继被评为“全国文明村”、“中国十大名村”、“中国十佳小康村”、“全国民主法治示范村”、“中国经济十强村第五名”、“中国名村最具影响力十大品牌村”、“中国市场第一村”。九星集团公司被中华全国总工会授予“全国五一劳动奖状”，还获得了“中国百佳创新示范企业”、“上海市三优企业”等荣誉。九星市场被国家工商总局评为“全国诚信示范市场”，九星市场党委是上海市“两新”组织“五好”党组织和党建工作示范点。

三个坚持让“九星奇迹”经久不衰

九星村 20 年的发展成功实践，是做到“三个坚持”才使

“九星奇迹”经久不衰。

一是坚持村级集体经济发展不散伙。发展集体经济，是社会主义制度的本质要求，而村级集体经济，则无疑是农村经济中最重要的组成部分，其发展程度直接关系到整个农村经济发展的大局和社会稳定的大局。从小在农村长大的经历，使这一代人都从切身的体会中感受到，由于长期的城乡二元结构体制，使农民接受教育的机会普遍较少，因此，参与社会竞争的能力大多较弱，在市场经济的博弈中总是处在弱势地位，如果没有把他们组织起来，让农民能以集体的力量参与竞争，并获得争取自身利益的话语权，而是靠着他们自己单干，就仿佛大海中的一艘小木船，经不起任何风浪的冲击。所以，只有依靠培育和壮大集体的力量，才能为他们提供遮风挡雨的屏障，并为他们夯实生存的空间，创造美好的生活和未来。因此，九星人通过坚持集体经济不散伙，较好地解决了农民共同富裕的问题。

二是坚持农村土地集体使用不动摇。土地一向被视为农民的“命根子”，因为农村集体土地，对农民和村一级集体经济组织来说，无疑是最可宝贵的、甚至是唯一可以利用的资源。然而，在近年来的城镇化浪潮中，农民失地、进而失业和失去发展权的现象比比皆是，九星村就从原有土地 5 279 亩，在历经八次大征地后，剩余的土地仅有 1 307 亩。他们实施的产业结构调整，其实就是一个把土地资源资本化的过程，虽然从表面上看是在办市场，但从本质上说是在经营土地，是依靠土地的增值来保障和促进农民的增收，也从中奠定了九星村的集体经济持续增长、九星人生活稳步提高的基础。

九星之所以能摆脱困境实现长期稳定的发展，前提就是他们保住了土地，并且按照自己的意愿，改变了土地的利用方式。从 1998 年以来，一方面本着“惜土如金”的态度，在全村上下、干部群众中间统一思想，“不建洋房建厂房”，把所剩无多的土地都集中起来交由村里开发，进行深度利用，出现了“铺天盖地门面房，有街无处不经商”的繁荣景象；另一方面始终把集体土地的使用权牢牢地掌握在自己手里，并通过自主开发、自主管理和循序渐进的调整与改造，使市场的结构不断得到优化，业态水平也逐年向上提升。在同一时期，多少村的土地被征用殆尽，又有多少地方的农民迷失在了寻找家园的路上。与之相比，九星人则无疑是幸运的，因为他们始终没有被眼前的利益所迷惑而失去土地，也没有为贪图短暂的享受而浪费土地。平心而论，像九星这种地处城郊结合部的村，在一波接一波的开发中，稍不留神土地就会落入他人之手，对此他们一直心存警觉，想尽一切办法保住自己的土地，为后续的发展留下了可用的资源。因此可以说，我们坚持农村土地集体使用不动摇，解决了土地谁来经营的问题，充分保障了村民的利益。

与此同时，九星村的村民从村级集体经济的快速发展和土地的大幅度增值中，得到的不仅是土地产出的收益，更重要的是在城乡二元结构迄今尚未消除的现行体制下，享受到了和城市居民同质化的生活和同样的社会保障。

三是坚持农民在主动城市化进程中的主体地位不含糊。城乡二元结构的实质是城乡分治，因此，农民长期以来在社会生活的各个方面，都处在和城市居民不平等的地位上，尤其是在城市化浪潮的冲击下，城市的运行体系在就业安置、公共资源分配和社会保障上，都难以吸纳所有的失地农民，导致相当一部分农民的生活水平比以前更差，并且还因为失去了土地也同时失去了原本可能有的盼头，而九星村给村民生活带来的变化，就体现在通过发展集体经济，依靠自己的力量，消除了这些不平等的现象。

市场转型升级实现区域农民共同致富

党的十八届三中全会提出发展混合所有制经济，九星人在思索，九星的可持续发展，面临着土地的粗放使用、结构混杂等制约发展瓶颈。

吴恩福说，“之前的九星，解决了村民的口袋问题，今后更重要的是解决脑袋问题。”他认为，只有当大家树立了共同富裕的观念，才能真正确保九星长久地“富甲一方”。九星村按照闵行区委、区府大九星建设的规划，将打造体验市场，网上超市、互联网平台交易，物联网互通、仓贮配送、进出口保税区等互动的国际性建材、家居贸易采购中心，是“商业＋商务的集聚区，生产＋生活商品的集散区，线上＋线下交易的融合区”的现代化商业服务集聚区。未来的九星市场，将积极发展网上超市、互联网平台交易，建设物联网互通、仓储配送、进出口保税等互动的国际建材、家居贸易平台。

九星将合理配置九星市场现有的1 800多亩土地资源，进入新九星平台的征地动迁农民和经济薄弱村、困难村的村民，每年都将通过股权收益形式实现分红增收，以持股形式长期拥有其物业。九星村发展混合型经济主要由集体持股10%、村民职工持股60%、社会自然人持股30%组成。目前，由村民持股成立的28个公司已入股到位，实现“集团、村民、社会”三者交叉持股、相互融合的混合所有制经济。

闵行区政府将统筹搭建包括惠及全区经济薄弱村和经济相对困难村的农民以及本村动迁农民“大平台”，通过“政府搭建平台，市场机制运作、农民入股参与”的形式，使农民享有每年物业收益分配及股权增值，真正实现农民的长效增收。今后，这28家九星子公司将引领九星以及其他经济薄弱村村民以不同方式参股九星，最终实现“集团、村民、社会”三者相互融合的混合所有制经济。用吴恩福的话来说，就是“一村富不算富，全区农民兄弟一起来共同富。”

九星未来主要按照闵行区大九星建设的规划，打造现代化商业服务集聚区。将来的九星市场，将积极发展网上超市、互联网平台交易，建设物联网互通、仓储配送、进出口保税等互动的国际建材、家居贸易平台。新成立的混合型经济体以出租物业及投资发展衍生产业，通过股权收益形式，让村民每年享受红利，实现村民长效增收新机制。

九星村的再次腾飞将指日可待！